Buffon

Histoire Naturelle
自然史

[法]布封 / 著

高牧 / 译

天津出版传媒集团

天津科学技术出版社

图书在版编目（CIP）数据

自然史 /（法）布封著；高牧译 . -- 天津：天津
科学技术出版社，2020.7（2021.2 重印）
ISBN 978-7-5576-8261-3

Ⅰ . ①自… Ⅱ . ①布… ②高… Ⅲ . ①自然科学史 –
世界 Ⅳ . ① N091

中国版本图书馆 CIP 数据核字 (2020) 第 111663 号

自然史
ZIRANSHI
责任编辑：刘丽燕
责任印制：兰　毅
出　　版：天津出版传媒集团
　　　　　天津科学技术出版社
地　　址：天津市西康路 35 号
邮　　编：300051
电　　话：（022）23332490
网　　址：www.tjkjcbs.com.cn
发　　行：新华书店经销
印　　刷：嘉业印刷（天津）有限公司

开本 710×1000　1/16　印张 23　字数 250 000
2021 年 2 月第 1 版第 2 次印刷
定价：55.00 元

前　言

　　《自然史》是法国著名的博物学家和作家布封创作于18世纪的鸿篇巨作，全书包括动物、植物、矿物、人类和自然世代等几大部分，全面地论述了自然界中的事物。一经问世，立即令整个欧洲为之震动。随着各种译本的相继问世，无论科学界还是文学界，都一致给予好评。这本集科学性与文学性于一体的博物学著作，就算经过了两百多年，仍然是备受世人推崇的经典之作。

　　在《自然史》中，布封不仅以科学的观察为基础，用形象的语言对自然界进行了精确、详尽的描述，还提出了许多具有重要价值的创见，比如用唯物主义的观点对世界的起源进行解释，这在尚处于人们普遍以"创世纪"观念看待宇宙起源的时代，无疑有着石破天惊的效果。布封在书中对宇宙发展、地球演化进行论述时，认为地球诞生的时间远比《圣经·创世纪》中所言的早太多，而生物的形成是地球自身历史进化的产物，并随着环境的变化而变异。他同时认真研究大地、山脉、河流、海洋等，努力寻找大自然变迁留下的证据，为现代地质学的发展奠定了基础。在进化观方面，他坚持物种具有可变性这一观点，并由此提出生物转变论，以及"生物的变异会受到环境的影响"的理论，指出物种会因为环境、气候、营养等条件的影响而出现变异。布封的理论，对后来的进化论产生了重要影响，达尔文因此将他称为"是现代以科学眼光对待这个问题的第一人"。

除了高度的科学价值，布封在《自然史》中以其独特的文学创作取得了备受瞩目的文学价值。与同一时代其他博物学家在学术方面的客观冷静不同，布封借助于自己渊博的知识和细腻的文笔，在诙谐幽默的叙述中，赋予了自然万物以灵性。特别是在"动物卷"中，他以热情而浪漫的笔调将动物拟人化，不管它们有着怎样的优缺点，他都融入了博大的亲近之情。难怪会被卢梭赞誉为"有着本世纪最优美的文笔"。

以今天的科学发展来看，《自然史》在科学性上或许有些过时，但它的文学性却值得我们始终细细品读，正如格林兄弟所说，《自然史》"是最卓越的小说之一，是最优美的诗歌之一"。布封将科学与文学巧妙融合在一起，让读者在对宇宙的广博及生命的奥秘进行探索的同时，获得了更为流畅的阅读感受。

目录 | CONTENTS
▽

动物卷 Animal Section

植物卷 Plant Section

矿物卷 *Mineral Section*

人类卷　Human Section

自然的世代

Natural
Generation

Animal
Section

动物卷

第一章 家畜禽

在对家畜禽进行分类时，布封根据它们与人类的关系，人工划分了等级。他用生动的语言，从生理角度细致描写家畜禽，让人对它们的特性有了更加深入的了解。比如，在对驴的描述中，布封提到："它习惯于食用又硬又难下咽的草，哪怕这些草是马或别的动物不愿意吃的或吃剩下的；但驴对饮用水的质量很是讲究，近乎挑剔，只到自己熟悉的溪流中喝最纯净的水；驴在饮水时也很节制，绝不会把鼻子伸进水中，据说，这是它害怕见到自己耳朵的影子。"

第一节 马和驴

马

在人类所有的征服行为中，最引以为豪的就是征服了马这一彪悍又豪迈的动物。在征战中，马和人类分担着疆场的劳苦，也共享着胜利的荣光；它如同它的主人一样，有着无畏而勇猛的骑士精神，危急当前从不退却；它习惯于战场上刀剑相交所发出的铿锵声音，喜爱并追逐着这种声音，无论狩猎时，还是赛马时，抑或奔跑时，它出色的表现都能够令主人愉悦。

马的驯良让它懂得顺从人类、克制自己的动作，不会随便将自己的烈性逞于一时。它不仅服从于背上的主人的命令，仿佛还能揣测主人的意图，依据主人的表情确定自己是奔腾还是缓行，又或是停下。某些时候，它甚至是在迎合主人的意愿，用它准确而敏捷的动作来回应和执行主人的意旨。此外，在满足人们的各种期望方面，马也总是表现得恰如人愿，毫无保留地奉献自己，马不会拒绝任何命令，甚至愿意舍弃自己的生命，以求为人类提供更好的服务。由此可见，马被誉为天生就是舍己为人的动物是实至名归的。

如果具备了上述特点，那么就是被驯化的马。它们从小被人类养育，之后又经过专门的训练，供人类驱使。它们所受的教育从丧失自由开始，以接受束缚告终。由于被驯养了很长的时间，它们身上已经失去了原有的天性。马不仅在劳作时挂着鞍、披着辔，即使是休息时，人们也不会为它们解除羁绊。人类偶尔大发慈悲的时候，会任由它们自由行走于牧场，但它们身上被奴役的痕迹却永远不会消失：被衔铁勒得变形的嘴，满是疮痍和伤疤的腹侧，铁钉洞穿的马蹄。它们已经失去了自然的状态，浑身都是长期的羁绊留下的烙印。哪怕把这些羁绊一一解除，也不能让它们恢复最初的活泼和自由。那些在马的额上束一撮华丽鬃毛，将领鬃编成精致细辫，满身披上金丝锦毡，甚至戴上黄金链条的行为，并非真正在装饰马本身，只是为了满足主人的虚荣，显摆主人的阔绰，所有这些行为之于马，都和给马的蹄子钉上铁掌一样，是对马的侮辱。

　　但是，天性的美丽永远无可取代。自由展现自己的天性的动物才是最为美丽的。看一看那些在南美各地自在生活的野马，它们不受人类的约束和限制，在原野间腾跃奔驰；它们不需要人类的照顾，也不屑于跟人相处，它们可以自己找到适合的食物。在广袤无垠的草原上，它们奔跑、游荡，自由地采食大自然赠予的新鲜又丰盛的食物；它们没有固定的栖息住所，在苍穹之下随遇而安，呼吸着最清新的空气，这比被人类圈养在华美宫殿里的马呼吸到的空气纯净了不止百倍。所以，这些野马远比被驯养的马更强壮、矫健和敏捷，它们的身上充分体现了大自然赋予的特质——充沛的精力和高贵的精神。而那些人工驯养出的马，则只有人类赋予它们的特征——谄媚和技巧。

　　马的天性是狂野和豪放的，但它绝不凶残。虽然它的力量强于多数动物，却从来不会主动攻击其他动物；即使受到其他动物的攻击，它们也不会和对方正面搏击，仅仅是将之驱离，最多以马蹄踏过。它们是群居动物，却不是因为害怕被其他动物攻击而聚在一起，只是为了享受群居之乐。它们没有什么可畏惧的，也不需要组成团队来御敌，它们只是相互眷恋，不舍同伴。它们最主要的食物是草料，原野上的草木足以满足它们的食欲，完全不必为了食物与其他动物争夺；它们不是肉食动物，也就不可能为了生存资源而发起攻击。它们从不欺负弱小动物，也不与同伴发生抢夺。而这些往往是肉食动物的劣根性。马总是能够和平相处，因为它们的欲望平凡而简单，又天生懂得节制，加之大自然为它们提供了丰富的生存资源，根本无须妒忌。马的这些优良品质，在人类饲养或放牧中得到了更多的体现。

　　合群和温和是马的两大天性，因此，人类需要的力量和热情只能让它们通过竞赛的方式来表现。它们会在奔跑时奋力向前，在战场上勇敢跨越，即便面对危险也会勇往直前。这些优秀、勇猛的马，奔跑得非常快，但经过人类的驯化，仍然会变得性情温和。

除了上述的优良天性，马是所有身材高大的动物中体形比例最为匀称和优美的。如果我们用马和其他动物相对比，会发现驴子太丑，狮子头大，牛的身体和腿比例失调，骆驼则完全畸形。而其他比马体形更大的动物，如大象、犀牛，它们的体形与美感毫不沾边，称之为肉团会更准确一些。兽类头颅与人类头颅主要的区别是：兽的颚骨过分前伸，这是一个代表着兽类的卑贱的标志。但是，马的颚骨虽然也很长，却不像驴那种的蠢样，又或者牛那样的呆相。马的头部比例出奇地协调，赋予了它略显高贵的精气神，这种精气神与它颈部优美的线条相得益彰。只要马抬起头，它的气质就立时显现，超越所有的四足兽。这样高贵的姿态让它们可以摒弃兽类的卑贱身份而与人类面对面。

马有着炯炯有神的目光，坦然而率真；它的耳朵大小适中，形状优美，既不似牛耳那么短，也不像驴耳那么长；它的鬃毛与头部对应，美化了颈部，让它更多了几分强劲和豪迈；马的尾巴长而下垂，完美地结束在身体的末端，与鹿和象的短尾巴以及驴、骆驼、犀牛的秃尾巴都不一样。马的尾巴由茂密的鬃毛组成，这些鬃毛似乎就是直接从马屁股上生长出来的，但它又不像狮子的尾巴那样向上翘起，而是合乎时宜地自然下垂着，还能灵活地左右摆动，驱赶会造成它困扰的蝇虫。因为马的皮肤虽然坚实，还长着厚且密的毛，但仍然很敏感，蝇虫的骚扰会使它异常苦恼。

驴

不能将驴简单地认知为秃尾巴或退化后的马，也不是杂交物种，驴有着自己的种类，血脉纯正，与其他动物一样。虽然驴的身份远不如马那般高贵，但它拥有和马一样悠久的历史。我非常不能理解，为什么人类对驴这样温和良善、有极佳耐性、消耗不大又实用性强的动物有这么多的误解？难道消耗少、要求低的动物就天生被人类瞧不起吗？

将驴与马放在一起比较，我们会发现驴一直在遭受虐待，人们鞭打它或者任由淘气的孩童欺负它，它们没有如马那样得到人们良好教导的机会。也许有人会说，驴也会被人们豢养，但是很明显，被豢养起来的驴虽然跟马一样丧失了原有的自然天性，但却没有得到人们的细心照料。确实如此，驴没有突出的优点，它仅有的优点也在人们的残酷折磨中消失殆尽了：它是粗鲁的庄稼汉的玩具，常被肆无忌惮地嘲笑；它被迫驮运重物，还要遭受随意的棍棒击打。不得不说，我们的目光是短浅的，从来没有想过，如果世界上不存在马，那么，在牲畜中拥有最高地位的就是驴，它有着比例匀称的标准身形。只因为马的存在把第一的位子占据了，所以驴才退居第二，因为我们拿它与马比较，才产生了各种不满和批评，就这样，驴成为人们眼中无足轻重的牲畜。驴的地位在我们这样的偏见中被降低；更关键的是，驴的天性中存有的各种优点和才能被人们忽视了。事实上，驴和马相比，欠缺的就只是外形上的优势。

豪迈奔放是马的天性，而温和谦恭则是驴的天性，驴凭借着坚忍，又或者还有一些勇气，承受着人类的鞭打和惩罚；它不在乎食物的数量和品质：它习惯于食用又硬又难下咽的草，哪怕这些草是马或别的动物不愿意吃的或吃剩下的；但驴对饮用水的质量是很讲究的，近乎挑剔，只到自己熟悉的溪流中喝最纯净的水；驴在饮水时也很节制，绝不会把鼻子伸进水中，据说，这是它害怕见到自己耳朵的影子。驴在吃饱喝足之后，常常喜欢在草地上滚来滚去，但驴不会在污泥中打滚，这一点和马大不相同，它甚至因为担心四肢被弄湿，而对泥浆退避三舍，所以，驴的四肢比马的要干净很多。驴很容易被驯养，它可以帮助人们驮运重物。空闲时，驴经常躺在地上打滚，似乎在发泄主人对自己关心太少的怨气。更多的时候，它会站着观望远方。

幼年时期的驴非常欢快，体形略带轻巧和高雅，很是漂亮。只是，随着长大，驴的这些优势快速消失；这主要是因为它们受到了很多不公平对待。恶劣的生存条件，不仅使驴愈发迟钝，还变得非常固执和蠢笨。不过，在对自己的孩子时，驴非常有爱心，老普林尼（Gaius Plinius Secundus）曾经这样说过："当它们被人们强行分开时，哪怕是穿越熊熊大火，母驴也会去找寻子女。"尽管驴常常受到人们的不公平对待，然而它们对自己主人的依恋却丝毫不减，在很远的地方它们就能闻出主人的气息。驴对居住的地方记忆很深刻，不会忘记经常走的路。在人们的认知中，这些有赖于驴良好的视力，加之敏锐的嗅觉，还有长耳朵。但驴的这些特点也让人们将其归类为羞怯的动物，据观察，耳朵比较长，听觉灵敏的动物通常都很胆小。驴驮重物时，头部是下垂的，耳朵也耷拉着；在被人们折磨时，它的表情是有些厌恶的：嘴巴噘着，完全不动弹，似乎在做无声的抗议。如果我们将躺在地上的驴的脑袋摁住，令它的一只眼睛贴着地面，再用木头或者其他东西将它的另一只眼睛遮住，它不会反抗，仍然一动不动地躺在那里。驴走路的姿势跟马差不多，只是幅度要小一些，速度更慢。和马比起来，驴的持久力会差一些，哪怕一开始它能跑上一段路，但我们要是催促它一直奔跑，它很快就会疲惫不堪。

第二节 牛

像牛和羊这样的食草动物，与人们有着很密切的关系，为人们提供了许多帮助。它们既为我们提供食物原料，又不会向我们索取过多。牛则是这些动物中最出色的，它们贡献出了取自大地的一切，即使是排泄物也能肥沃土壤。在这方面，牛比其他动物优秀太多，其他动物总是能在短短的时间内，让一片青草丰盛的土地转眼变得狼藉而荒芜。

牛还为我们提供了其他好处。如果离开了牛，人们的生活可能会出现很多问题，赖以为生的土地将成不毛之地，农田、苗圃都失去生机；如果离开了牛，农活将无法正常进行，因此，牛不仅是农民的好帮手，更是农村生活的主心骨，在农业发展中起着重要作用。牛在过往承担着为人类创造财富的重大责任；即便现在，它仍然是一些国家——特别是以农业、畜牧业为主的国家——迈向致富之路的根本。所以，牛是我们切实的财富，诸如黄金、白银这些都只是流动资产，是象征意义上的货币。与牛相比，这些象征意义上的货币，是依赖土地产品来实现其价值，但牛的作用则是发展土地产品。

牛与马、驴、骆驼等动物相比较，驮运东西不是它擅长的，因为它的背和腰的构造不适合做这项工作。但是，牛的优势也很明显，它有较厚的颈项和宽宽的肩膀，这样的身体构造决定了它很适合牵拉类的工作。同时，牛具有庞大的体形、温和的脾气、四蹄较低、相当好的耐性，这些特性都说明它适宜耕耘。牛克服困难的耐性是其他动物不可比拟的，尽管马的力量比牛的大，但它的腿太长，这种身体构造不适宜耕耘，而且马的动作敏捷，性情却焦躁。牛做的一直是细碎的事，完成这些事不仅需要体能，更需要耐心和灵巧，但可能是这些琐事做得太多，牛逐渐失去了原有的轻快、柔和与优雅。

耕牛

一头标准的耕牛，体形既不能太肥，又不能过瘦，头要短而粗，耳朵要大；身体壮实，毛皮平滑又密实；犄角有力且有光泽；前额宽大，目光如炯；鼻子粗，鼻孔还需要张开；牙齿整齐洁白，而嘴唇则是黑色；肩膀和胸部很宽厚；颈部多肉，要有能到达膝盖部分的颈部垂皮；腰部、腹部同样要宽厚，臀部要结实；后肢粗壮有力；尾巴末端要有一小撮细毛，尾巴到达地面。另外，还要有坚韧粗糙的皮肤，发达的肌肉，较短而宽的足趾，坚定的脚步。以上就是耕牛应有的特点。

耕牛需要有灵性，才能执行人类的命令。但人们在对耕牛进行驯养时要慢慢来，不能急于求成，这样才能让它心甘情愿地为人类服务。在耕牛两岁半左右时，人们就需要开始驯养它，如果错过这个时期，想再驯养成功就会比较困难，甚至可能无法制服它。要想驯养超过这个年龄段很长时间的耕牛，就需要人们付出更多耐心，比如温和的抚摸，绝对不要妄图以武力或者暴力的方式征服它，那样只会适得其反。

除了轻抚它之外，也可以把它喜欢的食物如大麦糊、磨碎的蚕豆、有盐的饲料等喂给它。与此同时，还需要把牛角捆扎起来，之后套上颈箍，可以时常让它与训练好的牛一起耕耘，它们的体格最好相差无几。在训练耕牛的集体意识时，要注意将它们小心地拴在距离草场不远的地方，然后慢慢牵着它们向草场走近，让它们彼此熟悉，习惯群居生活。训练耕牛的过程中，最好不要使用刺棒去戳它们，除非是在很难驯服的情况下。在还没有成功训练耕牛之前，尽量不让它们做较多的耕耘工作，因为这个时候的耕牛容易疲劳。在这个阶段，还需要对它们的食量进行控制，直到训练出现了进展，才能给它们更多的食物。

水牛

性格多变、性情暴躁是水牛的特性，因此人们很难驯服它。水牛的生活习性保持着原始状态，具有很强的野蛮性。它不注重外表的清洁，可能只比猪干净一点点。水牛的野蛮性让人们很难靠近它，也就无法为它清洗，同时，因为它的粗大面孔，目光呆滞且带有敌意，所以它不讨人们喜爱。水牛的头部总是低垂着，基本没有抬起过；四肢瘦弱，尾巴短且粗，面部黝黑。

身材方面，水牛的身躯粗短，四肢细小，以及与身体不成比例的非常小的头部。它的犄角比较尖，一小撮短且卷的毛长在前额；皮又硬又厚，肉的气味难闻也不好吃；水牛的乳汁味道并不好，但产量非常高，因此成为热带地区制作奶酪的主要原料。哪怕是幼小的水牛，肉质也不好，只有舌头比较嫩。与其他部位相比，水牛皮轻盈而又结实，难以穿透，所以价值比较高。

　　水牛强劲有力，是耕地的一把好手。耕地时，人们会用一个套环穿过水牛的鼻子，以便控制它前进的方向。拉车时，两头水牛的力量跟四匹马的力量相等，由于水牛的脑袋和颈部下垂，使用了全部的力量，所以力量比马大出许多。

第三节　羊

绵羊

　　绵羊能存活到现在，并持续繁殖，得益于人类的照料和帮助。这是因为绵羊本身并不具备生存能力，特别是母绵羊，它们连基本的自我保护都难做到；公绵羊相对好一点，但也只是在自我保护能力方面略强一些。但公绵羊只是一时之勇，连自己都无法保护，更谈不上保护同伴了。而且，较之于母绵羊，公绵羊性情更怯懦，一点微弱的声响都会吓它们一跳，因此，绵羊聚集在一起更多是为了消除心中的恐惧。除了懦弱，绵羊还很愚蠢，它们对于危险的感知能力非常迟钝，常常察觉不到危险的降临。它们总是在住处待着，不管是刮风还是下雨，都不会挪动。假如要让羊群迁徙，必须找到领头羊带路才行，羊群只会跟着领头羊行动。但领头羊跟其他羊一样，如果牧人或是牧羊犬不去驱赶，它也只会待在原地。牧羊犬的优点在驱赶羊群时十分突出，它不仅会保护绵羊的安全，还能控制它们的行走路线，绵羊在它的指挥下或分散或聚拢。

绵羊是生性朴实但是非常脆弱的动物，它们无法行走太长时间，这会让它们深感疲惫，甚至虚脱。如果赶着它们快速行走，它们会因为心跳加快而呼吸困难。另外，它们对气候很敏感，难以抵抗烈日和寒风。它们极易生病，特别是某些传染性疾病，即便是肥胖有时也能夺走它们的性命，这些都是绵羊繁殖的阻力。并且，母羊产崽时十分容易难产，所以人类的细心照顾对绵羊而言不可或缺。

山羊

和绵羊比起来，山羊的本领就强多了。而且，山羊感情丰富，不会害怕人类，甚至十分依恋人类，它们与人类和平相处，喜欢被人类抚摸。同时，山羊好动，敏捷活跃，性情活泼，人们难以将它们聚集到一起。群居生活不是山羊所好，它们习惯把住所建造在山崖上，甚至能够在悬崖峭壁上生活。身强体壮的它们非常容易饲养，几乎不会拒绝任何草料。

通常说来，动物的天性各不相同，但山羊和绵羊例外，它们的天性非常相似，身体构造也基本相同，交配、繁殖的方式也都一样，还会得相同的病，因此人们用同样的方法饲养它们。但它们之间还是存在一些差别的，尽管很细微，比如：相比之下，山羊很少患病，不怕酷热，甚至可以在烈日下休息，强光的照射不会令它们感到不适。但山羊对严寒的抵抗力很弱，这点和绵羊一样。绵羊的户外活动时间有限，但山羊却喜欢在野外撒欢，尽情展现它们的好动性格：它们或跳跃，或奔跑，有时步行，有时静止，靠近一下又离开，跑得远远的……这些行为源自山羊内心的情感，而无法找到其他的确定性因素。

山羊身体的构造和充沛的精力使得它们行动敏捷。这些特点充分展示了山羊的本性。

原山羊、岩羚羊与其他山羊

总的来说，原山羊、岩羚羊、家养山羊属于同一个物种。这个物种中，雌性之间很相似，属性也相对稳定；雄性中则形成了一些变种，彼此存在一定差异。根据这个并不违反自然规律的观点，人们可以认为原山羊是由雄性山羊演变而来，而岩羚羊则由雌性山羊演变而来。我并非是凭想象提出这个说法，这是可以通过实验证明的。自然界中，某些雌性物种可以跟其他物种的雄性交配，并繁衍后代，还能最大限度保留自己物种的特性；比如母绵羊与公山羊交配会产下小绵羊，而母山羊与公绵羊交配后，却不能产下绵羊后代。所以，我们可以得出这样的结论：母绵羊是一个独立的物种，它是公绵羊和公山羊的共同雌兽。原山羊也是相似的情况，母原山羊代表的是原始物种，属性十分稳定；公原山羊则产生了一些变化。表面上看，家养母山羊也属于这个物种，它和母原山羊和母岩羚羊相似，能与上面讲到的三种雄性进行交配，只是雄性本身产生的变化，致使它们的组合也变了，但是后代却不会出现本质上的变化。

这些关系能够体现出事物的本性。通常，为了保留物种，雌性动物做出的努力比雄性动物更多，虽然雌性和雄性在创造最初形态的动物时都尽了力，到后来却是母兽独自提供幼兽生存所需要的一切，因此母兽更多地改变或者同化了幼兽天性。如此，雄性天性中的许多特征没能得以保留。我们在对一个物种做辨别时，首先要观察雌性的特征。雄性仅仅形成生物的一半，而雌性则决定了另一半，并且提供了形态发展过程中所需的一切物质。一个漂亮母亲的孩子总是漂亮的，而一个美男子与一个丑女的孩子一般都不好看。

因此，对于同一个物种来说，有时可能会形成两个亚种，一个雄性亚种和一个雌性亚种。这两个亚种有一些相似点，但也有明显的不同之处，像是来自两个不同的物种。这就是我们无法明确区分"物种和变种"的根本原因。

第四节 猪

在所有的四足动物中，猪是进化得最不完善的，形体上的不足可能是影响它天性的主要原因。猪的所有习性都很粗野，口味也很污秽。它几乎不会分辨食物的好坏，只是本能地吞食一切出现在它面前的东西，就连自己孕育的小猪崽也不放过。这或许是由于它强大的消化系统需要源源不断的食物去满足，又或者是因为它的味觉神经迟钝，对食物没有什么要求，才会这样来势汹汹地吃东西。

猪的触觉器官也不敏感，它毛发粗糙，皮肤坚硬，更有肥厚的脂肪，不怎么在意人们的击打。有人曾经看见一只老鼠寄身在猪背上，啃食它的皮肉，但猪对此似乎完全没有感觉，从这一点可以看出，猪的触觉跟味觉一样非常迟钝。不过，猪其他的感官很敏锐。比如野猪，很远就能够望见、听见甚至感觉到猎人的存在。因此，经验丰富的猎人为了出其不意地猎到野猪，会在夜晚静静地等待，并在有风的时候马上将蹲守点换到下风口，因为风会将气味送出很远，而野猪的嗅觉十分灵敏，一丁点人类的气息都会让它转身逃走。

猎人一般都了解，三岁以下的野猪是不会分开的，它们聚集在一处，形成小队伍跟在母亲身后，直到足够强壮了才会单独行动。野猪是一种会主动聚集成群的动物，这样做是为了保护自己，在受到攻击时，它们可以依靠群体的力量抵御侵犯，相互支援。如果遇到很厉害的敌人，身强体壮的野猪会把老弱幼小的野猪护在中间，围成一圈。家猪和野猪一样，完全不需要狗的保护。但是，家猪是很难驯服的，就算是强壮又有灵活身手的成年人，也只能管理 50 头左右的家猪。

每到秋天，牧人会把猪放养在树林里，因为树林里丰富的果实能够为猪提供充足的食物；夏天，牧人则会把猪赶到潮湿的沼泽地里，那里有足够多的猪最爱的昆虫和植物根茎；春天，牧人都会将猪放养在荒地上，从清晨到上午 10 点，再从下午 2 点到黄昏，每天放牧两次；冬季到来，放牧次数会减少为一次，还要选择天气不错的时候，因为猪对雨雪等恶劣天气没有抵抗力。这也是为什么每每闪电打雷或是下大雨时，猪会一边跑还一边叫的原因。不过，我们很少听见野猪的嚎叫声，母野猪的嚎叫相对多一些，公野猪只会在受重伤时发出嚎叫。受到惊吓之后，野猪会剧烈地喘息，那声音大到可以传到很远的地方。

第五节 狗与猫

家犬

我们在议论一个人时，最重视的是这个人的内在，接着再看外表；会把勇气放在第一位，其次才是力气。同样，在对动物进行讨论时，人们也会把动物的内在品质放在重要位置。内在品质，是动物区别于木偶或者植物的根本特征，也是其能够与人类相处的原因所在；同时，动物的生命之所以能够升华，就是因为它有情感，是情感使它产生了欲望，并赋予物质以意志和生气。

所以在人们的认知中，动物情感的完善程度甚至决定了它们本身的完善程度。情感越丰富，它们的能力就越强，越能肯定自己的存在，越容易与其他动物建立联系。如果这种动物具备了细腻而敏锐的情感，这种情感又能通过驯化而更加完善，那么，人类会将这类动物视为最好的帮手，让它们协助人们做一些事情，照顾、帮助甚至保护人们。更为重要的是，这类动物知道如何通过服务的勤勉和姿态的亲昵来表达自己对人的情感，因此，这类动物总是能得到人们加倍的宠爱。

狗是这类动物中的翘楚，它除了体形优美、身体强壮、性格活泼外，还拥有备受人类喜爱的卓越品质。野狗因为性情暴躁，凶猛且嗜血，常常令其他动物感到畏惧。在家犬身上，这样的天性让位给了温和的情感，它们喜欢接近人类，在主人的脚下匍匐，以依恋为乐事，以得到人类的欢心为目的，向主人贡献自己全部的勇气和精力，时时刻刻听命于主人。它们关注着主人，揣度人们的想法，能够从一个眼神明白主人的意愿。所以，尽管家犬不如人类的思想深沉，却展现了全部的情感，它甚至还比人类多出一些优点，如爱心和忠诚。家犬没有企图心，不会自私，更不会有寻仇报复的欲望，它什么都不怕，只担心自己会失去人类的欢心；家犬很勤奋，也很柔顺；它总是忘记人类带给它的侮辱，却牢记人类的恩德。它受到虐待却不气馁，不仅逆来顺受，还尝试去忘记这些虐待；人们对它的折磨，不仅不会让它恼羞成怒，它甚至做好了迎接新的折磨的准备；它会用舌头去舔舐鞭打过它的工具，又或者会舔舔人类的手，似乎在向人类示好。这样的忍耐力与和善的性格，让人们再也狠不下心继续责打它。

另外，狗比其他动物更容易被驯服。它不仅能在短时间内被成功驯化，迅速了解人类的各种动作或者口令的含义，还能与人类表现出一样的气质：狗跟着富人，就是一副骄横的样子；跟着乡民，则是一副俗气的模样。狗在主人面前尽献殷勤，通过言谈举动、声音容貌辨别出会带来危险的人，从而阻止他们靠近。它在夜间为主人看家护院时，距离很远就能察觉到靠近的闯入者，假如这些闯入者翻越围墙，它会勇敢地扑上去与其搏斗，竭尽全力地为主人保护家宅。当闯入者败在它的爪下，它会表现出一副无比光荣、无所无畏的模样。

如果我们假设一下没有狗这种动物的世界会是什么样子，就能深切感觉到它对自然界来说有多么重要了。假如没有狗的帮助，人类难以征服其他动物，更实现不了对其他动物的奴役；即使到了现在，如果没有狗的协助，人们依旧无法发现、驱逐和消灭某些对人类有害的动物。总而言之，为了自身安全和万物之灵的地位，人类需要在动物界中不断寻找帮手，通过温和的方式与亲切的态度将具有服从意识的动物聚拢在身边，借助它们的力量对付其他动物。人类驯化狗也是为了实现这个主要目的，伴随着对狗的驯化，人类开始征服大地。

　　自然界中的许多动物在灵敏性、强壮凶猛等方面都强于人类，而人类驯服了狗，就等于为自己增加了新的能力，弥补了人类本身的不足之处。尽管人类为了增强和完善感官系统而制造了很多的机械器材，但从性能上来讲，它们都比不上大自然提供给我们的器材——狗。这不仅仅因为狗完善了我们的感官，还因为它为我们提供了统治其他动物的力量。相比其他动物，狗服从人类并忠心耿耿，因此人类赋予了它们永远的高贵身份——成为其他畜类的指挥者：统领牧群，让牧群听从于它，有时甚至比牧人更具权威，牧群是受它管制的群体，它领导和保护它们。它用自己辛勤的劳动保证了牧群的安全与秩序，除非在维护牧群间的安定时，否则它从不乱施暴力。

猎犬

　　猎犬时刻准备投入战斗，会在听到猎人给出的枪声、号角声等信号之后抖擞精神，用跳来跳去或不停吠叫向主人表达对战斗的热情。主人的作战指示一旦下达，它们就立即潜行，迅速了解周围环境，让猎物无处藏身。通常，猎犬会通过猎物的足迹洞察猎物的去向，再向主人传递与猎物之间的距离、猎物的状况等信息。

　　猎物当然不会坐以待毙，它们对即将降临的危险也很敏感，会在第一时间竞相逃脱；感觉到无法脱身后，才会与猎狗斗上一斗——在逃生方法上，这些猎物往往能够使出让人们惊讶万分的本领：它们会反复行走以掩盖行走的踪迹；逃跑时不断跨越大路或者栅栏，甚至蹚过溪流，躲躲闪闪。如果猎狗穷追不舍，猎物意识到自己无法逃脱的话，就会想出更狡猾的办法：先是和年幼、没有经验的同类一起逃跑，将彼此的足迹混合在一起，之后突然离开同伴，让猎狗去追逐这些倒霉的"替死鬼"。

可惜，受过良好训练的猎狗不会被猎物这些小伎俩蒙住眼睛，它会用敏锐的嗅觉认真地搜索每一个角落，哪怕周遭乱成一团，它也能很快找到自己需要的线索。它会使出浑身解数努力追赶一开始就被它锁定的猎物，并在追上之后毫不犹豫地发起攻击，将其彻底打败，还要饮其血以解心头之恨。一只经过良好训练的猎狗能领会主人的各种意图，知道什么时候该对猎物奋力追赶，什么时候需要停下来。猎狗对食物的要求并不高，每天只需要喂食一次，它们的耳朵比较大，通常是下垂的状态。它们以灵敏的嗅觉和对主人的忠诚，成为猎人最好的帮手。

猫

猫是一种天性不忠的动物，人们之所以驯养猫，只是用以对付家庭的祸害——老鼠。猫虽然体态优美雅致（特别是在年幼时），但它们的天性虚伪而邪恶，这是人们讨厌猫的主要原因。猫的天性随着年龄的增长变本加厉，驯养只能掩盖一时，无法从根本上改变它。长大后的猫脾性有所改变，但也更加狡猾了，学会了温顺地奉迎主人。猫喜欢强取豪夺，并将自己这样的意图隐藏在狡猾的手段中。表面看起来，猫与人类相处得其乐融融，实际上，它们对如何融入人类的生活不感兴趣。它们看向人类的眼神暧昧不明，带着怀疑或是虚伪，从不直视，喜欢兜着圈子与人接近；它们寻求人们的抚摸，并从中获得愉悦。如前所述，忠诚的动物与人类的感情非常亲密，但猫与狗截然不同，它们只是为了得到宠爱而与人类相处。也正因为这样，猫与人更能相容，而狗在人面前的表现过于真挚，因此不能完全和睦相处。

猫拥有漂亮的外表，爱干净，身手轻盈机敏，享受安逸的生活，总是在自己的住所中铺上最柔软的东西，在上面休息和嬉戏。这些习惯都是由它的天性决定的。

尽管猫栖身在屋里，与人类一起生活，我们仍然无法断言它们是人类家养的宠物，因为它们在人类世界中完全拥有自由，可以随意行走；如果它们想远离某个地方，没有任何东西能让它们多停留一刻。

猫生来怕水、畏寒，讨厌糟糕的气味；它们喜欢晒太阳，对烟囱、壁炉等温暖的地方情有独钟。它们极少深度睡眠，却总是装作一副酣睡的模样。它们常在静默中行走，步伐轻盈，悄无声息；总在远离自己住所的地方排泄，并且想方设法将之掩埋。猫喜欢整洁，因此它们皮毛干燥而有光泽，即便在夜晚也能看见；除此之外，猫的眼睛在昏暗中也会闪闪发亮。

第六节 鸡

公鸡

公鸡是一种笨拙又很普通的家禽，行走缓慢，步伐沉重，因为翅膀很短而无法飞行。它们啼声嘹亮，不分昼夜地引吭高歌，它们的叫声并没有规律，与母鸡的咯咯声截然不同。有一些母鸡发出的叫声类似公鸡，扯着嗓子叫，但并没有什么效果，因为它们叫不响，无法完全地发出声音。为了找寻食物，公鸡搜寻地面，用爪子四处刨土，甚至会将谷粒中的小石子吞下，以促进自己的消化；它们用喙部汲水，再仰头咽下。它们的睡姿奇特，最常见的姿势是把头藏进身体一边的羽翼下，一只脚抬起。公鸡的身体和喙似乎是齐平的；脖颈向前抬起；喙下的双膜和鸡冠一样，也是红色的，这是一种特殊的物质，并不是肉状物或者膜状物。

状貌豪放、姿态高雅、目光如炬是一只强壮的公鸡应该具有的特征。如果母鸡和公鸡同属于一窝，那么它们的后代是纯种的可能性就很高；要想改变鸡的品种，就必须让不同的鸡进行杂交。有神的眼睛、殷红的鸡冠、没有疾病且匀称的身体、短短的腿和宽羽毛是挑选鸡的原则。与白母鸡相比，黑母鸡的产蛋量更高，因此深得农妇喜爱；在躲避空中猛禽的攻击方面，黑母鸡也技高一筹。

公鸡对母鸡的关心很特别，甚至会忧心于母鸡的不安。公鸡会一直照顾母鸡，时刻带领着它们，保护着它们，随时提示它们可能存在着的危险，只有看到母鸡围着自己、在自己身边吃东西，公鸡才能吃得安心而愉快。观察发现，公鸡通过变化的声音和表情，对母鸡们说不同的话，当失去母鸡时，公鸡会表现出遗憾。公鸡的嫉妒心虽然很强，又颇为多情，但却不会冷落任何一只母鸡。只有面对另一只公鸡时，它的嫉妒心才会突显，如果鸡群中出现了竞争对手，它会怒目圆瞪，鸡毛竖起，毫不犹豫地和对方展开搏斗，直至一方支撑不住，或失败的一方退出战场。众所周知，公鸡是会打鸣的，事实上，它是通过打鸣来宣布主权，以此警告那些妄图侵占它领地的外来者，并向其他公鸡宣布自己不可取代的地位。白天时，公鸡大约每隔一个小时就打鸣一次。清晨，公鸡的鸣叫声就是人们的起床号，告诉人们"天亮了，该起床了"。

母鸡

在生养后代方面，母鸡表现出了高尚的敬业精神。小鸡尚未孵化出来时，母鸡总是坚持悉心守护；等到小鸡破壳而出，它们依旧热情不减，爱心倍增。小鸡宝宝是脆弱的，需要母鸡精心的照料和保护。看着由自己赋予生命的小家伙们，母鸡的疼爱之情油然而生，不断为它们寻找食物。假如找不到充足的食物，母鸡就会将小鸡们唤回身边，保护在自己的翅膀下，以便它们躲避危险，再用趾甲抠出地面隐匿的小虫子喂给小鸡。正因为母鸡对小鸡投入了如此多的热情，形成了特别的体质，所以我们很容易分辨出普通母鸡与带领小鸡的母鸡。带领小鸡的母鸡往往竖着羽毛，拖着翅膀，嘶哑着嗓子，叫声富于变化，母爱溢于言表。

当小鸡遇到危险，母鸡常常不顾自身的安危，拼了命也要保护小鸡。如果一只鹰突然出现在空中，一般情况下，本身弱小的母鸡会忙于逃生，但为母之后，它就变得坚强无比。它会往前直扑，不断高声嘶叫，挥动翅膀，以勇敢无畏的气势震慑入侵的猛禽。通常，猛禽不会选择与这样的母鸡搏斗，而是避开锋芒，另寻更容易对付的猎物。

母鸡在教导小鸡这件事上，也操心不少，它会一遍遍教授小鸡寻找食物的方法，以及怎么用土洗澡等生存技能。一次又一次，耐心不减。每当母鸡发现食物，就会大声地咯咯叫，把小鸡们呼唤过来。它时常半蹲着身体，方便小鸡随时躲到它的翅膀下，既能取暖又能躲避其他动物的攻击。

　　根据上述内容，我们可以清楚地知道，母鸡具备作为母亲应有的一切优良品质。最令人敬佩的地方在于，即使把其他家禽的蛋拿给母鸡，它也会如同照顾自己的宝宝一样，付出全部的热情。它不认为自己仅仅只是这些外来幼雏的"奶妈"，而不是它们的生身母亲。当这些"别人家的宝宝"受天性的驱使，蹦跳着冲向小河小溪中嬉戏时，母鸡会诧异、惊慌和担忧。它急于追回它们，但出于对水与生俱来的恐惧，只能在河岸边干着急，眼睁睁地看着自己孵化出来的幼雏置身于在它看来非常危险的境地中，而它却无能为力。

第二章　野兽

布封在讲述野兽时是这样论述的：我们所讨论的动物历史，一定不是某个单一动物的历史，而是全部动物所构成的历史。因此在讨论动物时，既要对它们产自何地、本能习性、繁殖期、孕期、幼崽的数量、对后代的照料、饲养的形式以及寻找食物的方式等各个方面进行研究，还要对它们在自然中的作用、能为人类提供什么样的服务等方面做出论述。这种全面性和综合性的论述观，对 18 世纪之后的博物学发展起到了举足轻重的作用。

第一节　鹿和狍子

鹿

鹿的视力不错，嗅觉和听觉更是非常敏锐。在丛林中驻足倾听时，鹿会抬起头，把耳朵也竖起来，这样它就能听到遥远的地方传来的声音。如果它想要走出树丛，或者走向另一个地方，它首先会仔细观察四周，接着寻找顺风的方向，判断是否存在危险。鹿天性温厚，但警惕性高，一旦听到远处有声音，就会立刻停下来，警觉地紧盯着传出声音的地方。如果与人群或者车辆相遇，只要它发现人们的身边没有武器和猎犬，就会放心地从人们身边大摇大摆地走过去。牧羊人的笛声对鹿有很强的吸引力，因此这也成为猎人捕猎它们的诱饵。

通常情况下，鹿对人没有太多畏怯，但是狗却让它发怵。鹿进食速度缓慢，吃完草后，它会找寻便于反刍的栖息地。与牛相比，鹿的反刍更困难一些，每次将胃里残留的草反刍到口中咀嚼，都需要抽动一下。之所以会这样，是因为鹿的脖颈长且弯，而牛的脖颈却短又直，所以鹿需要费更多力气才能让胃中的食物回到口中。它的这种动作类似于打嗝，在整个反刍过程中持续发生。鹿的鸣叫声会随着年龄的增长而越来越高、越来越粗，颤抖的程度也更加明显；只有牝鹿的声音是微弱且短促的。

到了冬天，鹿只喝少量的水；春天就喝得更少了，柔嫩的草料上的露水就能满足其需求。只有在炎热的夏季，它才会去溪流、池塘、泉水边喝水。炎热的天气里，除了解渴，鹿寻找水源还为了洗澡，这能让它更凉爽一些。鹿擅长游泳，技术高超，人们曾看见它游过宽阔的大河；它在水中的耐力也很强，有人说它们可以在相距遥远的两座岛之间来回。比游泳更强的是鹿的跳跃能力，当它们被追捕时，能轻易跨越树篱或两米高的栅栏。

鹿的食物会随着季节的变化而改变，秋天，绿色灌木的花蕾、荆棘、叶子等都可以是鹿的食物；冬季，鹿会吃树皮和苔藓；初春时分，它们以荑黄花序、榛树花、芽孢等为餐；春末，田地中的麦苗是它们的美食；到了夏季，鹿的食物十分丰盛，但燕麦和鼠李是它们的最爱。

狍子

生活在高大乔木林下的鹿是丛林中最高贵的生灵；而狍子以低矮的树木为居所，所以地位低了一等。狍子力气小，个头也不大，但与鹿相比，它们更加敏捷、机灵、生气勃勃。狍子体形优美、线条圆润，颜值很高，特别是眼睛，相当漂亮，眼神中饱含热情；它的四肢有力而轻盈，无须费劲就可以高高跳跃；它的皮干净而富有光泽，它会远离泥淖，选择栖息在地势高而又干燥的地方，尽情呼吸新鲜空气。

狍子比鹿更狡猾，想要追踪它是更困难的事。但是，它有一个致命的缺点——身上散发着很重的气味，这对猎犬的刺激非常大，会令它们拼了命似的追踪。只是因为狍子动作轻盈、奔跑速度快，又擅长绕圈子，猎犬的追踪并不能为它们带来太大的威胁。狍子在躲避追踪时，并不是乱跑一气，它有自己的计谋。一旦它觉得前方的路线会有危险，会立刻杀个回马枪，来来回回绕圈子，让逃生路线上的新旧气味混合在一起，之后从这个圈子离开，找个地方隐蔽起来，一动不动，等着猎犬迷失追捕的方向。

狍子不喜群居，这一点跟鹿不一样，它们是以家庭为单位聚集在一起，并不会成群结队，彼此不熟悉的狍子是不会相互搭理的。

第二节　兔

野兔

　　野兔是在夜晚觅食的动物，草、植物根部、树叶、水果、谷物等都是它们的食物，味美多汁的植物是野兔最喜欢的食物。进入冬季后，野兔会啃树皮充饥，但桤木皮和椴木皮被它们排除在外，从来不碰。如果想人工饲养野兔，需要喂它们吃莴苣或者蔬菜，但这样饲养出来的野兔，肉质不好，口感也较差。

　　野兔通常隔天食用一次东西，白天都在洞窟的窝中睡大觉；到了晚上，它们才会出来，觅食、散步或者交配。所以，人们只有在晚上才能看见它们活动的踪迹，或一起跳跃嬉戏，或相互追逐玩耍。野兔是本性害羞的一种动物，哪怕是最细微动作发出的声响，比如一片树叶落在地上的声音，都会令它们因惊惶而四处逃窜。交配季节来临时，雄兔总是以相互追逐的方式来表现自己的优势，而雌兔则用爪子一直骚扰雄兔，仿佛是在考验雄兔的耐心。

　　野兔贪睡，睡眠时间很长，睡觉时眼睛是睁着的。野兔没有眼睫毛，因此视力并不好。或许是补偿吧，它的听觉很灵敏。野兔的耳朵相比它的身体而言特别大，它能灵动轻巧地晃动这两只长长的耳朵，这也是它奔跑时的方向盘，用来控制方向。野兔的奔跑速度非常快，能很轻易地跑过其他动物，因为它们的前腿比后腿短很多，上坡比下坡更有优势，所以当它们遭遇追赶时，总是习惯往高处逃生。与其说野兔是在奔跑，不如说是在轻快地跳跃。它们的脚底板覆盖着绒毛，行走时静悄悄的，不会发出声响。野兔或许是唯一一种口腔内长毛的动物。

对于余暇甚多的乡民而言，猎捕野兔不仅是他们日常的娱乐方式，更是他们谋生的手段。猎捕野兔不需要准备工具，也不用花费什么，这是一件任何人都可以做的事情。人们只需要在清晨或者傍晚等待野兔归来或者外出就好；或者在白天寻找野兔的栖息地。晴朗的天气，日照充足，由于野兔总是长时间地奔跑，因此返回窝中休息时，它们身上散发出的热气会形成水汽，从而让它们很远就暴露在经验丰富的猎人眼中。根据这个特征，他们很容易就能在洞窟中把野兔堵个正着。通常情况下，野兔不会害怕人类的靠近，特别是人们装作对它视若无睹，或者迂回着靠近而非径直走向它时。但是，和鹿一样，野兔对狗很是畏惧，一旦听到狗的声音或者感觉狗会袭击自己时，它会转身就逃，尽管它的奔跑速度比狗快很多，但它的奔跑途径不是直线，而是在同一个地方转来转去，因此狗想追上它是轻而易举的事。

野兔喜欢选择干燥的地方作为其居所。夏季，它们待在田野中的时间很长；秋季，在葡萄园中经常能看到它们的身影；冬季就待在小树林或是矮树丛中。无论何时，猎人都可以不用猎枪，仅仅借助猎犬就抓捕到它。野兔时常受到老鹰、猫头鹰、狐狸、狼等动物的攻击或者捕捉，它们的敌人很多，一旦被锁定就很难有逃生机会，只有少数的野兔能侥幸活下来，享受大自然的赐予。

穴兔

尽管外表和结构上，野兔和穴兔非常相似，但它们之间的区别很显著，不能混为一谈。在繁殖能力上，穴兔远远超过野兔，尤其在环境适宜的地区，它们的繁殖数目惊人，这个地区的植被因此被极速消耗，无论是青草、植物根茎，还是种子、果实和蔬菜统统被它们吃光，连小树也难逃厄运。好在大自然中还有白鼬和狗，因为它们的存在，穴兔居住地区的居民才能够维持正常的生活。与野兔相比，穴兔生育的频率和数量都要更快、更多，同时，它们有更多的方法躲避天敌的追捕，比如，它们能够从猎人的眼皮下轻松溜走；往地下打洞，白天待在洞里，躲避狼、狐狸、猛禽的袭击。它们会在洞穴中安心哺育幼崽，直到幼崽两个月大的时候，母兔才会带着幼兔走出洞穴。这时的幼兔已经具备了基本的生存能力，可以应付各种情况了。野兔的情况与此相反，幼小的野兔是最容易受到伤害的，野兔的伤亡大量发生在它们幼年时期。

仅凭这一点，就能看出穴兔的生存能力比野兔更强。虽然它们的外表相似，性情也一样胆怯，把洞穴挖在隐蔽的地方，但野兔仅是在地面上打洞安巢，很容易就被找到；而穴兔钻入地下，有了更能安身立命之所在。

第三节　狼和狐狸

狼

狼是肉食动物中，胃口最大的动物之一。大自然赋予了它很多本领，以满足它这种嗜好：狡诈的性情，敏捷的动作，强壮的身体……

总之，它具备一切有利于发现、攻击、撕咬、吞食猎物的手段。尽管这样，狼还是常常饿死，因为人类已经向狼宣战，甚而用悬赏的方式捕杀它们。在人类的紧逼下，狼不得不逃窜到树林中，哪里可供狼食用的动物本就不多，偶有几只也是那种跑得飞快的，能迅速躲过狼的追捕。狼只能寄望于侥幸或是报以耐心，长时间埋伏在动物出没的地方，才有可能果腹，但这种概率显然很低，等待也就常常落空。

狼的天性是粗鲁而愚钝的，但也会在需要时变得异常机智和勇敢。被饥饿折磨时，狼会不顾危险地攻击受人类庇护的牲畜，特别是那些它不用费太大力气就能拖走的羊羔、小狗、小马等小牲畜。一旦行动成功，它就会如法炮制，直到被人类打伤或被牧犬赶跑。白天，狼会躲在洞穴中，晚上才到外面活动，因此只有晚上才能看见四处游走的狼；狼也只有在晚上才会到人居住的村子周围游逛，掠夺被遗弃的家畜或家禽；有时，它甚至会突袭羊圈，疯狂地刨挖门下的土，进去大开杀戒，然后挑选并带走猎物。如果行动失败，它会返回树林深处，寻找捕杀其他动物的机会。狼在树林中捕杀猎物时，会选择团队作战。如果饿到无法忍受，它会孤注一掷地把攻击目标设定为人类，袭击妇女和小孩，甚至是扑向成年男子，这种极端行为会让它疯狂，其结果就是走向灭亡。

狼的外表与结构乍看起来和狗非常相似，仿佛是一个模子里刻出来的。但是，它们表现出来的品性却截然相反。狼的天性和狗区别很大，不仅不相容，甚至站在完全的对立面上；从本能上来说，它们彼此相互仇视。小狗第一次碰到狼时，会浑身战栗，因为狼的气味而惊骇无比，立刻回到主人的身边，以求得到主人的庇护；看家狗最清楚狼的本领，它见到狼就会竖立毛发，愤怒龇牙，竭尽全力地赶开这个敌人。如果狼和狗碰到一起，要么相互避开，要么就是彼此厮杀，场面之激烈，不拼个你死我活不会停下。如果狼更加强大，狗会被它撕碎，然后吞进肚子；如果是狗取得了胜利，则会显现它宽容的一面，将受重伤的狼留给乌鸦或者其他狼。狼是一种会吞噬同类的动物，其他的狼受血腥味的吸引，会沿着血迹追踪过来并群起而攻之，最后吃掉它。

　　就算是野狗，天性也不太凶残，易于驯养，并且忠于主人。但狼不是这样，即使人类可以驯养抓到的狼崽，但也不能改变它残暴的天性，它不会依恋主人，只要有机会，它就会重返野蛮的状态。而狗就算再粗野，也能与其他动物和平相处，它们似乎天生就是其他动物的"陪伴者"。看守羊群是狗最擅长的事情，还能起到指挥的作用，这仅仅出于狗的本能，而不完全是人类训练的结果。与此相反，狼对群居生活充满仇视，更不要说聚集在一起生活，同类之间也不会相互为伴。如果我们看见许多狼聚在一起，那一定不是什么亲密的聚会，而是战争的开始，它们会发出恐怖的嗥叫，以团队的形式去攻击如鹿、牛等体形较大的动物，又或者是攻击阻碍它们的牧羊犬。一旦结束攻击行动，它们立即会四散，重新回到独自生活的状态。

　　狼具有强悍的力量，尤其体现在前半身的脖颈、颚部，肌肉发达。狼叼着一只绵羊也能疾速奔跑，远超牧人的速度，只有牧犬才能追上它，并逼迫它放弃猎物。狼在撕咬猎物时非常残忍，越是不反抗的猎物，狼撕咬得越厉害，反而是奋起反击的猎物会让它畏惧，从而不用那么大的劲。通常情况下，狼是怕死的，若非必要，它绝不以命相搏。如果人们用枪打断它的一条腿，它会大声嗥叫，但在人们挥舞棍棒要取它性命时，它却不会像狗那样哀鸣。跟狗比起来，狼更加残忍且强壮，但它没有狗的敏捷。狼精力旺盛，可能是所有动物中最精神的，常常四处游荡，不知疲倦。狗温和而勇敢，狼残暴却怯懦，如果落入猎人的陷阱，它会惊慌无措，失去还击能力，只能任人宰割。猎人捕到狼之后，会把项圈戴在它的脖颈上并套上锁链，拉着它四处示众。狼在这种时候一点脾气都没有，也不会流露出愤怒，就连不满的情绪都不敢表现出来。

狼的感官灵敏，视力、听力以及嗅觉都很敏锐，它能够闻到远处看不见的东西的气味，特别是血腥味，最能刺激它的感官。狼能够沿着从很远的地方传来的动物气息一路追踪，持续很长时间。从树林离开之后，狼会先确定方向，再停在树林周围嗅一嗅，空气中若有动物气息或尸体味道传来，很快就会被它闻到。狼喜欢吃新鲜的肉，不怎么吃腐肉，不过在饥饿难耐时，即便是垃圾桶中的臭肉它也来者不拒。也有研究表明，狼对人肉有极大的兴趣——假如它能轻易打败人类的话，或许人肉会是它最主要的食物。有人曾见过狼群尾随军队来到战场，战争中死去的人常被草草掩埋，狼会从泥土中把这些尸体挖出来，狼吞虎咽，吃再多也填不满它贪婪的胃。这种吃习惯了人肉的狼，就会时常攻击妇女和儿童，人们将它们称为"狼妖"，一定要多多提防。

狼对于人类来说，除了皮毛还有些用处之外，其他一无是处。它的皮毛虽然有点粗糙，但保暖性还不错，且很耐用，可以制成裘衣；狼肉的肉质很差，被其他动物嫌弃，只有狼自己才会消化同类的肉，因为要填饱肚子，狼几乎什么东西都能吞下去，腐肉、骨头、兽毛，就连粘着石灰的半成品硝皮都吃，这不仅让它们呼出恶臭的口气，还使得它们常常呕吐，所以它们倒空肚子的时候比填满肚子的时间还多。总之，狼的一切，外貌、叫声、气味、天性等都让人生厌，生而有害，死而无益。

狐狸

人们提到狐狸，就会想到诡计多端、奸诈狡猾之类的词，这不是没有道理的；狼用蛮力完成的事情，狐狸通常都会借助于诡计，多数时候都能得逞。狐狸从来不会与牧人或者猎犬正面交锋，也不会主动去攻击牲畜，更不会拖走动物的尸体，因此狐狸活得更加安全。正如我们上面提到的，狐狸喜欢动脑筋，它会投机取巧，而非盲目行动，这是它们最大的优势。狡猾慎重、小心翼翼是狐狸的天性，它们耐性极好，行为多变，懂得在恰当的时机使用合适的手段。它时刻保持警惕，懂得如何保护自己，和狼一样拥有长途奔跑的能力，甚至比狼还要轻盈灵活。但它对自己的奔跑速度并不太自信，为了确保安全，它会为自己构筑非常隐蔽的巢穴，以便在遇到危急的情况时有个藏身之处，同时它会在那里居住并养育后代，因此，狐狸属于定居型动物，而不是流浪型动物。

狐狸非常注重自己的住所，还会考虑住所的舒适度，这一点像极了人类。狐狸会在构筑住所时选择最好的地势，巢穴的入口也是有讲究的，这表示狐狸具有高级智慧生物的特点。狐狸的聪明还表现在它擅于把外部条件转化成对自己有利的条件，比如它会选择在与村庄距离比较近的森林边缘居住，在这里很容易就能听见家禽的声音、闻到猎物的气味。它对时机的把握令人称奇，常常不露声色和形迹地行动，很少失手。

倘若能够越过栅栏或者从栅栏下面钻过去，狐狸就会利用这个时机将家禽棚摧毁，杀死家禽，再带着其中之一迅速撤离，把战利品藏在苔藓或者洞穴里；一段时间之后，再返回去带走另一个猎物，但不会藏在同一个地方；往返数次，带走第三个、第四个猎物……直到天亮或者宅院中的动静提示它危险可能来临，它才会停止行动。在野外树丛中，它也会用类似的伎俩。猎人会在树枝间布满黏鸟胶，或者在树丛中设下圈套，而狐狸会抢在猎人之前多次巡视这些陷阱，提前将在圈套中挣扎的鸟雀带走。狐狸放战利品的地方每次都不一样，苔藓或者刺柏的下面是它经常选择的藏匿地，一般会放上两三天，需要食用的时候才去拖出来。幼小的野兔有时也会成为狐狸的猎物，狐狸会跑到野兔的洞窟中围堵它们，甚至会到饲养兔子的禁猎区偷袭小兔子。狐狸也喜欢伏击山鹑或者鹌鹑的巢穴，将正在孵蛋的母山鹑或者母鹌鹑掠为口中美食。狼祸害的往往是动物中的"平民"，而狐狸总是危害动物中的"贵族"。

狐狸贪吃，胃口跟一般的食肉动物一样大，对蛋、奶及奶制品、水果等食物来者不拒，最喜欢的水果是葡萄。当它捉不到野兔、山鹑时，会把目光投向老鼠、田鼠、蛇、蜥蜴、蟾蜍等一类小动物，间接地给人类带来一些益处。狐狸对蜂蜜情有独钟，所以常常袭击野蜂、虎头蜂、大胡蜂。尽管野蜂会以刺来抵抗和驱逐狐狸，狐狸被蜇时也会后退，但它并非退开，而是在地上打滚，将野蜂压死。这种方法对付野蜂很有效，野蜂无奈之下只能放弃蜂窝逃走，其中的蜂蜜和蜂蜡就变成了狐狸的盘中餐。狐狸捕食刺猬时，会用爪子不停地推刺猬，迫使刺猬翻过身来，仰面躺着。除此之外，鱼、虾等水产品也在狐狸的食谱上。

狐狸的感官和狼一样敏锐，甚至超过狼，它的发音器官更加灵活和完善。狼只有单一的嗥叫声，而狐狸能够发出多种音调，除了嗥叫、尖叫，有时甚至会发出类似于孔雀叫声的哀鸣声。狐狸会在不同的情况下发出不同的声音：追捕猎物的声音，表现欲望的声音，幽怨的声音，以及痛苦的哀鸣。狐狸通常只在受到枪伤或者腿断掉时才会发出哀鸣声，轻伤时，它是不会喊叫的。和狼一样，狐狸在遭受棍棒的责打时，哪怕是被打死也不吱声，但会勇敢自卫。人被狐狸咬中是非常危险的事，除非借助铁器或者棍子，否则狐狸不会松口。狐狸的尖声急叫与狗的吠声相似，由一组相近且急促的声音组成。冬天，特别是下雪或者冰封山林时，狐狸会不断发出叫声；但在夏天，狐狸会保持沉默。

狐狸往往睡得很沉，人们很容易靠近它而不把它惊醒。它睡觉时把身体蜷缩成一团，只有休息时才会将后腿伸开，直挺挺地趴在地上。这也是它窥视鸟雀时常用的姿势，鸟雀对狐狸又厌又惧，只要看见它就会发出警告的鸣叫声，以提醒同类。特别是乌鸦，它们常常会跟踪狐狸，时刻低声传递警报，有时能跟踪几百米远。

第四节　獾、松貂、白鼬

獾

獾是一种生性懒惰又多疑的独居动物，它们藏身于一切偏僻的地方，在阴暗的树丛中建造地下洞穴。它们生命中的大部分时间都在黑暗的洞穴中度过，只有在寻找食物时才会出来。因此在人类看来，它们是在逃避群居生活，甚至是躲避阳光。

獾身子长、四肢短，前肢的趾甲非常长，而且坚固结实，这利于它们刨土以建造洞穴，獾会把刨出来的土壤推到身后。

獾的洞穴建造得迂回曲折，挖掘的路线也拐弯抹角，可以推进到很远的地方。狐狸没有獾这种建造洞穴的本领，经常会想方设法地将獾的洞穴占为己有：吓唬它们，在它们的洞穴口守候，甚至将粪便扔进洞穴中，等等，迫使獾离开家后，狐狸就会占领这个洞穴，将之加宽，清理干净，变成自己的住所。被迫放弃家园的獾不会走远，会在一定距离之外重新建造一个洞穴。獾是昼伏夜出的动物，而且不会离开洞穴太远，只在附近寻找食物，一旦感觉到有危险，就会立刻返回洞穴。这是它自我保护的唯一方法，因为它的腿实在太短了，跑得比较慢，通常难以躲避敌人的追捕。如果狗在獾的洞穴外遇见了獾，没有人类的帮助，狗很难制服獾，獾的皮毛很厚，腿、鄂、牙齿、爪子十分坚硬，当狗把它扑倒在地时，它会全力反击，使狗受到严重的伤害。此外，獾生命力顽强，能拼死抵抗很长时间，直到生命的最后一刻。

松貂

松貂栖息在多草木地区，常常把洞穴建造在树洞或是灌木林中。它们不会藏在岩壁中，只在树林间穿行，在大树顶端攀缘。它们以猎捕鸟雀为生，四处搜寻鸟巢是它们最重要的工作；它们吃掉鸟巢中的蛋，导致大量鸟雀死亡。松鼠、田鼠、山鼠等小动物也是它们的猎物，而且松貂非常喜欢食用蜂蜜。我们很难在旷野、乡村、田园中见到松貂的身影，它们也不会靠近人类居住的地方。松貂与榉貂被追捕时的表现有很大区别：榉貂如果意识到有狗在追踪自己，会立即想办法摆脱狗的追踪，躲到洞穴里；但松貂不一样，它会在狗追踪自己很长时间后才爬到树上，在枝头上看着狗从下面经过。冬季，松貂因为跳跃着前行，会在雪地上同时形成两个脚印，像是大兽留下的脚印。

松貂的身体较之石貂要肥大些，但它头短，后肢长，奔跑起来比较容易。它们喉部的区别也很明显，石貂是黄色的，而松貂则是白色的。与石貂相比，松貂的皮毛更细、更密，而且很少脱落。松貂虽然不会像石貂那样特意为小貂准备床铺，但小松貂的住所却更加舒适。众所周知，松鼠在树顶上筑巢的技术十分高超，正是因为这样，松貂会在生产之前将松鼠赶离其巢穴，然后将原有巢穴口拓宽，为小貂的出生做准备。松貂有时也会将鸢的旧巢占为己有，或者霸占一个树干，将树干上的其他鸟强行撵走。春天是松貂的产崽期，一胎通常有两到三只小貂。刚出生的小貂还没睁开眼睛时，母松貂会给它们喂食小鸟或者鸟卵，等到小貂长大，才带着它们去外面捕食。

白鼬

白鼬通常是在靠近村舍的针叶林或混交林中栖息，不过草原、草甸及河湖岸边的灌木丛等地方也有它们的踪迹。白鼬与一般的鼬相比，身体更为狭长，四肢短小，冬季时，四足会被厚实的长毛覆盖。白鼬的毛色会随季节变化而变化。夏天时，它的背部毛色是灰棕色，腹部为白色，足背为灰白色。到了冬天，全身毛色都变为雪白，只在尾端留下一点黑色。白鼬是食肉动物，鸟类和小型的哺乳动物是它捕食的对象。

如果白鼬能进到鸡舍中，它攻击的目标通常不会是大公鸡或者老母鸡，而是小母鸡或小雏鸡，它会一口咬住它们的头部，将之置于死地，然后一只只地从鸡舍拖走。白鼬吃鸡蛋很有一套，它会将蛋壳打破，吸食里面的东西，以人们能想象的贪婪姿态吸食鸡蛋。白鼬会在粮仓中待上一整个冬季，即使春天来了也待在里面，它们会将小白鼬产在粮仓中，或者草堆、麦秆中。待产的白鼬会向老鼠宣战，一般情况下老鼠逃脱不了它的追捕，因为白鼬头尖，能不费力气地钻入老鼠洞，从这一点来看，它消灭老鼠的能力比猫要强。白鼬还能钻到鸽子窝里逮鸽子。夏季来临，白鼬会离开房屋，到地势低洼的地方或是水车周围、沿河地带，利用小树林藏身，寻找捕捉鸟雀的机会。白鼬在春天生产，一胎能有四五只幼崽，偶尔两三只。白鼬常常将幼崽产在柳树洞中，用干草、麦秆、树叶等东西为幼崽铺床，与黄鼬、松貂、榉貂一样。小白鼬刚刚出生时双眼也没有睁开，但小白鼬的生长速度惊人，很快就能在母亲的带领下外出觅食。它们奔走在草原上，吞食鹌鹑和鹌鹑蛋；它们也会向游蛇、鼹鼠、田鼠等动物发动袭击。它们的步伐很不协调，多以小步跳跃的姿势前行；但上树时优势尽显，能一跳好几米，这在捕食鸟雀时简直方便极了。

第五节 鼠

松鼠

松鼠是一种半野生的美丽的小动物，友善温顺中又带一点野性。

它不是肉食动物，基本不会危害到人类，因此备受人类的喜爱和保护。虽然松鼠偶尔会捕捉鸟雀，但它们主要以水果、榛子、榉果、橡栗为食。松鼠洁净、灵敏、活泼，有着亮闪闪的双眼；它面目清秀，动作敏捷、四肢有力；蓬松的大尾巴举过头顶，更加烘托和装点了它的优雅。

　　松鼠不太符合大多数四足动物的特征，它多是直立而坐，以前爪为手把食物送到口中。它不是在地底生活，而是生活于地面之上；它的身姿像鸟雀一样轻盈，可以栖息在树梢上，跳跃在丛林间，也可以把巢筑在树枝上，采集果实，吸吮露水，只有在狂风摇动树木时，才会下到地面。松鼠不会靠近人类居住的地方，甚至在空旷的平原或者开阔的田野中，我们也见不到它们的身影。它们更喜欢待在高高的树林或是葱葱郁郁的乔木林中，而不会栖身于低矮树丛中。与地面相比，松鼠更怕的是水，当它必须涉水时，会把树皮当作船，尾巴当作桨。松鼠的警惕性非常高，不像睡鼠那样需要冬眠，只要有人触碰它栖息的树木，它就会立即逃离自己的巢穴，跳到另外的树上，或者躲到其他树枝后面。松鼠会在夏季囤积榛子，储藏在老树的枝干缝隙中，当作过冬的食物。下雪的冬季，它们会用爪子将雪刨开，在雪下寻找食物。松鼠嗓门大，叫声尖锐，比石貂还有穿透力，一旦被激怒，就会发出低沉的吼声。

　　夏天的傍晚，我们能够听到树林中相互追逐的松鼠的欢叫声，也许是它们对强烈的日照有所畏惧，所以白天都躲在巢穴中，到了晚上才出来觅食、嬉戏。松鼠常常将巢穴搭建在树杈上，干干净净又舒适温暖，避雨功能也很好。它们搭建巢穴时，会先将一些小树枝运来，然后用苔藓编扎在一起，再用后肢挤压结实，令其宽敞、牢固，以便在里面自在生活，同时保证自己宝宝的安全。松鼠巢穴的出口通常面向高处，大小合适，刚好能容纳一只松鼠进出；出口上方会有一个用来遮蔽巢穴的圆锥形盖子，下雨天时雨水会顺着盖子流下去，保持洞穴内部不会受雨水侵犯。寒冬过后，松鼠开始换毛，新毛会比原有的毛色深很多，松鼠会用前爪和牙齿整理自己的毛发，使之整洁而光滑，所以它们身上几乎没有异味。

老鼠

老鼠之所以惹人讨厌，是因为它常常给人们带来许多麻烦。老鼠喜欢藏身于人们堆放谷物或水果的粮仓中，还会在房间里四处乱窜。老鼠是肉食动物，更确切地说，它是杂食动物，对咬不动的东西有特别的爱好，喜欢啃食羊毛、布料、家具等物品，还能凿穿木头，在墙上打洞，躲在厚木板的夹层或者房梁、壁板的缝隙中。老鼠外出觅食时，总是把所有能拖动的东西全部运回洞里，时常会将栖身的缝隙也当作储藏室，特别是在产下幼崽后。老鼠的繁殖力强大，一年中产崽数次，多数都是在夏季，一胎有五到六只。冬季，老鼠会朝温暖的地方靠拢，比如壁炉旁边、干草中或是麦秸堆里。虽然猫、鼠药、捕鼠器等的存在对它产生了威胁，但它惊人的繁殖速度，仍然给人们带来了很大的损失。特别是农村的老房子，人们习惯将谷物存放在顶层的仓库中，这个地方距离干草堆和粮仓都比较近，因此成为老鼠最好的藏身处和繁殖地。老鼠的数量之巨，如果不是它们会因为内部矛盾而相互残杀，就会逐步扩展领地，迫使人们搬迁粮仓。不过，有人曾观察到，受到饥饿威胁的老鼠会自相残杀，并吞噬同类。因此，当老鼠泛滥而粮食不足时，老鼠中的强者便会将弱者视为目标，咬开弱者的头颅，吸食其脑浆，再吃掉残余的部分；这样弱肉强食的战争会持续一段时间，直到大部分的老鼠死亡为止。正因如此，人们会觉得老鼠骚扰人们一段时间后好像就突然消失了，这种"消失"有时会持续很久。这种情形也发生在田鼠身上，只要食物缺失，它们就会同类相残，数量也因此锐减……

老鼠产下幼崽后，会为它们准备食物和床铺。母鼠会时刻不离地守在幼鼠身边，直到它们长大到能够离开洞穴。为了保护幼鼠，母鼠甚至会不顾危险与猫周旋和搏斗。一只成年老鼠要比一只幼猫更厉害，虽然它们的力气差不多大，但老鼠牙齿尖锐，咬合力更强，猫实际上是咬不过它的，只能凭借爪子搏斗。猫对付老鼠，依靠的更多的是实战经验而非单纯的体力。老鼠的天敌中，对其更有威慑力的是白鼬。虽然白鼬的体形比较小，但它能够钻入老鼠的洞穴。有时，老鼠与白鼬间的搏斗会持续很长时间，因为它们的力量相仿。它们拥有不同的武器：老鼠需要反复攻击才能对白鼬造成伤害，而且可以利用的仅仅是不够锐利的门牙。老鼠的门牙位于鄂的末端，并不能使出很大的力气，但白鼬是用整个鄂部去咬，能够一口就咬死不放，它会吃掉对手被咬破后流出来的血，所以能够很容易将老鼠打败，并杀死它们。

小家鼠

与黄胸鼠相比，小家鼠的体形要小很多，它们的数量也更多，分布范围广泛，因此更常见；小家鼠的本能、天性、脾气都和黄胸鼠很类似。唯一不同的是：小家鼠更加弱小和胆怯；小家鼠不会远离自己的洞穴，一点细微的响动都会吓得它逃回洞穴，它们生性胆怯、温和柔顺，不会给人们带来太大的损失，还能够在一定程度上被驯化，但它不会对人类存有依恋。小家鼠的弱小使它拥有很多天敌，如猫头鹰、猫、榉貂、白鼬、夜间活动的鸟，甚至是鼠；人们设下各种诱饵也会让它丢掉性命，死亡率相当高；小家鼠能存活下来，很大程度上得益于它们强大的繁殖能力。小家鼠若想从天敌手中逃脱或者躲避天敌的追捕，只能依靠自己灵活的反应。

我曾经看见过一只在捕鼠器中产下幼崽的小家鼠，几乎全年都是它们的繁殖期，一胎产下五六只幼崽，小家鼠幼崽的生存能力很强，出生十几天之后就能到外面谋生。亚里士多德曾说，在储藏粮食的瓮中放入一只怀孕的家鼠，里面很快就会有一百多只互为兄弟姐妹，而且全部来自同一个母亲的小家鼠。小家鼠的繁殖能力之强由此可见一斑！

小家鼠的外貌还算看得过去，它们神情活跃，带有几分机灵，人们之所以对它不感兴趣，是因为它们常带给人类烦恼。一般来说，小家鼠的腹部毛发泛白，有些小家鼠全身都是白色的，也有褐色和黑色的，深浅不一。小家鼠分布在欧洲、亚洲和非洲等地区。据说美洲一开始并没有小家鼠，是因为欧洲人的迁徙，才带来了小家鼠。这个说法有一定的道理，因为小家鼠喜食人们制作的面包、奶酪、肥肉、植物油、黄油等食物，所以会追随着人们，生活在人们居住的地方。

鼹鼠

鼹鼠看上去好像是"瞎子"，但事实并非如此。人们会这样以为，是因为鼹鼠的眼睛细小而隐蔽，严重影响了它的视力。"造物主关上一道门的同时，一定会再打开一扇窗"这句话也适合鼹鼠，它没有正常的视觉，却有着异常灵敏的听觉。鼹鼠与其他动物最大的区别在于它由五趾组成的足，与人类的手掌像极了。鼹鼠体形丰腴，皮毛丰厚，力气不小；它们性情温和安静，偶有几分孤傲，还有一项很强的本领——能在短时间内挖掘好一个隐秘的蔽身之所，并且具有很好的延展性，让鼹鼠无须外出，就能够找到维持生命的食物。以上，就是鼹鼠的天性、习性与本能。

鼹鼠会将自己洞穴的入口封上，几乎从不离开，除非碰上雨水过多的夏季，它的洞被淹没了，或者园丁破坏了它洞穴上方的盖子。鼹鼠称得上动物界中杰出的建筑师，它能在草地上轻易筑起圆形的穹顶，或是在花园中开辟出长长的通道。不过，鼹鼠对土地的要求较高，既不能是烂泥，也不能是坚硬的、有许多小石头的泥土，它精心挑选柔软的土地，不仅要有充足的水分，还要包含可以食用的植物根部，如果有丰富昆虫和蠕虫那就更理想了，这是它们的主要食物。

鼹鼠几乎从不离开自己的住所，因此很少树敌，即便遭遇敌人的袭击，也能轻易逃脱。对它们而言，泛滥的河流就是最大的灾难。人们曾经在洪水中见到大量涉水逃生的鼹鼠，它们拼命爬到更高的地方，但大部分的鼹鼠会失去生命，洞穴中的鼹鼠幼崽也难逃一死。而从另一个角度看，如果没有洪水的抑制，鼹鼠的超强繁殖力将会给人们造成严重灾害。

第六节 刺猬

古希腊有句谚语，说"狐狸知道许多，但刺猬专精一项"，这句话非常准确地表明了刺猬的特性，虽然它没有狐狸的机智和狡猾，但它懂得自我保护，知道自己不用搏斗，无须作战就能伤害敌人。刺猬的力量很小，行动也不灵活，在受到攻击时，它不仅无法反抗，也无法逃脱，但大自然赋予了它一副坚硬的带刺盔甲——受到攻击时，它会迅速把身体缩成一个圆球，这样身体的各个面就布满了防御和攻击性兼具的锐利武器，让敌人无从下手。敌人纠缠得越厉害，它就蜷缩得越紧，浑身的刺也就会越锐利。另外，刺猬在害怕时产生的本能反应也能自卫：它散发着浓烈臭味和潮气的尿往往让敌人退避三舍。当狗撞见刺猬时，大多都只会吠叫示威却很少去捉它；也有一些狗比较狡猾，能像狐狸一样找到方法打败刺猬，但代价是受伤的爪子和流血的嘴巴。除了狗和狐狸，刺猬并不害怕其他动物，如石貂、松貂、白鼬、黄鼬，也不怕猛禽。

我曾经在花园中饲养过几只刺猬，它们并不会对人类造成什么危害，而且也不会让人生厌。它们的主要食物是落在地上的果实，喜欢的运动是用鼻子拱土；也会吃鳃角金龟、金龟子、蟋蟀、蠕虫等小活物；而且，肉也为它们所爱，生熟不论。我们常能在乡村的树林里发现刺猬，老树的树干下、岩石缝中以及田野和葡萄园中的石堆里也都可见它们的踪影。刺猬在晚上活动，能爬上一整夜。天一亮，它们就不动弹了。一般情况下，刺猬不会靠近人们的住宅区域，更喜欢待在干燥的高地，有时候也会在草地上现身。刺猬能够跟人类友好相处，面对人类时不会逃开，也不会伸出爪子或露出牙齿，所以我们能轻松把它放在手心，不用担心它会跑掉；不过，在触碰到它时，它还是会本能地缩成带刺的球状。如果想让刺猬展开，需要把它浸入水中。

刺猬是需要冬眠的动物，没有在夏天储存食物的必要。它们吃得很少，也可以长时间不进食；与其他冬眠动物一样，刺猬也是冷血动物。刺猬的肉质差，口感不好，以前的人们会用它们的皮毛来制作麻刷或者衣刷。

第七节　河狸

河狸筑堤

每到六七月份，河狸就会聚到一个地方，形成一个群体。它们从各个地方赶来，很快就能聚集到两三百只；它们聚集的地方就是它们的居所，大部分是在水边。如果居住地水面平稳，有一定的高度，比如平静的湖水边，那河狸就免去了筑堤的麻烦；但要是居所边水流湍急，水位涨落变化较大，它们就必须筑堤截流，才能形成一个比较平稳的池塘或者水域。它们筑造的河堤就如同一道横穿河流的水闸，河堤底部的长度约为27米到33米（80尺到100尺），厚度大约是3米到7米（10尺到20尺）。相对于河狸的体形来说，筑造这样的河堤是一项非常浩大的工程，需要付出的艰辛劳动可想而知。此外，这项工程的坚固性也是必不可少的，河狸筑堤的地方常选在河水较浅的地方，如果河边刚好有倒向河面的大树，它们就会啃断这棵树，用之建造堤坝。它们会挑选大约有两个人的身躯那么粗的大树，只是用四颗门牙进行啃咬，而不借助于其他任何工具。它们先将树根啃断，并控制树倒下去的方向，尽可能让倒下去的树横穿河流，再啃掉树上的树枝和树杈，让树变得光滑，各个位置的支撑力是平衡的。

　　既然是一项浩大的工程，一只河狸的力量肯定做不到，需要许多河狸分工合作：协力将树啃倒之后，会有几只河狸一起啃树枝和树杈，其他的河狸则在河岸边忙碌，把那些跟人小腿或者大腿一样粗细的小树的树杈啃掉，在一定的高度上啃倒，用来做木桩。接着，这些木桩被河狸们运到河中，再通过水路运到筑堤的工地上，把木桩做成连在一起且入地很深的桩基，最后再把树枝缠在木桩之间。这是多么艰难的工作啊！因为需要将木桩竖起来，让木桩与河底垂直，所以必须让木桩贴着河岸或横在河上。河狸们会用嘴叼住比较粗的一端；同时，进入水中的其他河狸会在水底刨洞，将细的一端插到洞中，这样木桩才能立起来。当一部分河狸在做这项工作时，另一部分河狸会去寻找泥土，用脚往泥土中加水，搅拌成稀泥，再用尾巴将稀泥打紧密，最后用嘴和爪子搬运大量泥土，去填充木桩的缝隙。桩基由几排木桩组成，它们竖直排列且高度相同，从此岸一直延伸到彼岸，各个地方都堆满了泥土。河水流过来的那一边，树桩处于垂直状态；而支撑树桩的一边则是倾斜的。所以堤坝底部的宽度达3米到7米（10尺到20尺），而顶端的宽度仅仅1米左右。如此，既保证了足够的空间，又非常坚固，还能最大限度地蓄水、拦水、承受水的重力、分散水的冲击力。河狸会在最薄弱的堤坝顶端斜着挖两三个排水口，随着河水的涨落，进行扩大或者缩小。当遇到特大洪水时，堤坝就会出现缺口，但水位下去之后，河狸会迅速将缺口修补好。

河狸的习性

　　河狸通常喜欢把仓库建造在河边住所的旁边。每个河狸家庭都有与其数量相对应的仓库，所有的河狸共享权利，从来不会到彼此的仓库中抢夺东西。有人曾经看到过一个生活着二十几户河狸的河狸群落，这种大规模的河狸定居点实属罕见，一般情形下，河狸群落大约由十几户组成。每个河狸群落中，单独的家庭都有自己的住所、仓库和活动空间，它们绝不允许外来者进入自己的家园。通常，一个河狸家庭中会有 2 个、4 个或 6 个成员，大一些的家庭会有 16 个或 18 个成员，最大的家庭据说会有 30 个成员。河狸家庭成员的数目几乎都是偶数，而且雌性和雄性的数量相等。大致统计一下，一个河狸群落一般会有 150 ～ 200 个成员。

　　尽管河狸群落的成员数量多，但它们内部的关系很和谐。共同的劳作加强了它们之间的联系，将它们团结在一起。它们在共同创造的舒适环境里聚集，共同储存并享受大量的食物，群居生活的方式有力地维系着这种团结。河狸的胃口不大，也不挑剔食物，对血腥肉食的反感使得它们不会产生掠夺或斗争的念头。它们享受着自然界其他动物难以得到的幸福，彼此亲密无间，懂得避开敌人的挑衅；遇到危险时，河狸会用尾巴击水发出报警声，声音在沿河的所有住所上空回荡，听到报警声的河狸会采取行动，有的潜入水中，有的在洞内藏身。河狸建造的住所四壁坚固，除了闪电和人类的武器能对之造成威胁，其他动物基本没有办法攻入这些住宅。河狸的住宅安全且整洁：地板由绿色的枝条铺满，是舒适的地毯，丝毫不乱，异常干净；靠水的一面是它们的凉台，白天的大部分时间河狸都会在那里待着，乘凉、沐浴，将下半身浸泡在水中，头和上半身直立在水面上。有时，它们也会出现在离住宅较远的冰层下，这是捉捕它们的好时机：只要先从一侧攻击它们的住所，之后在冰层上凿开一个窟窿，守候在旁边，就能轻易地抓住它们，因为河狸必须到开口处呼吸新鲜空气。

夏初，河狸会聚集到一起，在七八月份的时候建造住所；到了九月份，它们就开始储存树皮和树枝；接下来的日子，它们尽情享受劳动成果，悠闲地生活。秋冬是河狸休息和恋爱的季节，它们通过共同劳作相互认识并产生好感，然后结为夫妻。河狸间的结合不是为了繁殖后代，更不是一种偶然，它们是因彼此喜爱才选择在一起共同生活。河狸夫妇会一起度过秋天和冬天，悠闲地待在家中，偶尔外出散步或把自己喜欢的新鲜树皮带回家。据说河狸的怀孕期有四个月，在冬季末生产，通常每一胎产崽两三只。在此期间，河狸爸爸会离开住所，到田间去享受春天的温暖以及鲜美的水果。它们虽然时常回家，但不会住在家里。河狸妈妈则负责在家养育河狸宝宝，几周后，河狸妈妈便会带着宝宝们外出。它们在露天环境中居住，一起散步，以鱼虾或者新鲜的树皮为食，在水上和林间度过整个夏天。秋天来临时，河狸们会再次聚到一起。如果夏季的洪水冲垮了它们筑造的堤坝或者住所，它们会更早地聚集，进行修补工作。

第八节　狮子与老虎

狮子

人类对气候的适应能力比动物更强，所受的影响也比较小，不同的气候只是让人类拥有了不同的肤色，如欧洲的白种人、非洲的黑种人、亚洲的黄种人、美洲的红种人只是属于不同的人种。人类将整个大自然视为领地，几乎能适应任何环境，无论是南方的炎热，还是北方的寒冷，都能生存和繁衍。

对动物而言，就不太一样了，不同的气候会对它们产生很大的影响，并表现出明显不同的特征，它们之所以种类繁多也多半出于这个原因。和人类相比，动物之间有非常明显的差别，而这些差别似乎与它们所在地区的气候息息相关：一些动物只能在热带地区生活，一些则只能在寒冷的气候条件下生活，比如驯鹿，它从不在南方地区居住，而狮子从不生活在北方。每一种动物由于生理需要而选择适合自己待的地方，都有自己专属的天然王国。动物之间物种的不同可以说是气候原因造成的。

我们发现，生活在炎热地区的陆地动物比在寒冷或温和地区生活的动物更高大强壮，也更勇猛凶残，这些特点与它们生活地区的炎热气候密不可分。哪怕是同一种类，在非洲或印度烈日下生活的狮子，会比其他地区的狮子更凶猛强悍，也更可怕，如生活在贝尔杜格里德或撒哈拉的狮子，与常年生活在冰雪覆盖的阿特拉斯山山顶的狮子比起来就要勇猛、凶残得多；生存在酷热沙漠中的狮子，是旅行者最痛恶的动物，它们长期祸害与沙漠接壤的区域。不过，它们的数量不多，也似乎在逐年减少，据在这一地区四处游走的人们证实，那里现在的狮子明显没有之前多了。这种强大凶猛的动物能够猎食其他所有的动物，但自己却不会成为任何动物的猎物，因此，这些狮子数量的减少很有可能与人类数量增加有关，毕竟，即便是力量强大的百兽之王，在足智多谋的霍屯督人或黑人的面前，它们还是弱者。

人类的力量和科技优势可以摧毁的不只是狮子的力量，还能令其崩溃，丧失勇气。在撒哈拉广袤的大沙漠、塞内加尔和毛里塔尼亚边境之间以及霍屯督地区北面等荒无人烟的地方，加上非洲和亚洲的南部地区，依然生活着为数众多的狮子，它们保有自然赋予它们的本色：习惯于攻击任何动物，并常常取得胜利。在这样战则获胜的习惯中，它们变得更加顽强和凶悍。它们对人类的力量知之甚少，所以也不会畏惧人类，在还没有领教过人类武器的威力之前，也想要与人类一争高下。虽然对抗中的受伤会使它们发怒，却不能令它们退却。哪怕是看到大批人马，它们也不会慌张。生活在沙漠中的这些狮子，即便独自一头也敢袭击整个商队，经历一场顽强而激烈的战斗后，狮子尽管疲惫，但不会一下子就掉头逃跑，而是坚持着，边退边搏斗。与此相反，在印度和柏柏尔人城邦或小镇生活的狮子，在验证过人类的力量后，它们已经勇气尽失，甚至在听到人类威胁性的吆喝声时就会变得温顺，它们不敢再向人类发起攻击，只会袭击小牲畜。一旦遭到棍棒击打，便放弃猎物一逃了事。

狮子天性的这种变化和驯服，也清楚表明，它是能够记住人类留给它的印象的，而且能够一定程度上被驯化，从而接受某些程度的训练。这也是历史故事中之所以出现拉着凯旋之车的狮子或被迫进行战斗的狮子的原因，它们对自己的主人忠心耿耿，以为主人奉献自己的力量和勇气以对付敌人为荣。我们也可以这样认为，如果将捕获到的小狮子和家畜放在一起饲养，它们很快就会融入家畜中。狮子会跟主人亲近，表现得十分温顺和亲密，幼年时尤其明显，即使偶尔也会显露它们凶猛的天性，但很少会攻击自己的主人。狮子的动作勇猛，食欲强大，因此即使被驯养也不能认为一定能百分百消除其野性，如果让它长时间忍饥挨饿或者无故折磨它，将其激怒，会是十分危险的事情。狮子是不能忍受虐待的，如果有这样的遭遇，它不仅会发怒，还会一直记恨并伺机报复。当然，人们对它的好它也会记住，并时刻心存感激。我的记载中有大量具体事实可以引用，或许这其中存在某些夸张成分，但还是有一定真实性的。这些事例都在说明，狮子的愤怒是很高贵的，勇气也非常崇高，天生注重感情。我们经常看到，狮子看不起卑微的敌人，也无视它们给自己造成的小小伤害，宽恕它们的任性行为；狮子也有沦为俘虏的时候，虽然会烦躁却并不乖戾，反而变得比较温顺，服从主人的命令，舔舐喂食给它的主人的手掌，更有甚者，还会放过那些人类当作食物扔给它的猎物。而且，这种行为似乎让狮子与猎物之间产生了感情，在此后的时间，它们继续这样保护着猎物，与它们和平相处，分享食物，有时还会慷慨地让出全部食物，哪怕自己挨饿也不会终止自己最初的善行。

　　狮子的外貌与它伟大的内在品质完全符合，有着威严的相貌，坚毅的目光，豪迈的举止，震天的吼声。它的个头虽不及大象和犀牛那样巨大，体重也不如河马或牛，但它的身材匀称而协调，身体没有过多的肉和脂肪，肌肉发达，结实强健，可谓力量与灵活相结合的典范。狮子惊人的弹跳力充分体现了雄健力量，它迅猛摆动的尾巴足以将人击倒在地，脸部特别是前额皮肤的灵活抖动，令它愤怒的表情更加丰富。这样的力量还体现在摆动鬣毛上，狮子愤怒时鬣毛不仅能竖起，还能向各个方向摆动。

狮子在饥饿时，会正面袭击路过的所有动物，因为它强大的力量令其他动物畏惧，所以都会选择尽量避开它，以至于它不得不把自己藏起来，静候攻击时机。狮子在林木茂密的地方俯卧潜伏，时机成熟便会奋力扑向猎物。在沙漠和森林中，羚羊和猴子是狮子通常的食物，只是猴子如果在树上，狮子是没办法捕捉到它的，因为狮子没有老虎或美洲豹那样的爬树能力。狮子食量很大，一次性进餐能吃下很多，以保证两三天不进食。它的牙齿坚固有力，轻易就能嚼碎骨头再和肉一并吞下。据说狮子能够长期忍受饥饿，但由于体温很高，不耐饥渴，见到水就会停下来大喝一次。狮子喝水的方式跟狗很像，唯一的不同之处是，狗在喝水时舌头向上卷，而狮子的舌头则是向下卷，所以它喝水时需要花费很长时间，还会漏掉很多水。狮子喜欢吃鲜肉，特别是刚被杀死的动物肉，一头狮子每天大约需要吃 7.5 千克生肉。它不喜欢食用有腐臭气味的肉，宁可花时间去追新的猎物，也不会食用现成猎物的残存尸体。尽管这样，狮子仍然有很重的体味，尿味也非常难闻。

狮子的吼声嘹亮而有力，在沙漠的寂静夜里，它的吼声如同雷鸣般响彻四周。它在愤怒时，叫声不太相同，突然而短促，而且不像吼声那般轰鸣。狮子每天都会吼五六次，下雨天尤其频繁。狮子愤怒时的叫喊比它的吼声更加令人恐惧，它的尾巴会在这种时候左右摆动，击打地面，长的鬣毛随之飘飞，面部皮肤抽动剧烈，眉毛上下抖动，露出利齿，伸出带刺的舌头。事实上，就算没有利齿和爪子的协助，它也足以将猎物剥皮破肉。它的头、颚以及前腿比后半身要强壮很多。它的眼睛跟猫一样能在夜晚看清四周的东西；它的睡眠时间很短，而且很容易被惊醒。但是对于说狮子睡觉时是睁着眼睛的这一点，我认为是没有依据的。

狮子的日常步态哪怕总是倾斜着，依然高傲、庄严而舒缓，它跑起来的姿势不太平稳，也非匀速，而是以跳跃的方式，所以非常迅猛，不易瞬间停下，这也是狮子在追赶猎物时总会越过它们的原因。它在扑向猎物时会跃起十来步，扑到猎物身上，先用前掌按压住对方，再用趾甲撕扯、用牙齿啃噬。狮子年轻时健壮而行动敏捷，很少离开栖身的荒漠和丛林，那里有足够供它们饱食的猎物；但是随着年龄增长，身体变得笨重，不那么容易捕捉猎物时，狮子会开始接近人类居住的地区，威胁人和家畜的安全。有一点很奇特，如果人和其他动物同时出现在狮子的视野中，它通常都是先扑向动物而不会扑向人，除非是人先攻击它。狮子的辨识能力超群，如果它发现面前的曾经是伤害过它的人，就会放弃猎物，转而扑向仇敌。据说，狮子喜欢骆驼肉和小象的肉，胜过其他一切肉。小象在象牙还未长出来前，根本不是狮子的对手，如果母象不及时赶来援救，狮子轻易就能攻击成功。除了大象、犀牛、老虎和河马，其他动物基本都是狮子的手下败将。但无论狮子如何勇猛，人类也不会放过它，总是带着高大的猎犬，骑在马上对它们进行猎捕。人们利用猎犬和马对狮子进行围攆，迫使它后退，但前提是事先训练好猎犬和马，因为狮子的浓烈体味会让未受过训练的动物一闻到就战栗而逃。狮子的皮毛虽然很坚实，但抵挡不了子弹的威力，甚至连投枪也能直接插入进去，只是要想一枪将其毙命也是困难的事，人们常常通过设计陷阱来猎捕狮子，如同捕狼一样。一旦被人们捉到，狮子就会马上变得温顺，在它还惊魂未定时，人们可以顺利地用嘴套套住它的嘴，随心所欲地牵着它到处走。

老虎

正如我们前面所讲，狮子具备了丛林之王的豪迈勇猛，大度高贵。与之相比，老虎却是卑劣残忍和凶狠的，因此它的可怕程度要比狮子高多了。狮子时常会忘记自己百兽之王的强者地位，它前进时安详的步伐，对人类从不主动攻击，除非先被挑衅；它只会在受到饥饿威胁时，才加快步伐奔跑，猎捕食物。老虎则完全不是这样，它即使吃得很饱也难改嗜血如命的本性。老虎的狂烈性格唯有在它需要设圈套捕捉猎物时才会稍稍收敛；它能狂暴凶狠地捕获并撕咬完一个猎物后，立即扑向下一个新猎物；它为祸一方，将栖身之地掠劫一空，毫不惧怕人类，也不会在武力面前示弱；它屠杀家畜群，也不放过野兽，袭击小象、小犀牛，甚至偶尔在狮子面前耍威风。

通常情况下，体形与天性是有一致性的，狮子的身体与腿的长度正好成比例，仪表中有着高贵的气息：茂密的狮鬣覆盖着肩部，目光坚毅，举止庄重。而老虎却是体长腿短，脑袋平而秃，目光呆滞，总是伸在嘴外的舌头血红血红的，永不满足的残暴特性显露无遗。时刻都欲爆发的狂怒似乎是老虎的本能，盲目而乖戾。雄性老虎在盛怒之下，连幼崽也会被它吞噬，甚至撕碎想要保护孩子的雌性虎。这是大自然中少见的有这样特性的物种。

老虎对炎热气候的适应性很强，似乎生来就如此。尽管这样，在马拉巴尔海湾，孟加拉国等地，经常会有老虎出没于江湖岸边，这是因为嗜血的本性令老虎饥渴，它需要通过饮水来稀释可能使他筋疲力尽的燥热。同时，这些地方也为老虎的狩猎提供了方便。炎热的气候中，其他动物饮水的次数增加，也常常来到水源地，而老虎就在这里等待。老虎对猎物的捕杀是反复进行的，它总是会扔下刚被其杀死的猎物，转而再去屠杀进入它视线的其他的动物，它仿佛沉迷于享受捕杀的快感中，撕裂猎物，吸食它们的血。如果它捕杀的是马、牛这样的大型动物，一旦感觉有不安全的因素存在，它不会当场将其开膛破腹，而是把它们往森林中拖拽，以便能更自在地将猎物撕成碎块。但即使是拖着这些大身型的猎物，老虎的奔跑速度也不会因此而变得缓慢。

老虎可能是少有的、不愿意委屈自己去改变天性的动物，它们不惧武力威逼，软硬不吃，很难驯服。人类温和举止所具有的功效通常能感化多数生灵，唯独面对老虎的刚硬个性，有些束手无策。其他野兽的兽性受气候的影响会有所缓解，但却缓和不了老虎的暴脾气；它不会判别伸过来的手是要喂它食物还是要击打它，所以一律张口就咬；它会朝着所有的生灵咆哮，在它眼中任何一种动物都是潜在的猎物，都被它投以贪婪的目光，恨不得一口吞下。虎躯震动，磨牙霍霍，发出威胁恐吓，然后猛扑过去，铁链和栅栏能阻止的只是它的行动，却无法平息它的愤怒。

第九节　豺与熊

豺

狼与犬非常接近，豺则是介于这两者之间的动物。贝隆（编译者

注：法国著名博物学家，生于 1517 年，卒于 1564 年）曾经说，豺是介于狼犬之间的兽类，它同时兼具了狼的凶残性和犬的随和性，它发出的噪叫声夹杂着犬吠和呜咽，它比狼更贪婪，又比狗还喜欢狂吠。豺从不独行，而是二三十只甚至更多只结群而行，它们常常在捕猎中抱团发动攻击，它们以各种小动物为食，偷袭人类养殖的各种家畜家禽，甚至无所顾忌地独闯羊圈和牛栏马厩；倘若实在没有别的东西果腹，它们连马鞍或是长靴上的皮革也会吞食；如果捕食不到活物，它们还会将动物或人的尸体挖出来，因此人们在掩埋时必须夯实墓地的泥土，但只有一两米厚的泥土是无法阻拦它们的，还需要在泥土里掺入粗壮的荆棘，以阻止它们的挖掘。豺在挖掘坟地时常常是几只一起合作，一边掘土一边发出凄厉的噪叫。等到它们习惯了食用腐尸后，就会不断奔走在墓地间。豺还会跟踪军队、袭击商队，它们好似四足兽中的乌鸦，腐臭味再重的肉它们也喜欢，食欲强烈，任何皮毛或者脂肪，甚至动物的粪便它们都吃，就算是干瘪的皮革都能成为其佳肴。

鬣狗也是腐肉的爱好者，也会挖掘尸体，它在习性上与豺一致，所以虽然两者是截然不同的两种动物，但常常有人将它们混淆。鬣狗是独居动物，极少聒噪狂吠，跟豺比起来，它要强壮很多，野心也更大，但因为它只是食用尸体，并不攻击生者，所以不像豺那样令人厌恶。豺的噪叫以及偷盗、暴行都是所有旅行者所憎恶的。鬣狗和狼的卑劣都集中在了豺的身上，是两者丑陋一面的集大成者。

熊

熊是独居性野生动物，性情野蛮、孤僻，出自本能地远离所有群体，生活在人迹罕至的地方，只有最原始最自然的环境，才能令它安心。因此，它常将陡峭山谷中的岩穴或是密林中的老树洞作为自己的巢穴，独自隐居在里面，就算没有充足的食物储备，也不贸然出动，而是在巢穴中度过寒冷的冬天。

熊发出的是一种低沉的吼叫声，粗哑深沉，常常伴随着牙齿的震颤，特别是被人或其他动物激怒时。熊很容易愤怒，这种愤怒的表现往往出于任性的狂暴，因此，即使被人类驯化后，显得温顺和听话，却不得不时刻提防它，在对待它的时候小心翼翼，尤其不能触碰它的鼻尖。

熊被驯化后，人们可以教会它站立、做手势，甚至跳舞，某些聪慧的熊似乎还能听懂乐器的声音，从而跟着节奏摆动身体。但是要对熊进行这样的训练，人们必须从其幼年开始，并持续下去。驯化成年熊是很困难的事，因为它会非常顽固，而且畏惧之心也减弱，甚至不再害怕人类。但熊是容易受惊的动物，据说猛然间听到人们的呼哨声，它会大吃一惊，继而停下脚步站立起来，这时开枪最易令其毙命。但是若没能将它击毙，它在惊恐之后爆发的力气更大，会直扑向射击者，用前肢紧紧箍住对方；假如没有救援，袭击者会被它掐死。

熊的听觉和触觉很发达，它的眼睛与其庞大的身躯比起来虽然小许多，但其视觉也是不错的。熊的嗅觉非常灵敏，远远超出了其他动物，这是由它奇特的鼻腔结构决定的。熊的鼻腔内有四排骨质薄片，三个垂直平面将这些骨质薄片分割开，扩大了接受气味的面积。熊的皮毛浓密厚实，四肢非常强壮，手指和脚趾大而短，彼此之间紧密相挨；熊在与对手搏击时是会挥舞拳头的，这些都是与人类有些相似的地方，但这并代表它就比其他动物高级多少。

第十节 象、犀牛与骆驼

象

象可能是除了人类外，自然界最壮观的生物，它有超过一切陆生动物的体形，又有接近人类的智力。

即使是野生大象也不凶残，相反它天性温顺，从不滥用武力，只有在保护自身或同类时才会使用它的"武器"。象是群居动物，通常结伴行动，很少见到它们离群独行。走在队伍最前端的总是年长者，稍微年轻些的则走在队伍后面，队伍中间是受保护的年幼和体弱者。这种行进序列通常只在它们觉得危险的行程中或是到耕地上吃东西时才如此保持，在开阔的草地或森林中散步或是旅行时就不会这样小心翼翼了。它们之间会保持一定的距离，但相隔不会很远，以方便遇险后能互相救援。总有一些象会因为落于团队之后或走失，从而成为猎人袭击的目标，但猎人如果试图攻击整个象群，若没有一支有装备的小部队是不可能达成的。冒犯象群是一件十分危险的事情，它们会猛然扑向袭击者，它们庞大的身体看似笨重，但步伐却一点都不会受阻，轻易就能追上跑得最快的人。它们用坚利的牙齿攻击，或是用长长的鼻子将袭击者卷起来，再扔下去，用巨大的脚踩碾，结束对手的性命。不过，这样的情况只发生在它们被激怒时，它们不会毫无缘故地主动发起攻击，也不会随意伤害没有招惹自己的人。象对于伤害十分敏感，所以人们千万不要试图去挑衅它们。对于经常出入象群活动地带的旅行者，需要在夜里露营时燃起篝火，使劲敲打货箱，让象群不敢靠近。据说大象是有记忆的，如果曾经被人袭击或掉进过人们布置的陷阱，会一直介怀，并随时伺机报复。

野生大象的鼻子很长，因此嗅觉比其他动物更加灵敏，能嗅到很远的地方传来的人的气味，并能根据气味轻易追踪到人的踪迹。有古书记载，大象会用鼻子拔下猎人经过地方的草，借此向同类传递信息，让象群中所有的象都知道敌人的踪迹。象喜欢在河岸、深谷、绿荫和湿润地带生活，水源对它们而言至关重要。象在喝水时总会先将水搅浑，再用象鼻吸满水，最后把水送进嘴里饮用。象无法承受严寒，也不能忍受酷热，为了躲避炽热的阳光，它们尽量生活在森林深处；它们也经常在水里泡着，身躯的庞大并不会有什么影响，反而有助于它们在水中游泳，尽管它们无法深入水下，但靠着高高竖起的长鼻子呼吸，它们也一定不会溺水。

象的食物通常是树根、草叶和嫩枝，偶尔也吃水果和种子，但肉和鱼类不是它们的所好。象也不是独食者，如果某只象发现一片水草丰美的牧场，便会马上呼唤同伴与自己一起分享。大象对草料的需求很大，所以会经常换地方。如果它们闯入田地里，会对田地造成极大的破坏。被它们庞大而沉重无比的身体践踏的植物或庄稼，往往是它们吃下的十倍以上，加之它们往往成群而至，一小时不到的时间就足以毁掉整块庄稼地。居住于野生大象出没地区的印度人和黑人深受其害，因此总是用尽一切办法赶跑它们，比如制造巨大的声响或燃起熊熊篝火等。就算采取了这样的防范措施，象群依然经常占领耕地，撵跑家畜，有时甚至会彻底掀翻简陋的住宅，把人也赶走。象不懂什么是害怕，唯一能够让它们停下来的方法就是向它们扔爆竹，爆竹突如其来的炸响和光亮通常可以对它们起到震慑作用，有时还能让它们掉头跑掉。象群在一般情况下不会被拆散，因为它们总是站在同一阵营，十分默契，无论进攻还是后退，都是一起行动。

象只要被人驯化，就会变得非常温和、柔顺、乖巧。它会依恋照料它、抚摸它、给它喂食的人，而且能够看懂人的手势，甚至能听懂人类的语言，还能分辨出人类的情绪，如愤怒、悲喜、满意等。它的行动很有条理，对主人的命令很少误解，专心听从吩咐并谨慎地执行；它稳重而节制，能轻易学会屈膝，便于人们骑到它背上；它用鼻子摩擦人以示亲近，也以鼻子致敬，还能用它举起重物；它对于人类给自己披挂衣物毫不反感，而且似乎很喜欢自己身上的金鞍。人们用套索将它套住，然后拴在货车、船或绞盘上，它就会用力拉，一点都不会气馁。

驾驭象的人通常会骑到它的脖子上，用一个铁器或锥子戳他的耳根附近，指挥它拐弯或加快行进速度。一般情况下，只需要人们下命令就好，特别是得到了它的信任的主人，它对主人的依恋之情是很深切的。象的感情极为深厚，所以不会愿意为陌生人效力，我们还看到过大象因一时愤怒而误将照料自己的主人杀死后，绝食而亡的情况。

犀牛

犀牛是在力量上仅次于大象的四足兽，位列第二。犀牛有着庞大的身躯，从嘴部到尾部的长度至少有 5 米（15 尺），高度超过 2 米（6 尺），躯干的周长与身体的长度差不多相等。因此，从体形和重量来看，犀牛与大象的相似度很高，但在人们眼中，总是认为犀牛的大小相比大象逊色很多，这是因为按身体比例，犀牛的腿比不了大象的腿长，视觉上也就远远小于大象了。

　　尽管在体形上和大象有一拼，但在本领和智力方面，大象把犀牛远远甩在了后面。犀牛虽然具有四足兽的通常特征，但皮肤不敏感，也没有手之类独立的触觉器官。它没有象鼻那样的长鼻子，比较灵活的只有两片嘴唇，所以它的灵敏性比较差。犀牛优于其他动物的地方是它的力量和身躯，再有就是鼻子上竖起的坚硬的犄角，颇具攻击性。犀牛的犄角位置与反刍动物犄角的位置相比更加有力，反刍动物的犄角通常只能保护到它们的头部和脖子上部，而犀牛的犄角可以将嘴的整个前部保护住，包括鼻子、嘴巴和脸部，在对抗时不会受到对手的攻击。这也是老虎宁愿选择攻击大象，也不愿轻易去攻击犀牛的原因，犀牛的坚硬犄角会让它面临被开膛破肚的危险。

　　除了犄角，犀牛还披着一身的"甲胄"——身体和四肢外面包裹着一层坚硬无比、连刀枪也不易穿透的皮，因此猎人的铁器和火器对犀牛的威胁不大，虎爪和狮爪就更不在话下。犀牛的皮肤黝黑，颜色类似于大象，却比大象皮肤厚得多，也硬得多；蚊虫的叮咬对大象会造成困扰，但犀牛没有这样的烦恼，它身上的皮是不会缩皱的，褶皱只出现在颈部、肩部和臀部的皮上，这种结构的最大好处就是它的头部和腿部的运动较为灵活。犀牛的腿部粗壮，脚上两只爪子巨大。从身体的比例来说，犀牛的头部比大象的头部长，但它的眼睛比较小，而且总是处于半睁开的状态；犀牛的上颚盖过下颚，上唇移动的幅度很大，能拉到超过20厘米，嘴中央还有一个尖尖的由肌肉纤维构成的东西，这让它的嘴唇发达而灵活；似乎是发育不太完全的手或者鼻管，可以触摸抓握物体，与人手或者象鼻有类似功用。象的防御和攻击工具是它长长的牙齿，而犀牛最好的武器就是它的犄角和四颗锋利的门牙。在4颗门牙之外，它还有24颗臼齿。犀牛的耳朵是总是笔直竖起，形状和猪的耳朵相似，只是相对于它的身体，这耳朵显得非常小；犀牛的耳部也是它唯——一个有鬃毛的身体部位。与大象的尾端一样，犀牛的尾端也有一束很结实、很坚硬的粗鬃。

犀牛习惯吃粗草、带刺的灌木等，这些粗粝的食物比牧场中鲜美的嫩绿青草更受到犀牛的青睐；它还喜食甘蔗和种子，但对肉类不感兴趣，所以它对小动物是不会造成威胁的。另外，庞大的身躯和厚实的皮也让它不畏惧大型动物，能与老虎这样的猛兽和睦相处，老虎在它面前也不敢造次。犀牛并非群居动物，也不会聚集在一起行动，它们的性格是有一些孤僻的，有较强的野性，很难被猎捕和驯服。一般情况下它们不会主动攻击人类，但一旦受到挑衅，它们会变得异常愤怒，而且超级恐怖。犀牛的皮厚而坚硬，哪怕是大马士革利刃（编译者注：世界三大名刀之一，原产印度，由乌兹钢锭制成，表面有铸造型花纹的刀具）和日本军刀都难以刺破，标枪、长矛等也扎不进去，甚至火枪子弹都伤害不了它；铅弹碰到它的皮会被撞扁，铁制的柱形子弹同样无法穿透。对于穿着这样一身"铠甲"的犀牛来说，薄弱的部位是腹部、眼睛和耳朵周围，有经验的猎人不会与它发生正面冲突，而是远远跟踪，等到它歇息或是睡觉时暴露出弱点后再进行偷袭。

骆驼

相比象和犀牛的强壮，骆驼的体形看起来有些怪异，背上耸起的驼峰使它稍显畸形。骆驼被阿拉伯人认为是上帝赐给他们的礼物，所以骆驼对他们而言，是非常神圣的动物。假若离开了骆驼，阿拉伯人的生存会成难题，不仅是失去了重要的交通工具，也无法进行正常的贸易活动。骆驼奶是阿拉伯人不可或缺的必备食物；骆驼肉，特别是小骆驼肉，也是阿拉伯人的盘中佳肴；而骆驼的毛更是能为阿拉伯人带来很大的经济收益，骆驼每年都会换一次毛，驼毛又细又软，阿拉伯人将其制成衣物或者布置房间的织品。

综上所述，骆驼的存在，不只是令阿拉伯人衣食不缺，更是让他们无所畏惧。骆驼一天在沙漠中可以前进200千米，任何一支进入沙漠的军队，如果想要追赶阿拉伯人，都可能陷入失去生命的危险中，因此，阿拉伯人只有在自愿的情况下才会被征服。但是，贪婪之心永无止境，这些阿拉伯人尽管生活安定自由，甚至非常富裕，却欲壑难填，用罪恶来玷污沙漠。他们穿过沙漠，前往邻近国家抢夺奴隶和财物，利用骆驼给予他们的便利实施掠夺。阿拉伯人以抢劫为乐，他们的恶行几乎从未遭遇过失败，哪怕邻国的力量比他们强大，却总是无可奈何地让他们逃脱，让他们不受任何惩罚地将掠夺的东西带走。

一个阿拉伯人如果试图去做陆地强盗，他很快就能学会忍耐旅途中的辛劳，一方面，尽可能减少睡眠的时间，让自己习惯忍受饥渴和炎热；另一方面则是训练骆驼。阿拉伯人在骆驼出生后不久就开始了对它们的训练，迫使它们蹲下并伏到地上，将重物放到它们背上，它们习惯于托运重物，接着再换上更重的东西，逐渐增加；在骆驼口渴或者饥饿时，并不会马上给它们水或者食物，而是调整它们的吃喝时间，慢慢拉长两餐之间的时间，同时减少食物的供应量。等到骆驼稍稍强壮，就开始训练它们的奔跑能力，将马作为参照物来刺激骆驼，以达成让它们跑得像马一样快的最终目标。当骆驼的饮食得到控制，力量和奔跑速度也都得以提升之后，训练者就让它驮着能维持自己和骆驼生存所需的食物，前往沙漠边缘对过往商人或者边远地区的居民实施抢劫，抢来的东西也依然让骆驼驮着。如果遭遇反击，这些人会选一匹跑得最快的骆驼立即逃跑，日夜兼程，几乎不歇息，一周的时间大约就能跑 300 千米。在这段赶路的时间，骆驼驮着东西一直奔跑，每天的休息时间只有一个小时，得到的食物只是一个面团。骆驼能够连续奔跑十几天，如果没有水，它可以不喝；但如果闻到水的气息，它会迅速向水源靠近，一次把水喝够，以应付接下来的整个旅程。骆驼常常需要维持几个星期的长途旅程，所以它们在饮食方面的节制时间也和旅途一样长。

第十一节 斑马、驼鹿与驯鹿

斑马

斑马是四足动物中体形最好、外表最优雅的，它有着马的外形和气质，又有鹿的轻盈和灵活。身上布满的黑白相间的条纹，匀称而有规律，仿佛是大自然用尺子和圆规描绘出来的一般。这些黑白相间的条纹相当奇妙，相互平行，彼此间的间隔又极为规则，犹如一块花格子布料。这些条纹不仅存在于斑马的身上，它的头部、颈部、大腿、小腿，甚至耳朵和尾巴上也都有，远远地看过去，斑马的全身似穿着一件黑白相间的条纹套装，满身的条纹细带随着体形的不同而变化，时而宽时而窄，勾勒出它肌体的轮廓。

准确地说，黑白相间的条纹通常出现在雌斑马身上，雄斑马身上的条纹是黑黄相间的，但两者的色彩都非常鲜艳并闪烁着光泽，使斑马看起来更加耀眼。斑马的体形比马小一些，比驴又要大一些。我们常常拿马或者驴与斑马进行比较，有时也会将斑马称为"野马"或者"有条纹的驴"，但是，我们一定要知道，它们不是马或者驴的变种。自然界中的各种动物都是独一无二的，每一种类都有自己的发展史，斑马既不是马也不是驴，它就是独一的物种。虽然人类一直尝试让斑马与马或者驴亲近，但仍然无法实现它们之间的杂交或繁殖。

驼鹿与驯鹿

我们把驼鹿与驯鹿放到一起，并非因为它们是相同的动物，而是因为两者的发展历史相互渗透，较难完全区分。仔细对比驼鹿与驯鹿，就会发现这两个品种之间存在的不同之处：体形上，驼鹿要更大、更粗壮一些，腿长，脖子短，毛要长一些，而脚要宽一些、粗一些，角宽大；驯鹿则是又矮又壮，腿粗短，蹄子宽大，毛浓密，角长而多分叉，末端宽大，与人类的手掌相似。

驯鹿和驼鹿的颈项下方都长着长毛，尾巴却比较短；它们的耳朵与鹿的耳朵相比要长得多。它们前进的方式类似于狍子和鹿，也是跳跃式的，非常轻盈；速度与狍子或者鹿差不多，很长时间内不会疲惫，有时能够连续奔跑一两天。驯鹿生活在山上，而驼鹿则生活在低洼地带或者森林中。它们和鹿一样是群居动物，习惯结伴而行；它们都能被驯化，但驯鹿比驼鹿更容易驯服。驼鹿和鹿都更热爱自由，而驯鹿则被驯化成了最原始的民族拉普兰人的家畜。对于拉普兰人来说，驯鹿是他们唯一的家畜，因为他们生活的地方气候恶劣，只有斜阳照射，白昼和黑夜的长短随着季节有所变化，从初秋一直到第二年的春末，一直都是大雪纷飞。就算到了夏天，荒野中也到处是荆棘，唯一的绿色植物是刺柏和苔藓。这样的环境是其他家畜无法生存的，牛、羊、马这些对人们的生产生活起着重要作用的家畜，在这里找不到适合的食物，更没有适合它们生存的环境。因此，拉普兰人只能在森林中寻找更容易驯化的生物，比如鹿、狍子之类的动物，以替代牲畜成为新家畜，满足人们的需要。

驯鹿的例子让我们体会到大自然的慷慨，它为我们提供了太多的资源，这些资源的庞大常常超乎我们的想象。大自然向人类提供了牛、羊、马等动物，人们驯化它们，将它们变成了家畜，为人们提供服务和衣食；拉普兰人的生活环境虽然不适宜饲养牛、羊、马等家畜，但大自然赐予了他们驯鹿这一奇妙的物种，让他们得以将之驯化成新的家畜。我们可以再次对两者进行细致比较，将会发现驯鹿的作用强于其他家畜。首先，驯鹿能够拉雪橇、拉车，和马的作用一样；其次，驯鹿奔跑起来更加轻盈，而且轻轻松松就能日行 1.5 万千米，在冰冻的雪原如履平地；最后，驯鹿的奶比牛奶的营养价值更高，它的肉也很美味，毛皮能制成上等的毛皮制品，而皮也可以制成经久耐用的皮革。因此，在拉普兰人眼中，驯鹿在他们的生产和生活中发挥着重要作用，它以一己之力提供了牛、羊、马等家畜所提供给人类的一切。

第十二节 羚羊

非洲是羚羊，尤其是大羚羊分布最为密集的地区，印度次之。与其他羊相比羚羊要厉害凶猛得多，我们可以根据它们犄角的两个弯和身体两侧底部的黑色或棕色的条纹对它们进行识别。羚羊和鹿有着几乎一样高大的身材和外表，犄角黝黑发亮，腹部雪白，后腿比前腿长。

阿尔及利亚特莱姆森、杜格莱、杜泰尔和撒哈拉等地区也生活着羚羊，这些地区的羚羊爱干净，喜欢睡在干燥整洁的地方；它们奔跑起来姿态轻盈，速度快，警惕性也极高。身处旷野之地时，它们会时刻注意四周的动静，长时间观望，只要感觉到猎人、猎犬或其他敌人的存在立刻就会逃跑。尽管这让它们看起来天生胆怯，但它们身上也有着特别的勇气，在受到攻击时不会躲避，而是停下来，无所畏惧地面对进攻它们的敌人。

羚羊的眼睛大而有神，目光深邃又不失柔和，东方谚语中因此将女人的美丽眼睛比喻为羚羊的眼睛。大多数羚羊的腿比狍子更加灵活，动作也就更轻盈，而且羚羊的毛也比狍子的要短，柔顺又具有光泽；羚羊的后腿比前腿长，这一点和野兔相似，因此也是上坡比下坡更容易。羚羊轻盈敏捷的步态与狍子比有过之而无不及，只是狍子前进的方式是跳跃式的，而羚羊通常是匀速奔跑。大部分羚羊的背部都是浅黄褐色的，腹部雪白，身体侧面还有一条棕色带子，恰好将背部和腹部的颜色隔开来。羚羊的尾巴长短不一，但都长满了黑黝黝的长毛；它们的耳朵直立着，而且很长，中间则较宽大，顶端呈尖角状。羚羊是又蹄动物，和绵羊类似；无论雄羚羊还是雌羚羊，头上都长着犄角，这一点又与山羊很像，只是雄羚羊的角比雌羚羊要粗壮，而且要长得多。

第十三节 河马与貘

河马

尽管河马的身体和犀牛一样粗壮，但体形要比犀牛稍长，腿也更短些。从身体比例来看，河马的头短而肥大；它既不像犀牛那样鼻子上长角，也不像反刍动物那般头上长角；它在受到苦痛时的叫声和马的嘶鸣相类似，又或是如同水牛的吼声，因此我们根据声音的相似度，为它取名"河马"，就如猞猁发出的吼声与狼相似，我们将其称为"猎鹿狼"一样的道理。"河马"这个名词的另外一个意思是指生活在河里的马。河马的门牙坚硬而有力，尤其是下颚上两颗长长的牙齿，在咬住铁器时会蹦出火花。古人认知中的河马会吐火可能来源于此。河马的门牙是圆柱形的，很长且带有凹槽；尖牙是棱柱形的，又长又弯，很像野猪的獠牙。它的臼齿又与人类的臼齿很是相似，呈现方形或不规则的长方形，而且很粗，每颗牙齿的重量达到了大约 2 千克，最长的牙齿有 0.3 米（12 英寸），有的甚至可达 0.4 米（16 英寸）长，重量超过 5 千克。

除了拥有强大的牙齿这一武器之外，河马的力量也是非常惊人的。只是河马天性温顺，加上身体笨重，跑起来非常缓慢，无法与其他四足动物在速度上一较高下，但它在水中游起泳来可比在陆地上行进的速度快多了。不过，与河狸和水獭不同，河马的脚趾没有膜，它能在水中生活靠的是腹部巨大的容量，同时它在水中待的时间可以很长，在水中行走时就如同在平地上那样毫无阻力。河马以甘蔗、水稻和草根等为食，消耗的量非常大，还会对耕地造成破坏。但是在陆地上，河马遇到危险的系数非常大，这是因为它的腿太短，在陆地上不能快速逃脱，很容易就被追上。当它遇到危险时会迅速钻到水里，潜在水下游出很长一段距离后才会露面。在被人追赶时，河马通常会选择逃跑而不是反击。但如果先受到伤害，它就会疯狂地冲向追赶自己的船舶，用利牙将船拖住，常常会掀掉船板，有时甚至会令船只颠覆。

貘

我们之前讲过，在美洲大陆上生活的动物，体形似乎都比较小，或者说还未曾发展成为比较大的体积。和古老的亚洲地区生活着的象、犀牛、河马等大个头的动物不同，美洲大陆上生活的大多是如貘、羊驼、小羊驼等体形较小的动物，它们的体形只是那些生活在亚欧大陆上的动物体形的二十分之一。

在美洲大陆上，大自然造物似乎节约了很多的材料，以致这片陆地上生活的这些动物在力量方面存有缺陷。造物主在创造生命时仿佛忽略了它们，或者说它们是造物主造物失败的结果。生存在美洲的动物大部分几乎都没有长牙齿、犄角和尾巴，它们有着奇特的相貌，身体与四肢不相称，比例奇怪，整体不协调。它们中的食蚁兽、树懒等动物生性卑劣，几乎没有行动力和觅食的能力，它们在沙漠的荒凉之地过着萎靡的生活，它们无法在人类居住的地方生存下去，因为在那里，它们完全抵抗不了人类和其他强大的动物，只能面临被灭绝的结局。

貘是在美洲大陆生活的动物中体形最大的，但其体积也只是和一头小母牛或者瘤牛差不多大。貘没有犄角也没有尾巴，四肢也特别短，和猪相似，体形呈弧形；貘在幼年时，跟鹿一样，皮肤上长有花斑纹，成年后则全身变为深褐色。貘的头部又肥又长，长鼻子类似犀牛，上颚和下颚都各长有 10 颗门牙、10 颗臼齿，这是它与其他反刍动物有所区别的最大特点。

貘的性情似乎天生忧郁，喜欢在黑暗中活动，一般夜间才会外出，并且喜欢在水中待着；它生活在沼泽地里，活动的范围也几乎不大远离河边或湖边，一旦感到危险，它会像河马那样，马上潜入水里游出很长一段距离才露面。貘的这个特点让某些博物学家曾经怀疑它是河马的同类，而事实上，貘与河马的差别非常大，只要比较一下我们对这两者的描述，就可以清楚了解。貘虽然生活在水里，却并不以鱼为食物；虽然拥有 20 颗锋利的牙，却不是食肉动物。植物和草根是貘的主要食物，它天性温顺，也非常胆怯，绝不利用尖牙利齿攻击其他动物，也竭力避开所有争斗。貘尽管体长腿短，但无论是陆地上的奔跑，还是水中的游泳都很快。貘通常结伴而行，甚至是集体行动。它的毛皮十分坚硬、致密，就算是子弹也无法射穿。貘的肉粗糙又淡而无味，但印第安人却十分喜爱。一般来说，在巴西、巴拉圭、圭亚那以及亚马孙河流域甚至整个南美范围内，从智利的边界到新西班牙，都能发现貘的踪迹。

第十四节　羊驼与小羊驼

秘鲁是羊驼真正的故乡，羊驼是那里不可或缺的动物，也是印第安人创造财富的保证。羊驼肉质鲜美，毛也是上等的细绒毛；羊驼终其一生都在为这一地区的运输出力，通常情况下，它们可以驮起 75 千克的重物，最强壮的羊驼甚至可以承载 125 千克的货物。在其他动物无法通行的地域，它们也能进行长途跋涉，只是速度比较慢，每天的脚程是 7.2 万千米（45 英里）。羊驼落地稳健，步伐坚实，它们可以在陡峭的沟堑中行走，也可以穿越险峻的山岩；它们通常可以连续走上四五天，然后休息一两天，再重新开始新的旅程。

羊驼的生长速度很快，寿命却很短；它们三岁就可以生育，到十二岁精力依然充沛，但此后逐渐开始衰弱，到十五岁时便彻底衰竭了。羊驼的天性和它所生活的美洲地区的人的性格相似，温和冷静，处理事情很有分寸，懂得尺寸的拿捏。旅途中需要休息时，它们会小心翼翼地屈膝跪下，慢慢放低身躯，以防承载的货物落下来或被弄乱。

只要听到赶驼人的哨响，它们就慢慢起身，小心翼翼地站起来继续接下来的路程。遇到有草的地方，它们不会停下脚步，而是边走边吃；哪怕白天没有吃东西，羊驼在夜里也是从不进食的，因为那是它们进行反刍的时间。羊驼睡觉时，把头倚在胸前，脚屈于腹下。若是驮的东西过于沉重，它会因为无法承载而被压倒，这种时候是无法让它重新站立起来的，它只能待在摔倒的地方。如果继续鞭打逼迫它，它就会以头撞地结束自己的生命。羊驼在遭遇攻击时，既不用蹄也不用牙进行自卫，除了愤怒之外，它们再也不会使用别的武器，但它们会朝羞辱自己的人吐唾沫。据说羊驼在愤怒时分泌的唾液，刺激性很强，沾到人身上甚至会使皮肤长疮疹。

羊驼有约 1.2 米（4 英尺）的身高，如果加上脖子和脑袋的长度，约有 1.5 米。它们的头部漂亮，眼睛大大的，鼻吻很长，嘴唇厚，上唇裂开向下耷拉着；它们没有门牙和大齿，耳朵长约 0.1 米，朝前生长，还能移动；尾马细而直，约有 0.2 米长，略微向上翘起；它们的蹄子是叉开的，与牛蹄一样，这让它们在行走时能保持稳定而不会摔倒。羊驼的背部、臀部和尾巴覆盖着一层短短的绒毛，体侧和腹下的毛却很长。羊驼的毛色不尽相同，有白色的，有黑色的，还有混合色的，其粪便的形状与山羊的粪便类似。

羊驼的饲养方便又经济，由于它们属于偶蹄动物，所以并不需要钉掌；身上满是厚毛，也可以不用配鞍；羊驼食量很小，对于食物也没有过多要求，青草就足以让它们满足，饮水方面也相当节制。

小羊驼顾名思义是指外形与羊驼相似，但体形更小的动物。小羊驼腿比羊驼短，鼻吻也更为紧凑，没有犄角；它们的绒毛是干玫瑰色的，没有羊驼那么深。小羊驼生活在高山顶上，山顶上覆盖的冰雪似乎并不能成为它们的阻碍，反而给它们带来更多乐趣。小羊驼常常结对而行，脚步轻快，非常胆小，容易受惊，看见陌生人就立即跑开。以前在秘鲁，国王曾颁布禁令，不允许猎捕小羊驼，因为它们的数量很少。羊驼的数量到现在也还是不多，而且比西班牙人刚到这里的时候少了很多。小羊驼的肉质不如野羊驼，人们猎捕它们只是为了得到它们的毛皮。在对小羊驼进行猎捕时，猎人会先将它们逼到窄路上，再在那里拉上 1 米左右高的绳子，然后将衣物和布满满地挂在绳子上，小羊驼被这些随风飘动的衣物惊吓，会恐惧地聚成一团，捕猎者很容易就可以将它们一网打尽。但小羊驼中也有胆子大的，它们会利用自己灵活的身手尝试着从绳子上跳过去。一旦有小羊驼成功突围，其他小羊驼也会随之效仿，从而躲开猎人。

第十五节　树懒与猴子

树懒

二指树懒和三指树懒可能是自然界中两种相貌最丑陋的动物，它们或许是大自然创造出来的次品，向我们展示了动物存在的瑕疵。

这些树懒天生没有牙齿，因此它们既无法捕捉猎物也不能食肉，甚至连草也不能吃，它们只能以树叶、野果等其他动物不屑吃的东西为生；它们花费许多的时间才能爬到树下，然后花费更多的时间才能爬到树枝上。这种行动会持续很多天，缓慢而乏味，在此期间它们只得忍饥挨饿，或者连最基本的生理需求也要忍着。等到它们爬上树之后，便紧紧地攀在树枝上，不再下来。它们慢慢地吞食树叶，直到把附近树枝上的所有叶子都吃光。接下来的几周，它们都是这样生活，只能吃这种干枯无味的食物，而没有其他食物伴餐。等把树叶吃光后，它们还是只会留在树上，因为下树于它们而言是很困难的事。最后，到了它们再次饥饿难耐而不得不下树时，它们便放手让自己摔下来，重重地落到地面，如同一块没有任何弹性的东西，这是因为它们僵硬懒惰的四肢在这样的自由落体运动中还来不及伸展开来缓解冲力！

它们一旦落到地面，命运就交给了各种敌人。因为它们的肉质不错，所以成为人和肉食动物都会捕杀的对象。它们的数量很少，似乎跟生育能力弱有一定关系，或者说即使有繁殖，存活率也相当低，因此它们的生存岌岌可危，物种濒临灭绝。

猴子

自然界中的所有物种都有自己的特征和无可取代的位置，我们观察到，像犀牛、狮子、象、河马、虎等都有其独自的生存环境。除了这些大型动物之外，其他动物也都喜欢和自己的同类聚集在一起，形成一个密不可分的群体。博物学家用一个如同网状的图谱为我们介绍了动物的属。这个图谱是按动物的不同特征进行分类的，比如角、牙齿、犄角、鬃毛，甚至是一些更小的特征。其中，有些动物在形体上非常完美，比如与人类十分接近的猴子，它们的许多特征都与人类相同，我们要细致辨别它们和人类的区别。虽然人类是特殊的物种，而且与其他动物有着本质的区别，但因为人类的身高并不出奇，与其他大型动物相比，独立性也更弱一些，所以需要群居生活，而且是很多的人在一起生活。对于猩猩而言，单从它们的外表看，难免会认为它是最后的猴子或原始的人类，因为除了没有灵魂之外，它具有人类所具有的一切。但仅从体形来看，猩猩与人类的差别很小，与猴子则基本毫无区别。

因此，灵魂、思想、语言都是大自然单独赐予人类的，独一无二且与外形无关。尽管猩猩具有类似人类的肢体、四肢、感官、大脑和舌头，却没有语言和思维；虽然猩猩能模仿人类的动作，却无法做出任何人类的行为，这可能是由于缺乏教育，更有可能是因为人类对它们的评价有失公允。也许有人会认为，将丛林中的猴子和城市中的人类放在一起进行比较是不对的，应该将它和同样没有接受过任何教育的野人进行比较。但是，野人是什么样子呢？我们想象中的野人通常是这样的：直直竖立的头发，脸上满是胡子，两条鬓角显得十分粗野，眼窝深陷，像野兽一样怒目圆睁，目光充满野性；厚厚的嘴唇，向前微翘，鼻子是扁平的；身体和四肢都长着很多毛，皮肤粗糙，像是坚硬的牛皮，指甲又长又厚呈勾形，脚底长满了老茧。在性征方面，乳房长且柔软，腹部的皮肉下垂到膝部。孩子们四下乱窜，在污泥中打滚，父母神态狰狞地坐在地上，污垢满身、臭气熏天。这是霍唐托野人的典型肖像，而自然状态下的原始野人更加糟糕。假如人们愿意将猴子和人类进行比较，还需要在这个肖像上添加人体的结构关系、气质的协调、异性之间的吸引等，那么，我们将会发现，野人和猴子尽管不是同一物种，但它们之间的差别并不显著。

确实，单纯从外形上进行判断，猴子可以被认为是人类物种的异化，造物主在创造人类时，既不想把人类的外形塑造成与动物截然不同的样子，但又不想把人类的外形塑造得与猴子一模一样。于是，上帝在人类的身体内注入了一口仙气，如果上帝将这口仙气也给予了猴子，那么它们将会成为人类强有力的竞争对手。如果再让它们拥有了思维，那么它们就会超越其他物种，不仅能够说话，也能思考。因此，霍唐托野人和猴子之间虽然有着相似的外表，但它们之间还是有着巨大的区别，因为霍唐托野人拥有思维和语言。

谁都不能说一个愚笨的人和一个聪明的人有不同的身体构造，他们之间的区别在于器官的质量，而不是数量，他们一样拥有灵魂。因此，既然人与人是绝对相似的，我们就不能因为两者存有微小差异就毁灭或阻止其思想的形成。同样的道理，动物虽然没有思想，但经过训练后，也可以变得非常聪明。比如大象，它的成长期是动物中最长的，小象在出生后的第一年，都需要得到母象的照顾才能生存，但它是所有动物中最聪明的。豚鼠的成长期很短，三周的时间就可以长大，而且拥有了繁殖后代的能力，但它却是最愚笨的动物之一。再来看猴子，幼猴比人类的婴儿强壮，成长速度也更快，只需要母猴照料几个月就能独立生存，但它所能接受的教育却非常少。

因此，猴子尽管与人类相似，但它仍然只是动物，而不是人类的亚种，即使在动物中也排不到第一位，因为它并不是最聪明的动物。不过，也有人认为猴子与人非常相似，它们不仅能模仿人类的动作，还能模仿人类做各种事情。我们在前面已经讲述过，所有的人类活动都具有社会性，人类的行为首先取决于灵魂，再就是后天的教育，前提条件则是父母必须长期照料孩子。对于猴子而言，这样的照料却是很短暂的，因此它做不了人类所做的任何事情。

　　模仿能力是猴子最明显的特点，被多数人认为这是它独特的才能。在下结论之前，我们需要首先考察它的模仿是自由行为，还是被迫行为。猴子模仿人类的动作，是不是在它想要模仿时就能做到呢？在这里，我尤其要提到那些不带任何偏见对猴子进行观察的人，我相信他们的看法和我的相同：猴子的模仿是没有任何自觉意识的，尽管它们能像人类一样使用自己的手臂，却不知道人类也有手臂。因为猴子的四肢和器官都与人类非常相似，所以它们必然会与人类的动作相似。但动作的相似性并不意味着模仿活动是有目的性的，就如同我们制造出两个一样的挂钟或两部一样的机器，它们的运动也会相同，但相信没有人会就此认为它们是在互相模仿。猴子的身体构造与人的身体构造相似，就好比两部同样的机器一定有类似的运动，但是类似并不意味着模仿，前者是由物质组成，后者则以思维存在。模仿的前提条件是意图和目的性，而猴子是没有思维能力的，所以无法产生意图。因此，如果人类想模仿猴子，是一定能够模仿成功的，但猴子永远不会想到要模仿人类。

第三章 飞禽

在飞禽这一章中，布封以他热情而浪漫的笔调，将隐藏在大自然中的飞禽类生物的生存和繁衍展示在我们面前。与法国另一位著名的博物学家法布尔在学术方面的客观冷静不同，布封借助于自己渊博的知识和细腻的文笔，在诙谐幽默的叙述中将勇气超群的鹰、卑微残暴的秃鹫、性情温和的鸽子以及懒惰贪吃的麻雀等生动地向读者一一呈现，不管它们有着怎样的优缺点，他都融入了博大的亲近之情。

第一节 老鹰和秃鹫

老鹰

鹰和狮子在体魄与精神方面有着许多相似之处，它们都有如王者般的翩翩风度和力量，狮子有"百兽之王"的美誉，而鹰则被称为"百禽之首"。鹰的气质高傲，通常情况下不会跟普通的小鸟雀较劲，哪怕被它们冒犯，也往往不屑一顾。但若是遇到贪嘴的乌鸦、嚼舌的喜鹊，又或是聒噪的麻雀，鹰在忍无可忍之时也会杀死它们。鹰更多关注的是它要征服的目标，并享受自己的战利品。鹰在食欲方面很是节制，从来不会一次就将猎物吃掉，而是大方地剩下一部分让其他动物可以食用。鹰在食物的选择上也非常有原则，宁愿饿死也不会食用腐臭的东西；它有着狮子一般的孤傲，专心守护着自己的地盘，维护着在自己领地内猎食的绝对权威。如同我们很少见到两群狮子在同一片树林中一样，两只鹰也几乎不会出现在同一个地方，它们彼此间总是保持着一定的距离，以便拥有足够多的猎物，鹰是根据猎物的多少来决定是否需要扩张自己的地盘。

鹰有一双炯炯有神的眼睛，眼珠的颜色和爪子的形状都与狮子的相似；它的呼吸也很沉重，叫声洪亮。在捕猎本能上，鹰和狮子似乎都是与生俱来，而且一样的凶猛和高傲，十分难驯化，因此若想驯养它们，必须从它们很小的时候就开始。驯鹰是一项需要有绝佳耐心的技术活，只有掌握高超技巧的人，才可能将雏鹰训练成捕猎高手。同时，随着年龄的增长和力量的增强，猎鹰会对驯养者造成一定的威胁。据史料记载，在东方曾经有人驯养猎鹰以帮助人们捕猎，但现在它已从驯隼场（驯养猎隼的地方，也驯养各种猛兽）慢慢消失了。鹰的体形大，也太重，架在人的肩膀上会令人感到不堪重负；加之鹰的性情暴躁，桀骜不驯，不容易控制，驯养者往往对它的任性或暴躁无法很好地掌控。鹰的爪子和喙都呈弯钩型，强劲有力，这些野性十足的特点都代表着它的天性。鹰不仅拥有这些锐利的武器，其体格也相当强壮，双腿和双翼十分有力；骨骼结实，肌肉紧实，羽毛粗硬，姿态英武，动作敏捷，飞行起来速度极快。

鹰是飞得最高的鸟类，一直被称为天禽，古人认为它是天神的使者，由鹰的飞行而进行占卜。鹰的视力非常好，只是嗅觉略差一些，所以它们追捕猎物时全凭视力。鹰一旦抓住猎物，会低空飞行一段，仿佛在测试猎物的重量，先将猎物扔到地上，然后重新抓起带走。鹰的翅膀虽然苍劲有力，腿却不太灵活，起飞的时候较为困难，特别是负重时，难以在地面上稳稳站立。鹰能够轻松地带走鹅或者鹤这样的大型飞禽，也可以轻易抓走野兔、羊羔或小山羊等动物。它通常会在抓住猎物之后，就地喝血吃肉，然后再将剩余的肉带回自己的地巢中。鹰的巢穴看起来像是平地，而非其他鸟巢那样呈凹陷状，因此被称为"地巢"。

鹰的巢穴通常筑在两块陡峭的岩石之间，那里不仅干燥而且难以接近。鹰巢的构造坚固，经久耐用，一次建造完成就能够居住一生，实在称得上是建筑中的杰作。鹰巢看起来像是一块平地，由许多一两米长的棍棒搭建而成，棍棒首尾相压，缠绕着一些柔软的枝条，里面铺垫着一层灯芯草和欧石楠（编译者注：灌木类植物，叶细长，高15～20厘米，常绿植物，也是挪威的国花）枝等东西。鹰巢有大约几米宽，坚固无比，可以同时承受成年鹰和雏鹰的重量，还能负担大量食物的重量。鹰巢的上方是没有盖子的，朝前延伸突出的岩石就是天然的遮挡物。雌鹰产卵的地点通常会在巢的中央，每次产卵只有两三枚，孵化期大约是一个月，但因为其中常会有未受精的卵，所以同一个巢穴中很少有三只雏鹰存在，一般就是一两只而已。也有一些人指出，当雏鹰稍稍长大，雌鹰便会杀死其中最弱小或者最贪嘴的那只。如果真有这种情况发生，应该也是因为食物缺乏的缘故——当食物匮乏时，能做的就是减少家庭成员的数量。只要雏鹰稍微强壮足以独自觅食时，父母就会将它们赶出巢，而且不再允许它们回来。

秃鹫

鹰之所以在猛禽中排名第一，不仅因为它比秃鹫强大许多，更因为它的高贵，而不是像秃鹫那样卑劣残暴。鹰的性情高傲，胸襟开阔，勇气超常，动作敏捷，猎食时也不忘展现自己的力量和搏斗精神。秃鹫却正好相反，贪婪怯懦的本性是它唯一的特征，只要动物尸体能够填饱肚子，它就懒得与活物相争。鹰擅长独自搏斗，通常只身追逐、攻击并抓住猎物。而秃鹫只要遇到抵抗，哪怕并不强烈，也是和同类纠集到一起，共同充当杀手。与其说秃鹫是战斗者，不如说是掠夺者，它更多表现出的是愚蠢残忍的屠夫本色。在同类中，只有秃鹫会扑向死尸，将肉撕碎食用，仅余骸骨；它们不仅不会嫌弃尸体的腐化恶臭，甚至趋之若鹜。哪怕是雀鹰等非常小的飞禽，都比秃鹫要勇敢，它们除了独自捕猎，不会食用腐肉。秃鹫的身上集中了老虎的残暴，以及豺的贪婪和卑劣，它们结伴挖掘死尸，吞食腐肉，担当不起"猛禽"的称号。相反，鹰则拥有与狮子相似的力量、高贵大度和豪迈。

秃鹫和鹰的不同性格和外表，让我们很容易将之加以区分。秃鹫的眼睛凸出眼窝，而鹰的眼球则深陷于眼眶中。秃鹫的头部和颈部都是光秃秃的，与其名字相符，只有少量的绒毛或稀落的羽毛，而鹰的这些部位都被羽毛覆盖。我们也可以从爪子的形状来辨别秃鹫和鹰，秃鹫的爪子又短又扁，而鹰的爪子呈半圆形，因为它们几乎不会站在平地上。秃鹫的翅膀上都是绒羽，这是其他食肉猛禽没有的。秃鹫的喉咙下方是一些细毛，而其他猛禽的则是羽毛。除此之外，通过站立的姿势也能看出秃鹫和鹰的不同。鹰总是高傲地站着，身体和足爪呈垂直度；而秃鹫则是低头哈腰半站着，这样的姿态与其卑劣的性情也完全相符。秃鹫是食肉猛禽中唯一结队飞行的，它们的飞行笨拙而沉重，起飞的时候非常困难，有时甚至要试上好几次才能勉强飞起来。正因为这样，我们从很远的地方就能识别出它们。

第二节 鸢与鹞、伯劳、猫头鹰

鸢与鹞

鸢和鹞是与秃鹫在性情和习惯方面都十分相似的猛禽，相貌丑陋，性情卑劣无耻。尽管秃鹫缺少高贵的品质，但其在体形和力量上都占有优势，所以在猛禽中的排名很靠前。而鸢和鹞并没有这样的优势，只能在数量上弥补甚至超过秃鹫。对人类而言，鸢和鹞很常见——它们经常接近人们居住的地方，因此比秃鹫更令人厌恶。鸢和鹞很少待在沙漠中，几乎不会在荒无人烟的地方筑巢。它们喜欢肥沃的平原，讨厌贫瘠的山地；它们是杂食禽类，但各种肉仍然是它们的最爱，百吃不厌。鸢和鹞之所以喜欢居住在土地肥沃枝繁叶茂的地方，是因为这些地方常常生活着许多昆虫、爬行动物、鸟类、小动物，极易被它们猎食。鸢和鹞天性残暴，狂妄自大又非常愚蠢，它们对于危险的警惕性很差，猎人很轻易就能到达它们身边，猎杀它们要比猎杀秃鹫容易多了。鸢和鹞被猎捕之后极难驯化成功，所以，这也决定了它们无法进入鸟类"贵族"的行列。

尽管鸢和鹞的本性相似，体形、嘴巴等多个方面也都很近似，但要区分它们还是很容易的，甚至它们与其他肉食猛禽的差别也不难看出。尾部凹形是鸢的一个明显特征，尾羽的中间部分很短，从远处看过去像一个叉，所以又被称为"叉尾鹰"。鸢的翅膀比鵟长，飞翔的时候也就更轻松。鸢大部分时间都待在空中，每天的飞行距离可以很远，几乎从来不休息。但鸢不是为了猎捕猎物也不是为了寻找猎物而飞翔，因为它并不吃飞禽，它只是天生喜欢在空中飞翔。鸢的飞翔姿势优美，在空中翱翔时，一双狭长的翅膀好像伸展着不动，而尾部则起着平衡的作用，让它顺利地向前飞行。鸢似乎从来不会疲惫，起飞时轻轻松松，下降时慢慢滑落，不仅可以瞬间起飞，还可以随时减速，甚至悬停在空中静静地待上好几个小时，几乎无法看出它翅膀的扇动。

伯劳

伯劳尽管体形非常小，却勇猛异常。伯劳身体的各个部分小巧玲珑，弯钩状的嘴强壮有力。将伯劳划到食肉猛禽中，是因为它酷爱肉食，而且是非常残忍，嗜血成性的猛禽。一只毫不起眼的伯劳居然能够与喜鹊、乌鸦等比它体形大得多的鸟类进行勇敢的争斗，而且它并非为了自卫而反击，常常是主动发起攻击。特别是一对想要保护自己孩子的伯劳夫妻，它们总是能够在与对手的搏斗中获胜。如果有敌人闯入领地，它们会快速地向前冲去，一边发出叫声，一边奋力攻击对手，怒气冲天地赶走敌人，让对手不敢再来冒犯。哪怕是与实力悬殊的强敌进行斗争，伯劳也从来不会屈服，而且很少被敌人虏走，它们会牢牢地抓住强敌，绝不松爪，最终与敌人同归于尽。因此，即使是以凶猛著称的鹰都不敢轻易招惹伯劳，总是远远地避开它们。

伯劳的体形只有百灵鸟那么大，但它不会因此而自卑，常常成双成对地在空中翱翔，尽管周围有鹰、雀等空中霸王，它们却从来不会害怕。伯劳以昆虫为主要食物，但它们最喜欢的还是肉类。在自己的地盘上寻找食物时，它们从来不必担心遭遇危险，见到小鸟就常常追逐；小山鹤或者小野兔也是它们喜欢抓捕的动物；一些被陷阱困住的斑鸠、乌鸦、小鸟也会成为它们的美餐。它们往往是先用爪子抓紧猎物，然后用喙将猎物的脑袋和颈部戳破，等到猎物断气，再拔掉猎物的毛，美美地吃上一顿，最后将剩余部分带回巢中。

猫头鹰

诗人在他们的诗句中将鹰誉为天王，而将猫头鹰称为天后。猫头鹰和普通的鹰非常相似，都拥有强壮的身体，体形大小也类似，只是猫头鹰要比鹰小一点，而且身体各个部分的比例与鹰也有一定的差别。猫头鹰的腿部、身子、尾巴都比鹰要小一号，但头部却比较大，一双翅膀伸展开来大约有 1.5 米，窄于鹰的双翼。此外，猫头鹰的显著特征是它的大头颅，同时脸庞宽阔，耳洞又大又深。猫头鹰的这些特征让我们很容易就能认出它来，它的头上有一对长长的耳朵，羽毛竖起来大约有两英寸长；黑黑的嘴巴呈弯钩状，有一双又大又亮的眼睛，瞳孔是黑色的，眼睛周围又是橘黄色的；脸部的轮廓由放射状的羽毛组成，面部都是浅色的绒毛或者白色的短毛，四周则是卷曲的短羽；黑色的爪子弯曲着，强劲有力；颈部很短；身上被褐色的羽毛覆盖，背部分布着黑点和黄斑，黄色的腹部上散布着一些黑点，而且还有褐色的条纹；爪子的上部一直到趾甲都被一层厚厚的橙红色羽毛覆盖着。

猫头鹰在夜里的叫声非常恐怖，在空旷的田野上回荡，周围鸟穴中的鸟都会被惊醒。

猫头鹰通常住在岩洞中或者塔楼内。它的食物主要是小野兔、家兔和鼠类，一旦捕捉到这些小动物，它会先生吞下肚，等到消化了肉之后，再将毛皮和骨头吐出来。猫头鹰的食物种样繁多，除了上面提到的小动物之外，蝙蝠、蛇，蜥蜴、蛤蟆等动物也是它猎捕的目标，并且会将这些用于喂养后代。猫头鹰总是在巢穴中堆满食物，它是善于储存食物的猛禽。

第三节　鸽子、麻雀

鸽子

飞禽中容易驯化的都是如鸡、火鸡、孔雀等身体比较笨重的，而身体较为轻盈、飞行速度快的鸟类，则不容易驯养。人们要圈养家禽，只需要在一块地上搭建一个茅舍；但如果想要圈养鸽子，并且要留住它们，就没那么简单了，必须建起一个阁楼，用泥将阁楼的外墙抹得光滑平整，再在里面搭上一些小格子。

鸽子并不像牛、羊、马等家畜那样容易驯养，也不像鸡、鸭、鹅等家禽那般愿意被圈禁在一处，它们只会在自愿被"俘虏"时，人们才得以豢养它。鸽子之所以接近人类，是因为人类为其提供了丰富的食物、舒适的住所。当人们不能为鸽子提供它们所需的一切时，它们便会毫无留恋地飞到其他地方去。甚至有不喜欢待在人类所提供的舒适住所中，而宁愿住在土洞中或者树洞中的鸽子，不管人们做得多么好，始终没办法让它们留在阁楼中；当然，也有一些鸽子正好相反，不敢离开阁楼，寸步不离地待在里面，连食物也需要人们放进阁楼里。

鸽子在历史上充当了众多的角色，宠物、信使甚至是人们的食物。鸽子的归巢本领非常高超，哪怕被人们带到很远的地方，鸽子也都会回到自己的巢中，鸽子的这种能力被人们充分利用，逐渐驯养出了信鸽。

家鸽和野鸽的共同特征都是喜欢群居生活，对同伴满怀依恋，脾气温顺，忠诚友爱，整洁自理。鸽子伴侣间的热情似乎从来不会消退，它们彼此扶持，举止轻柔，不抱怨，不发火，也不争吵，一起承担所有的事情。雄鸽会和雌鸽轮流孵卵，并协助养育幼鸽，以此分担妻子的辛苦，鸽子夫妇做到了真正的"男女平等"，这也是维持它们幸福生活的基础，在这方面人类应该向它们学习。

麻雀

麻雀从不会选择在荒僻的地方和人烟稀少的地区筑巢，它们和老鼠一样，总是待在人们的住宅附近；它们也不喜欢生活在树林或者旷野，人们会发现城市里的麻雀要比乡村中的多。麻雀喜欢人多的地方，是因为它们既懒惰又贪食，只想着吃现成，寄希望于施舍。粮仓、谷仓、鸡舍、阁楼等地是麻雀最喜欢待的地方，这里有它们喜欢吃的食物。由于数量众多，而且非常贪婪，所以它们总是做出一些愚蠢的事情。麻雀对于人类而言，没有任何作用。它的羽毛粗糙，毫无价值；

肉也不是什么美味佳肴；它们的叫声刺耳，行为无所节制，因此人们总是在驱赶它们，想尽办法，使用各种手段将它们赶走。

麻雀之所以一直让人讨厌，不仅因为它们的繁殖力强，数量众多，更因为它们诡计多端，绝不愿意离开舒适之地。麻雀多疑而狡猾，并不惧怕人，它们轻易就能躲开人们设置的圈套，很少上当，而且十分讨厌想要猎捕它们的人。

麻雀在筑巢方面不太讲究，外面用干草简单搭建，里面则填充着一些羽毛。如果有人捣毁了它们的窝，它们马上就能搭建一个新的。通常情况下，麻雀的窝里总是有五六枚蛋卵，甚至更多，一旦遭到破坏，8 至 10 天的时间就又能再产一窝。当麻雀把窝搭建在树上或者屋顶上时，如果它们的蛋遭到破坏，便会寻找更加隐蔽的地方产卵，比如仓库这样的地方。麻雀对粮食的消耗量惊人，据饲养过麻雀的人统计，一对成年麻雀每年吃掉的谷物大约是 10 公斤。麻雀有的时候虽然也会吃昆虫，并且用昆虫喂养雏鸟，但它们的主要食物还是人类的粮食——谷物。麻雀总是在农民播种或者收割谷物时，甚至是农妇在给家禽喂食谷物时，紧紧地跟在后面，伺机觅食。麻雀还常常飞到鸽楼中寻找食物，甚至吃掉幼鸽嗉囊中的东西。它们还喜欢吃蜂蜜，严重威胁到那些有益于人类的昆虫。正是它们这些不端的行为，才让人们厌恶不已，想尽各种方法消灭它们。

麻雀通常生活在屋檐下或者墙洞中，因此会在瓦下、檐沟、枯井中或者窗台上筑巢，也有些麻雀会在树上搭窝，有人曾在大核桃树和柳树上发现过麻雀窝。当麻雀在树上搭窝时，常选在树顶上，外面用干草，内部填充羽毛，跟平常的窝一样。不过，有的麻雀窝会比较特殊，为了防止雨水流到窝内，会在窝的上面搭建一个棚盖；当筑巢的地方是选在洞内或者有遮盖物的地方时，就不会搭建这样的棚盖，通过这一点，也可以看出麻雀有着一定的理智。当然，有些麻雀不仅非常懒惰，还特别蛮横，自己不愿意耗力筑巢，而是觊觎别人的家。它们赶走白尾燕，将燕子窝占为己有；甚至会袭击鸽子，将其赶出鸽棚，自己住下。我们所见到的麻雀之所以比其他鸟类更多变和更完善，是因为它们的群居生活习性；它们从社会中索取自己所需的一切东西，却不为社会做一点贡献，因此它们获得了一种本能——谨慎，这种谨慎随着时间、场所、习惯的不同，有着不同的表现形式。

第四节 金丝雀、莺、红喉雀

金丝雀

如果我们把夜莺喻为树林歌手，那么金丝雀就称得上是室内音乐家。夜莺拥有大自然赐予的天赋，而金丝雀主要是后天受到了艺术的熏陶。尽管金丝雀的歌喉不是很响亮，音域很窄，不能传到很远的地方，音色的变化也较单一，但它的听觉系统非常灵敏，擅长模仿，记忆力很强。因为不同性格的动物在感官的发育上存在相应的差异，金丝雀会很专注地倾听，也就更容易接受陌生事物，使它变得性情温和，所以对群居生活越来越适应。金丝雀的天性也让它们与人类相处起来更加容易，并且表现出依恋和喜欢。它们总是把自己的热情呈现出来，偶尔也发些小脾气，但没有任何恶意；即使是在发怒时，它们也不会做出伤害人类的行为。与其他家养鸟一样，金丝雀的主要食物也是谷子，它们不挑食，不像夜莺那样一定要吃肉或者昆虫，甚至还需要加工好后才行。驯养金丝雀是件很容易的事，并且非常有趣，它的专注让它学东西非常快，花不了多少时间就能适应人类的歌声和乐器声。它很配合人类对它的教育，带给人们的收获远远超过了我们在它身上的付出。夜莺常常恃才傲物，总是试图保护自己拥有的一切，人类对它的调教基本不起作用。夜莺的鸣唱是自发的，歌喉也花样百出，这是大自然的恩赐，人类的后天艺术无法对此做出任何改变。而金丝雀的歌喉轻柔，很容易被改变，它的歌唱从不停歇，它的歌声陪我们度过漫长的岁月，让人精神振奋，备感幸福。它令青年人快乐，令隐居的人喜悦，更以欢快的情绪感染受束缚的人。我们可以和金丝雀近距离相处，它的歌声能唤起我们内心的感动。如果说秃鹫是作恶多端的代表，金丝雀就是行善无穷的使者。

莺

冬天是阴霾而僵死的季节，或者确切地说，是自然界的休眠期和沉睡期，昆虫静止不动，爬行动物停止了活动，植物也失去了绿色，水中的生物被冰封，兽类被困在岩洞、山洞和地洞中，展现的是一幅荒无人烟的景象。不过，鸟儿在初春时分的出现为大地带来了复苏的信号，这些在林中活跃的小生命用歌声唤醒了沉睡的大自然，树木抽出嫩芽，小树林换上新装，这一切都显示出生命的活力。

在这些森林的精灵中，莺是数量最多、最可爱的鸟，活跃、轻盈、敏捷是它们主要的特征。莺的一举一动都那么富有感情；所有的鸣叫声都流露出快乐的旋律，所有的行为都在诉说着心中的爱意。每当树木开始发芽，花苞开始绽放，这些漂亮的鸟儿就在我们身边出现，花园中、林荫路或者丛林中，还有一些在芦苇荡中，四处鸟语盈盈。大自然中的各个角落都能看到它们的身影，旷野中回荡着它们嘹亮的歌声，欢快的身影在花丛中飞来飞去。

尽管它们汇聚了以上所有的优点，我依然想把"美丽"这个词所代表的优点加入到它们天生的优雅气质中。不过，有得必有失，大自然似乎只注重了塑造它们可爱的性情，却忘了对它们的羽毛做美化。莺的羽毛暗淡无光，只有两三种莺的身上有一些起到装饰效果的斑点，其他的则全身都是暗淡的灰白色或者褐色。

莺通常生活在花园里、树丛中或者种植蚕豆的菜地里，栖息在豆藤的支架上；它们在这些地方筑巢玩耍，不停地进进出出，一直等到收获季节来临。那时也就接近它们的迁徙期了，于是依依不舍与这片土地告别。

观看莺相互间的追逐、嬉戏，如同观赏一出打闹剧，只是它们的打闹很有节制，并不是争斗，多数都是玩笑性的，而且常常以一曲婉转的歌唱结束战斗。如果斑鸠是忠实爱情的象征，那么莺则代表着多情。不过，莺的快乐、活泼和开朗，并非表示它对爱情缺乏热心和忠贞，从雌鸟孵卵时雄鸟总是小心翼翼地呵护这一点就能看出，它们一起照顾刚刚出生的小鸟，即使小莺长大，一家人也不会分开。

莺天性胆怯，哪怕是跟自己一样弱小的鸟类，它也避得远远的，更害怕遇见自己的天敌——伯劳。不过，它们的记性似乎很差，危险一旦过去，它们就会将一切惊吓抛到脑后，变得无比快乐，放声高歌。它喜欢将自己隐藏在茂密的树枝间唱歌，偶尔露一下头马上又缩回到树丛深处去。清晨，它们会采饮露珠；炎热的夏季，下过雨之后，它们会站在湿漉漉的树叶上，摇晃树枝上的雨水，让自己洗一个淋浴。

黑头莺是莺类中歌声最动听、最持久的，与夜莺类似。我们能够在很长一段时间内听到它的歌声，当其他鸟儿销声匿迹好几周后，它的歌声依然会持续在树林中回响。黑头莺的嗓音纯洁，虽然音域不是很广，但美妙动听，如同一连串变化的音调，婉转而富有层次；它的歌声似乎带着森林的清新和安静，传达着幸福的感觉，这样的歌声很容易引起人们的共鸣。

红喉雀

阴暗潮湿的地方是红喉雀喜欢选择的居住地，它在春季的主要食物是蚯蚓和小昆虫，它有时候会在空中飞来飞去，始终绕着一片树叶旋转，只是为了追捕苍蝇；有时候它会在地面上扇动着翅膀快速冲向自己的猎物。到了秋天，可供选择的食物就多起来，荆棘中的果实、葡萄园中的葡萄、树林里的浆果……但这些也让它们常常陷入人们设计的陷阱中。因为猎人深谙红喉雀的习性，往往将一些野果作为诱饵放在陷阱旁边。红喉雀喜欢待在水边，既为了饮水，也为了沐浴，尤其是秋天，它因为多食而比较肥胖，所以需要饮用更多的水。

红喉雀也是森林中起得最早的鸟，每天清早，其他鸟儿都是在红喉雀的高歌中醒过来。不仅如此，它还很晚才休息，半夜也能听见它的歌声、看见它飞翔的身影；人们总是趁着夜色去捕捉它。红喉雀生性单纯，活泼好动，好奇心又强，还特别容易上当受骗，所以经常落入人们设计的陷阱中，可以说是最容易被抓住的鸟儿。只要捕鸟的人发出类似于鸟的叫声，或者摇晃枝条，便能吸引到它，然后用套网或者粘鸟板将它抓住。猫头鹰的叫声或用诱鸟笛模仿出来的猫头鹰的叫声，都会惊吓到它，甚至只是用口哨模仿它的叫声或其他鸟的声音，也都能惊动它。它们飞翔时会发出叫声，在很远的地方就能听见，那不是悠扬快乐的歌声，而是习惯性的鸣叫，或是表达找到新东西的激动而发出的叫声。它们在布下的陷阱周围试探，直到落入陷阱中无法动弹。猎鸟的人会在树林中的小路上设置圈套，而且因为红喉雀的飞翔高度与地面只有一两米的距离，所以圈套放的位置比较低。红喉雀虽然容易上当，但如果有一只逃脱了圈套，它就会向同伴发出警告，其他靠近圈套的鸟会立刻逃之夭夭。人们在树林边布置粘鸟板或者圈套也能抓住红喉雀，不过最可靠的捕鸟工具是捕鸟夹子和套鸟圈，如果再加上诱饵，然后在林间空地或者小路上铺网，这些鸟受好奇心的驱使总是会乖乖地钻进去。

第五节　南美鹤

南美鹤是居住在南美地区热带森林中的一种群居鸟类，从不靠近已被人类开发的地区，更不会涉足人类的居住地。它们喜欢在山区或地势较高的地区成群地活动，很少待在沼泽地或水边。南美鹤在飞翔方面的能力远不及行走奔跑的能力，它们的飞翔高度只有几米，只会偶尔飞到离地面不高的地方或低矮的树枝上休息，飞翔的姿态也显得十分笨拙，远没有奔跑时那样灵动轻盈。它们和凤冠雉一类的鸡形目飞禽一样，多以野果为食。野生南美鹤惧怕人类，一旦遇到人，便发出火鸡一般的尖叫飞快地逃走。

南美鹤筑窝搭巢的方式很特别，它们从不捡拾树枝、草棍，而是在大树的底部挖坑搭巢，并把蛋卵产在那里。它们产蛋的数量比较多，通常有 10 至 16 枚。与其他鸟类一样，南美鹤的产蛋数量也是会随着雌鸟年龄的增长而出现变化。它们的蛋呈差不多圆球状，比鸡蛋要大些，淡绿的颜色。刚出生的南美鹤幼鸟身上长着一层细细的绒毛，这层绒毛比小鸡或小山鹑的绒毛保留的时间要长，约 5 厘米（2 英寸），浓密而柔软。由于南美鹤全身长满绒毛，有时会被人们与长有鬃毛的走兽混淆。

虽然南美鹤不会自愿涉足人类的居住区，但却极易饲养，对于照顾它的人，它们表现出像狗一样的殷勤和忠诚。如果家中饲养了南美鹤，它会和主人保持贴身接触，主动而殷勤地跟随着主人，在主人身旁跑来跑去，以此向主人表达它的乐于见到和伴随。倘若南美鹤对某样东西产生不好的感觉时，它就会用嘴啄对方并将之赶走，有时甚至会将对方追出很远的地方。事实上，它发动袭击并非因为它受到了攻击或是不友善的对待，而是因为它就这么任性，对方难看的长相或难闻的气味都会成为它发起攻击的理由。南美鹤的服从性非常强，对主人的命令言听计从，只要主人发话，它就可以照做无误。南美鹤渴望被抚摸，尤其喜欢人们挠它的头和颈部，一旦它习惯了这种亲昵的爱抚，就会变得相当缠人，总会主动要求人们的一再抚摸。它有时会不等主人的呼唤，在人们用餐时就自行跑到饭厅里，把自己当成主人，先是把饭厅里的猫或狗赶开，再向人们讨要食物。它信心满满又胆大妄为，毫无惧怕，连体形与它相当的狗在它面前也不得不退避三舍。

南美鹤一旦与狗搏斗起来，持续的时间通常会很长。战斗中的南美鹤会凭借空中优势，躲过狗的尖牙利齿，然后扑到狗的身上，用嘴或爪想方设法将狗的眼睛弄瞎。只要稍占上风，它就会全力去追赶狗，若是这时没有人制止它，它会将狗置于死地才罢休。在与人的相处中，南美鹤几乎具备了与狗完全相同的本能，有人因此笑称可以驯养它去牧羊。南美鹤是嫉妒心很强的飞禽，如果碰到谁试图与它分享主人的爱抚，它就会记恨，比如每当它跑到桌前，只要看到黑人或仆人光着腿挨着主人，它就会死命地去啄他们的腿。

第六节 鹡鸰与鸲鹟

鹡鸰

鹡鸰的体形并不大，和普通的山雀差不了太多，但因为它长着一条长长的尾巴，看起来会让人觉得很大。鹡鸰的总身长约为17厘米（7英寸），尾巴就占去约8.9厘米（3.5英寸）。它的长尾巴在飞行时展开，像船桨一样，正是这个又长又宽的"桨"，使它在飞行中可以控制平衡、转身、前冲和折回，但降落时要麻烦些，需要连续上下摆动五六次，才能控制平衡。

河滩上是它们撒欢的最佳地点，轻盈自由地奔跑，偶尔亮出长腿站在水中。经常会有这样一幅场景出现在人们眼前：在水磨坊的闸门边上徘徊的鹡鸰，时而在闸门边的石头上停驻，时而在洗衣妇的身边围绕。它们并不害怕这些洗衣的妇人，因为她们会时常扔出一些面包屑供鹡鸰捡食。撒欢的鹡鸰不停地拍打尾巴，似乎在模仿妇女们洗衣的动作，这种习惯性的动作使它们获得了"洗衣鸟"的别称。

还有一种鹡鸰似乎对家畜群很有兴趣，习惯在草原上尾随牛羊，在它们中间飞来飞去，大摇大摆地在其间散步，有时还胆大到停在牛或羊的背上；它们也能和牧人无拘无束地共处，飞前飞后，从不担心有危险；它们甚至会在狼或猛禽靠近时，充当预警者。因此，这些共同营建惬意田园生活的小生灵又有"牧羊鸟"的美称。鹡鸰天性淳朴、平和友好，是人类的朋友。除非人类对它们进行野蛮的驱赶或者是它们感受到生命受到了威胁，否则它们绝不会远离人类。鹡鸰的依恋情结十分浓厚，它们对人类的亲密是自然界中任何鸟类都无法企及的。它们基本不会避开人类，即使稍稍离开也不会飞太远；它们十分信任人类，哪怕是面对一些拿着武器靠近它们的猎人，它们也不会胆怯，即便飞走，但一会儿又会马上飞回来，似乎根本不知道逃跑为何意。

尽管鹡鸰将人类视为朋友，但它却不会屈服于人类，更拒绝成为人类的奴隶，一旦把它们抓到笼子里关起来，很快就会死去。它们性情自由，喜欢生活在美丽的大自然中，抗拒鸟笼这种空间狭小的"监狱"。但如果是冬天，它们也能接受人们把它们放到有面包屑的房间里。有时候它们也会飞到在水面上行驶的轮船上，钻进船舱，与船员们混熟，然后在整个旅途中跟随着船员，直到轮船停泊船员上岸时才分手。

鹀鹀

天寒地冻的冬季，在农村和城镇附近，我们时常可以看到一种个头小巧的鸟儿。那就是鹪鹩。傍晚时分，鹪鹩在回巢前，总会再逗留一会儿，要么站在树木的高处，要么跳到柴堆顶上，用它嘹亮的歌喉发出愉悦的鸣叫；有时，它也会在屋顶停留片刻，之后再钻到屋檐下或者墙洞里，当它从里面出来，又会翘着小尾巴蹦蹦跳跳地跑到树枝堆上。它的飞行距离比较短，而且总是绕着圈飞，但翅膀扇动的频率却很快，快到我们难以看清它的动作，只能听到空气振动的声音。希腊人因此称它为"嗡嗡响的陀螺"，非常恰当地体现了它的飞行姿态，也形象地描绘了它短小紧凑的身形。

鹪鹩是我们这里（编译者注：意指作者所在的法国）唯一能在冬天生活的鸟儿，在这寒冷而萧条的季节里，万物寂寥，只有它依然保持着愉快欢乐的情绪。它总是那么活跃，正如贝隆所说，我们无法用人类的语言形容鹪鹩的快乐。它的叫声既高昂又清晰响亮，由一些短促的音符组成——唏嘀哩啼、唏嘀哩啼，它大约五六秒钟重复一次这些音符。在空旷的冬天的原野上，乌鸦偶尔会发出难听的叫声，而鹪鹩的鸣唱则是我们所能听到的最为轻快优雅的声音。尤其雪花飘飞的时候，又或寒冷难耐的夜晚，它们的叫声就更为明显。鹪鹩生活在农家鸡舍或柴火堆里，它们以树枝中、树皮上、屋顶下、墙洞里，甚至枯井中的昆虫蛹或尸体为食。它们也经常飞到温泉旁边或是没有结冰的小河边饮水。它们成群结队地钻进空心的柳树里觅食，然后又很快飞回巢中。它们的戒备之心很弱，也毫不拘谨，要靠近它们很容易，但要想抓住它们却很难，因为它们轻巧灵活，总能逃出生天。

春天，鹪鹩回到树林中生活，它们把巢筑在靠近地面的茂密树枝上，也会选择在草地筑窝；有时还会在倒地的树干下，岩石边、小溪边上突出的地方，野外孤零零的茅草屋顶下，甚至伐木工的小屋顶上建造住宅。鹪鹩巢穴的外壳很特别，是由苔藓充当，它搭窝前需要收集许多的苔藓，再在里面铺上柔软的羽毛。它们的窝又圆又大，外表却完全不起眼，如一团扔在一边的苔藓，因此总是被敌人忽略。鹪鹩的巢穴只有一个非常小的出入口，巢穴中通常有 9 至 10 个蛋，蛋的个头小小的，颜色灰白中带一片红色的斑点。它们如果察觉自己的蛋卵被发现，会毫不犹豫地弃蛋离开。

第七节 蜂鸟、翠鸟与鹦鹉

蜂鸟

蜂鸟是所有飞禽中体态最优雅，羽毛色彩最耀眼的，这是大自然的杰作，如同天然铸造的装饰物，哪怕金雕和玉琢的精品也无法与之媲美。蜂鸟虽然是鸟类，但体形非常小，正所谓"最完美的东西往往汇集在最微小的东西中"，蜂鸟就是大自然制造的精品，它汇集了大自然赋予鸟儿的所有优势：轻盈灵活、动作敏捷、姿态优雅、羽毛华丽，它身上闪烁着绿翡翠、红宝石和黄玉般的光泽，从来不会让羽毛沾染尘埃，终日飞翔在空中，偶尔从草地上掠过，在花丛之间穿梭，永远自由自在地生活在天地间。它有着花朵的明艳与光泽，鲜美的花露是它的食粮。它只在鲜花盛开的国度栖身。

蜂鸟在美洲大陆最炎热的地区生活，它们种类繁多，但仅仅存在于南北回归线之间，那些在夏天把活动范围扩展到温暖地区的蜂鸟，也只是能够短暂停留而已。它们仿佛在追逐太阳，随着太阳一起从东方升起，在西方落下，乘着风的翅膀伴着春天一起翱翔。

这些小鸟绚丽多彩，有着火焰般的色彩，印第安人惊讶之余称它们为"太阳之光"；因为它们身材极小，体重只相当于二十几粒米的重量（一粒米约为 0.05 克），西班牙人因此称它们为"米粒鸟"。尼伦堡曾说，蜂鸟和它的窝加在一起，重量也不到两克。因此在体形上，蜂鸟比牛虻和胡蜂还小。它的嘴巴像是一根细针，舌头则如一根纤细的线，眼睛如同两个闪闪发光的小黑点；它翅膀上的羽毛非常细，看上去像是透明的；双足又短又小，很容易被忽略；除了在夜晚停下来休息外，它很少使用自己的双足；它们白天总是在空中纵情遨游，一旦飞起来就会持续很长时间，而且速度很快，并发出"嗡嗡"的响声。它的双翅振动的频率非常快，所以当它在空中停留时看起来仿佛是静止的。人们看到它在一朵花前动也不动地停留片刻，然后又箭一般朝另一朵花飞去。它最喜欢在花丛间穿梭，和所有花朵交朋友，它将细长的舌头探进花蕊中，用双翅抚摸花朵，但它不会固定停留在一个地方，也不会飞走就不回来。这样的来去无常仅仅是因为它的随心所欲和恣意欢愉的行动方式。这位花的情人虽然靠花生存，却并不摧残花朵，更不会加速花朵的凋谢；它只是去吮吸花蜜，这似乎是它舌头的唯一用途。蜂鸟的舌头类似于一对有凹槽的东西，合在一起形成一个管，顶端分叉并在一起，犹如一个吸管，而作用也与吸管一样。当它想要吸食花蜜时，将舌头伸到花蕊的深处，就可以吮吸甜美的花蜜。

蜂鸟体形虽小，胆子却很大，勇气超群，而且充满活力；人们有时会看见它愤怒地追逐体积比自己大很多倍的鸟儿，伏在它们身上，反反复复地啄它们，让它们载着自己飞翔，一直到怒火平息为止。蜂鸟之间有时也会发生非常激烈的搏斗，急躁或许是它们天生的特点。当它飞入一朵花，发现花儿已经凋零，无蜜可吮吸时，便会恼怒不已，立刻毁掉花瓣。蜂鸟发出的是一种低微急促而反复的"嘶卡勒不……嘶卡勒不……"声。一大早就能听见它们在林中的鸣叫声，待到太阳光芒四射时，它们便向着辽阔的原野飞去。

蜂鸟通常情况下是形单影只，而非成群结队的，但它们在筑巢时，却是成双成对地出入。它们的巢穴如同其纤细的身形一样精致，筑巢用的是花上的细绒或小毛絮，它们把巢穴编织得很精细，里面一层壁又软又厚，十分结实。筑巢时，雌蜂鸟负责的工作是建造，雄蜂鸟则负责运输——衔来材料。它们筑巢时非常用心和认真，精心寻找和挑选那些适合编织的纤维，为未来的儿女精心制成温柔的摇篮。它们利用脖颈和尾巴将巢边抹得光光滑滑，还把巢的外面用许多小块的胶质树皮蒙上，并密密地粘起来，这样筑起的巢穴既坚固又能抵御风雨的侵蚀。蜂鸟常把巢筑在橘子树、柠檬树的两片叶子间或某根小树枝上面，有时也会选择在茅屋边下垂的干草上筑巢。蜂鸟的窝巢还没有半个杏子大，呈半圆形，里面有两只白色的、如豌豆般大小的蛋，雄鸟会和雌鸟轮流孵蛋，13天后小蜂鸟就孵出来了，个头跟苍蝇差不多。迪泰特尔神父说："我一直不知道蜂鸟用什么东西来喂幼鸟，只是看到它让幼鸟舔食自己沾满花蜜的舌头。"

要想饲养蜂鸟，会是件极为困难的事，甚至无法达成。曾有人尝试用果汁来喂食蜂鸟，可是几个星期后蜂鸟就死了，果汁虽然清淡，但毕竟与蜂鸟从花朵里采来的蜂蜜差别很大，倒不如试试改用蜂蜜，或者它们有机会活下来。

猎鸟者一般用沙子或用吹管吹射小石子击打的方式来捕捉蜂鸟，

蜂鸟没有太高的警戒心，对于人类的靠近不敏感，走到离它大约只有五六步了，它也毫无察觉。还有一个办法可以很好地捕捉到蜂鸟：拿一根尖头涂着胶的细木棍，在花丛中守候，当蜂鸟在花朵前停留时，就可轻易地将它粘在木棍上。蜂鸟被捕捉后很快就会死掉，成为栖息地的印第安女人的首饰，如耳环。秘鲁还有人用蜂鸟毛做羽毛画：他们用蜂鸟的羽毛组成图画，他们的史料记载中曾夸赞这种图画的精美。也有人曾经见过这类作品，惊叹于其画面的艳丽和精致。

蜂鸟种类繁多，大自然给予了它们充分的照顾和信赖，比如蜂鸟的近亲蜂雀。蜂雀同样生活在美洲大陆的炎热地区，被大自然以同样的模子造就出来。它们和蜂鸟一样光彩夺目、小巧轻盈、以花为生，全身羽毛柔美且充满光泽。在特性以及筑巢和生活方式等方面，蜂雀和蜂鸟并无差别，美丽、活跃、经常采花，性格可爱。因为这种种相似，常常让我们难以区分，将它们混淆为同一种鸟。事实上，它们还是存在着明显差别的，尤其是喙部，蜂雀的喙平而细长，喙尖稍稍凸起，整个喙都是弯曲的，不像蜂鸟那样直。另外，蜂雀的身子虽然也是柔软轻盈的，但比蜂鸟的要长一些。一般来说它们的身形大小相同，只是有些小型蜂雀会比蜂鸟还小得多。

翠鸟

笔者所在的气候区域内，最美丽的鸟类之一要数翠鸟。就其色彩的清晰、丰富、夺目而言，在欧洲是其他任何一种鸟儿都无法比拟的：有着彩虹般的渐变，珐琅一样的亮彩，丝绸似的光泽。翠鸟后背中部和尾巴上端是一种鲜艳明亮的蓝色，在阳光的照射下，闪烁着宝石般的光彩和绿松石般的艳丽。它们的翅膀绿蓝相间，大部分羽毛都带有一种海蓝色的斑点，头和颈项上部的羽毛则是蔚蓝色的，点缀着一些浅蓝色的斑点，胸前红色的羽毛泛着微微的黄色，如同烧得通红的一团炭。

在阳光的照耀下，翠鸟为万物印上了丰富的色彩。它们美丽的外表似乎就得益于这些阳光的恩赐。尽管我们不能确定这里的翠鸟是否原产于东南方，但从整体而言，它们的原属地应该就是东方和南方，因为欧洲只有一种翠鸟，非洲和亚洲却可以为我们提供二十多种，而美洲炎热的气候区至少还有八种。

虽然翠鸟一开始在更炎热的气候区生活，但现在仿佛已习惯于低温，甚至可以适应欧洲寒冷的气候。即使在冬季，也能看到它们的踪迹。它们沿着小溪行走，看到鱼的影踪就用喙撬开冰面，钻到水下捕捉，然后带着战利品上岸。德国人因此称它为"冰鸟"。博物学家贝隆也曾误认为翠鸟是候鸟，以为法国只是它们过冬的经停区，但实际上，霜降的时候这些翠鸟也住在这里。

翠鸟的飞行速度很快，常常是沿着曲折的小溪而行，它们掠过水面，一边飞，一边发出尖锐的"叽叽叽"的叫声。翠鸟在春季的鸣叫则是另一种音调。它们站在水边，哪怕水流声和瀑布声很大，它们的歌声也能传到我们的耳朵里。翠鸟天生好动，但为了捕食，它经常从远处飞到伸出水面的树枝上，盯着水面，一动不动地等待小鱼游过来，耐性极好，有时可以等上两个小时。一旦发现有鱼经过，它便会立刻钻入水中，几秒钟后便带着猎物回到岸上，尽情享用。

若是水面上没有伸出来的树枝，翠鸟也会选择守候在靠近岸边的石头上或是沙砾上，只要觉察到有小鱼，便瞬间跃起，再垂直冲向水中。我们也常常看到翠鸟在快速飞行时突然停住，在同一地方一动不动地停留几秒钟，这一现象在冬天最为常见。当河水汹涌或水面结冰时，翠鸟就不得不离开小河，找地方休息。每当歇息时，它会待在15至6米（20英尺）的高空；当它想换地方时，便降低高度，待在离水面不到一尺的地方，然后重新飞到高处休息。这种反复进行的动作表明：它不断下到低处去捕捉水面上的小鱼或昆虫，但通常一无所获，然而为了觅食，它还是常常以这种方式飞很远的路。

翠鸟在小河与小溪旁栖身，但并不自己筑巢，它主要利用水鼠或蟹虾挖的洞，再将其挖深、修补，把入口处修理得更狭窄。虽然从巢穴中有小鱼刺和沾着泥土的鳞片等这些情况看，不像是翠鸟的巢，但我们的确在这里看到了它产的蛋。

鹦鹉

从动物与人类之间的关系来讲，猴子是通过模仿人类的言行举止来建立与人类的关系，而鹦鹉则是通过语言与人类建立关系。从某种角度看，鹦鹉与人类的关系更亲近、更密切。狗、马或象这类动物能与人相处和谐，很大原因是它们能够给人类带来某种功用和效益，更为物质；而鹦鹉则是因为能以鸟类特殊的形式带给人精神上的愉悦，排解人类的忧愁。孤独时，它充当伙伴；无聊时，它充当对话者。随着人类的情绪，时而欢笑，时而凝重，鹦鹉有时会冒出完全不相符的话语引人大笑，有时又讲出正确得令人惊奇的话语。鹦鹉这种没有思想的语言游戏，虽然有一种说不出的奇怪和滑稽，但它带给人的愉快，比那些空洞无物而又索然无味的演说强得多。或者正是这样对人类语言的模仿，让鹦鹉似乎汲取了人类的天性和生活方式中的某些东西，如爱憎分明、依恋、嫉妒、偏爱、任性，时而地自我赞叹、自我庆幸、自我振奋、自得其乐、自我叹息。如果得到人们的爱抚，它会非常温顺听话；假如遇到谁家办丧事，它也会学着低声呜咽，并模仿人们呼唤哀悼逝者的名字，唤醒人们心中的情感和喜怒哀乐。

第八节　啄木鸟

啄木鸟可能是被大自然强迫以捕猎为生的鸟类中，最辛劳的鸟了。它的一生都在工作，或者说一辈子都在苦干，其他鸟类或跑或飞，或守候或出击的特长，皆是依靠其勇气和技巧的自由活动，而啄木鸟却似乎天生注定要辛苦劳作。因为只有把坚硬的树皮啄穿，剥开树干密实的硬纤维后，它才能找到隐藏其中的食物。它总是在为自己的生存忙碌，根本没有休息和娱乐的时间，即使夜里睡觉时，保持的也是白天劳动时的姿势。它不像其他空中居民那样能轻歌曼舞，也参加不了百鸟的合奏音乐会；它发出的叫声永远透着孤独，声调凄惨而悲凉，打破森林的宁静，似乎在哀怨地述说劳作的艰辛。它长得不好看，动作又急促，神态焦虑，再加上生性孤僻，从不合群，因此很少与同类来往。

大自然赋予啄木鸟的一切似乎造就了它一生凄惨清苦的命运。它的爪子有四根厚实强劲的脚趾，两个向前，两个朝后，连接腿后部称为"距"的那个脚趾最长，也最有力；它的脚趾前端长着粗壮的弯爪，后端则长在短而筋络强健的后脚胫上。啄木鸟用它有力的脚趾攀附在树干上，再绕着树干移动到各个方向。它的喙锋利、挺直，形状有点像铁锤，末端呈方形，纵向有一道凹槽，尖的那端扁平挺直，如同凿子。这天然的工具使它可以啄开树皮，划开树干，找到虫子的藏身之地；它的头颈粗短，强劲的肌肉配合发力并控制着喙的啄凿，直至把树干啄开一个洞，开出一条朝向树心的通道；它的舌头细长，状如蚯蚓，末端有又尖又硬的骨质，它伸出舌头时犹如一把锥子从啄开的树洞探进去，把虫子从洞里挑出来；它的尾巴由十根翎羽组成，弯曲向内，末端整齐，光秃秃的什么都没有，两边长着硬毛。为了在树上攀得更稳，便于更好地啄树，啄木鸟经常采用倒悬的姿势，这时，它的硬尾就充分发挥了支撑点的作用，很好地控制身体的平衡。啄木鸟在树洞内居住，稍微再挖空一些就成为它的巢穴，雏鸟生活在树洞里，虽然有翅膀，但注定得围着树干攀爬，进进出出也总是与树不相离。

法国森林里最常见和最普通的是绿啄木鸟，每当春天来临，在树林中就会听到它们刺耳生硬的叫声："啼呀卡冈，啼呀卡冈……"叫声传出很远，尤其在它一冲一歇、一起一落飞行时特别喜欢如此鸣叫。它们飞行时，时而向下俯冲，时而向上直窜，在空中划出弯曲的弧线；尽管这样，也不影响它们在空中的停留能力。它们即便不能飞太高，也能飞跃相当宽的开阔地。在交配季节，除了习惯的鸣叫，它还会发出"啾啾"的声音，像是连续的大笑，喧闹着、持续着，可以重复30至40次。

绿啄木鸟待在地上的时间比其他同类要长，尤其喜欢在蚁穴附近转悠，因此人们总能在蚁穴附近发现它，并将它捕获。它守候在蚂蚁路过的地方，伸出长舌头平摊在路面上，一旦感觉到舌头上爬满蚂蚁，就卷起舌头吞下这些小生物。如果天气寒冷，蚂蚁大多不外出，啄木鸟就会用脚爪和嘴在蚁穴上方扒开一个缺口，把舌头伸到里面，从容地将蚂蚁及其幼虫一网打尽。

绿啄木鸟的其他时间常攀附在树上，不停地啄它攀缘的那棵树。它的工作积极而勤勉，干枯的树皮被它全部剥下。从很远的地方都能听到它啄木的声响，甚至连它啄木的次数都能数清。人们很容易接近它，遇到猎人前来，它不会飞走，只是绕到树干的另一侧。有人说啄木鸟在树身上啄几下就会跑到对面去看看，是想知道树干是否啄透，但事实并非这样，它到树的另一面是为了截捕虫子，因为虫子经它一啄全都惊得四散逃跑。据说，啄木鸟可以根据啄木的声音判断出树木的空心位置，以及里面是否会有虫，或是清楚哪里有个洞穴可以用来筑巢。

被虫蛀空的树洞是绿啄木鸟最常选择的筑巢地，这些树洞离地约有五六米高。松柳、垂柳等木质比较松软的树木是它的最爱，它很少把巢穴筑在橡树、棕树的树洞里。雌啄木鸟和雄啄木鸟一起努力不停地工作，齐力协力啄穿树木并找到树心，然后将之挖空，再把树洞扩成穴，把碎木屑及木渣都用脚清理到洞外。有时它们会把树洞挖得很深而且曲曲折折，阳光也很难照进去，它们就在黑暗的巢穴里繁殖后代，哺育幼鸟。绿啄木鸟每次的产蛋数是 5 枚，蛋壳呈淡绿色并带有黑斑。绿啄木鸟的幼鸟很小就会爬树，然后才慢慢学会飞行。雌啄木鸟和雄啄木鸟出双入对，几乎不会分开，而且它们睡觉的时间比别的鸟都早，一直要在鸟巢中待到天明。

第九节 鹳与鹭

鹳

通常翅膀大、尾巴短的鸟类都有持久飞行的能力，鹳也是这样，它飞行时，头部朝前探去，双腿朝后伸直，看起来像舵一样，能飞得很高，哪怕遇到暴风雨也能长途飞行。每年的 5 月 8 日到 5 月 10 日，我们可以看到鹳飞往德国，在此之前它们一直停留在法国各地。16 世纪瑞士的医生、植物学家，现代动物学、目录学奠基人孔德拉·格斯纳说，鹳在四月份来到瑞士，有时还可能更早一些，而它们在二月末或三月初来到阿尔萨斯。鹳是春天的使者，它们的出现预示着春天的到来。它们总是会回到原本居住的地方，如果旧的巢穴被破坏，它们会用树枝和草茎重新筑造一个新的巢。它们往往把巢建在高高的顶端，如钟楼的雉堞上、大树的顶端或陡峭的岩石顶。贝隆生活的那个时代的法国，人们在房顶上放置车轮，吸引鹳来筑巢；德国和阿尔萨斯的一些地区，到现在还保留着这种习惯；在荷兰，人们会在建筑物的顶上放置方形木箱，以吸引鹳来筑巢。

鹳休息时单腿站立，脖颈蜷曲，头向后面缩，靠在肩上。它的视觉非常敏锐，轻易就能发现猎物。如青蛙、蜥蜴、游蛇等爬行动物，很难逃过它的眼。因此，它常常会在爬行动物较多的沼泽地、水边或潮湿的山谷中捕食。

鹳走起路来，步子很大，也很有节奏，姿态与鹤相似。鹳在生气或不安时会反反复复叩啄，发出"咯咯"的响声，人们据此造出了两个象声词——噼噼啪啪和咕噜咕噜，而古罗马人彼特罗尼乌斯将其称为"响板之声"，更是恰如其分。

鹳天性温和，野性不太强，也不怕人，因此很容易被驯化成功。它在人类的园子里生活，可以为我们清除园子中的虫子和爬行动物。鹳很爱清洁，总会去偏僻的地方排泄；它总是一副无精打采的样子，看起来似乎有几分淡淡的忧伤。不过，它也会有欢快的时候，一旦有儿童来到它面前，它会跟他们一起玩耍嬉闹。鹳经过驯化后，寿命会有所延长，并且能抵御严寒的冬季。

鹳在被驯化后，被人类赋予了不少优良品质：性格温和、忠诚孝顺、和睦友爱。鹳会花费很长时间来哺育子女，照顾它们，一直等到子女长大或者有能力自卫和捕食时才会离开；幼鹳离开巢穴之后，在空中学习飞翔时，母鹳会用自己的翅膀辅助它们飞行。一旦遇到危险，母鹳会不顾一切地保护自己的孩子；如果母鹳救不了它们，宁愿与孩子一起死也绝不会抛弃它们自己逃生。人们发现，鹳非常依恋照顾它的主人，对主人充满感激之情，鹳在经过门前时常常会发出一些声音，似乎是在告知主人它回来了；出门时也会有同样的表示。不过这些品质还不是最重要的，更让人惊讶的是，它们对老弱的同类总会表现出特别的关爱和照顾。人们经常看到这种现象：年轻而健壮的鹳会将食物送给待在巢内疲惫衰弱的鹳食用。这是否只是偶然的现象我们暂且未知，或者正如前人所说，鹳有着尊老敬老的本能，造物主将人类时常会违背的道义赋予它们，是为了给人类树立一个好榜样。历史上，希腊人制定赡养父母的法律时就以鹳的行为为依据，这个法律的名称就叫"鹳"；阿里斯托芬还以此为题材，创作了一部针对人性的讽刺剧。埃里安是一位公元3世纪的作家，曾写过《动物史》，他曾肯定地说，鹳的这种优良品格是埃及人尊重并崇拜它的重要因素；直到今天，人们也相信鹳在哪里安家就能给那里带来幸福，这或许是受了古人的影响吧。

鹭

　　我们看到的鹭总是一副痛苦不安的模样，而且带着些许的忧伤。等待是它们仅有的谋生手段，埋伏在同一地方，连续几小时甚至几天一动不动地等待猎物的出现，看起来好像不是一个活物。若是通过望远镜观测鹭，就会看到它单脚站立在一块石头上，好像睡着了似的，身子挺直，脖颈蜷曲在胸腹和腹部，头和喙窝在肩膀之间；若是它开始变换移动，那就表示它将要采取另一种感觉更加不自然的姿势：它走入淹至膝部的水中，头插到双腿之间，以便能抓住游过来的小鱼或者从此处经过的青蛙。只是它的行动常常受限，就只能待在那里静静等待猎物自投罗网，因此会长时间挨饿，有时甚至会因食物不足而被活活饿死，因为当水面结冰之后，它们没办法迁徙到气候暖和的地方去。一些博物学家认为鹭是候鸟，冬季离开，春天返回。这种观点无疑是错误的，因为我们一年四季都会看到它们生活在法国，即使是最严寒、最漫长的冬天也是一样。不过，因为水面结冰，它们会被迫离开习惯的沼泽与江河边，转移到温暖的泉水旁。这也是它们最好动的时期，它们在那里来回跋涉希望改变自己的处境，但始终只是在同一地区活动。

　　天气变冷时，鹭开始慢慢聚集起来，它们似乎能忍受饥饿的威胁，还能忍受寒冷的摧残，但仅是依赖自己的耐心和节制挺过去。而与这种淡漠的品质相伴的是厌世的思想，一旦人们捕捉到它并关起来，它会连续两个星期不吃东西，就算人们把食物强塞进它的嘴里，它也会吐出来。

　　显然，这种囚禁激发了它天性中的忧郁，这种天性战胜了它求生的本能。求生本能是大自然赋予所有动物重要的技能，可是冷漠的鹭却不是这样，它即使面临死亡也不颓废，就算死去也不抱怨，更不会留下遗憾。

　　除了孵卵外，鹭的生活总是凄惨而孤独，它仿佛不懂什么是快乐，也不知道如何避免痛苦。在天气最恶劣的时候，鹭独自暴露在风雨之中，站在小溪边的木桩上，或者站在被水淹没的一个土丘上；其他鸟在这种情况下都会躲进树丛中，如秧鸡会钻进茂密的草丛里，蒲鸡则钻进芦苇中，只有鹭可怜兮兮地待在路边，任凭风吹雨打。

　　尽管鹭有着一双大长腿，却于奔跑并无助益，白天的大部分时间，它的长腿只是起到支撑身体的作用，以便能好好地休息，它的休息时间和睡眠时间相似。夜晚时，它会多飞一会儿。无论在什么季节、什么时刻，我们都能听见鹭在空中的鸣叫，它发出的声音单一短促而尖锐，比雁发出的声音要短促得多，而且带点哀鸣；当它觉得痛苦时，鸣叫声就会拖长，音调也更为尖锐，并且非常刺耳。鹭的飞行能力很强，它在飞行时腿向后伸直，无论是在飞行时还是栖息在树上时，都习惯于把颈收缩在肩膀之间，呈驼背状。

第十节　鹤、野雁与野鸭

鹤

　　鹤的飞行高度是许多鸟类无可比拟的，而且它们飞行时秩序井然，几乎保持一个等边三角形的队列，仿佛是为了更容易劈开气流，以减少空气阻力。当风力大到有可能会打散它们的队列时，它们就会紧密地挨挤在一起。若是遭遇到鹰的袭击，也会如此。它们经常在夜晚飞行，还未见到它们的身影就先听到它们响亮的鸣叫声。在夜间飞行时，领头鹤会一直鸣叫，引导着鹤群的行进路线，整个鹤群都会附和，仿佛在表示自己正紧紧跟随其后，没有离队。

虽然鹤群飞行时的队形会有各种变化，但总能持续很长的时间。仔细观察会发现，鹤群不同的飞行方式预示着天气情况和温度的变化。鹤能飞得很高，自然视野更为开阔，也就更能感受到远处气象的变化。鹤群若在白天鸣叫，预示着有雨；若是叫声嘈杂而尖利，则表示暴风雨即将来临。若是看见它们在清晨和傍晚安然地飞翔在天空，就是天气晴好的征兆；反之，如果鹤群降低高度，甚至落到地上，则表示暴风雨即将来临。鹤起飞时相对吃力，需要先跑几步，之后张开翅膀飞起一点，接着才能展翅飞翔，并快速而有力地挥动双翼。

夜晚，鹤停在地面并聚集在一起歇息，同时还会设置岗哨，由此，我们也可以看出鹤的谨慎和高度的警惕性。鹤睡觉的时候，通常会把头插进翅膀中，但是领头鹤是不能休息的，它需要担任警戒的任务，把头高高扬起，一旦发现危险，就发出报警鸣叫声。普林尼曾说，鹤群为了满足迁徙才选出领头鹤，但我们不能将之看作是某种权力或者被迫接受，如同人类社会一样，而应该认为那是鹤群有交往的智慧，能聚集在一起，秩序井然地接受领头鹤的引导，以便能够顺利完成迁徙。因此，亚里士多德把鹤称为结群共乐的鸟类之首。

初秋时节，天气慢慢变冷，鹤也进入了迁徙的季节，它们要转去更温暖的地区生活。多瑙河流域和德国境内的鹤都会选择意大利为迁徙地。在法国各个城市中，九至十月期间都很容易见到鹤，如果深秋时节的气候较为温和，它们会在法国待到十一月份，但大部分鹤群都只是匆匆从法国过境，等到第二年春天再从南方返回北方。

野雁与野鸭

雁常常在很高的地方飞翔，只有在雾天时才会贴地飞行。它们能够沉稳平和地飞行，悄无声息，挥动翅膀拍打着空气，在天空中缓慢移动。雁群飞行时跟鹤一样，也是保持着有序的队列，这样的编队飞行显示出雁的智慧，远远优于那些在迁徙中杂乱无序的鸟类。雁群的队列所遵循的似乎是一种几何规律，这种排列既恰当又有利，雁的几何天性得以充分体现。对每只雁来说，这种排列既能跟随队伍并保持队形，又拥有充分的空间，能轻松自如地飞行；对于整个雁群来说，这样的队列既可以减少空气的阻力，又可以减轻飞行带来的疲劳。雁群一般排成两条斜线，前端合成一个角，看起来像是一个"人"字；当雁群的数量较少时，就只排成一列，看起来像是一个"一"字。不过，很少看到只有一列的雁群，通常情况下，每个雁群至少都有四五十只雁组成，每只雁都会准确地保持自己在队列中的位置。人字形顶端的位置往往是领头雁的，总是最先承受空气的阻力，若疲惫了就会到队尾休息，由其他雁轮流替代，在前面开道。普林尼曾经认为，雁的这种整齐飞行是经过思考后形成的，他饶有兴趣地描述："任何人都能观察到雁群，因为它们是在白天飞行，而不是在夜晚经过。"

每年的 10 月 15 日前后，第一批野鸭就会到达法国，数量不多，好似先头部队；到了 11 月份，大量的野鸭蜂拥而至。这些野鸭从北方地区而来，它们持续飞行，从一个池塘到另一个池塘，从一条溪流到另一条溪流。这同样是猎人开始忙碌的季节，他们对野鸭展开大面积猎杀，有时候是白天搜索，有时候是傍晚埋伏，或者使用各种圈套和大网进行捕捉。不过，野鸭的警惕性也是很高的，猎人并非轻易可以得手，必须使用计谋，以偷袭、引诱或欺骗等各种手段才能将之捕获。当野鸭需要在某个地方降落时，会先在空中盘旋几圈，似乎是在侦察有无危险存在。等到确定不会有敌人出现时，它们就会越飞越低，从水面斜着掠过，降落到宽阔的水域中。它们会一直与岸边保持一定的距离，以避免遭遇袭击；并且会有几只负责警戒放哨的野鸭，只要发现危险立刻发出警报，因此，往往是猎人还没来得及靠近，它们就已经飞走了。

傍晚是捕获野鸭的最好时机，野鸭群会在这个时候降落在水边，猎人选择在草丛中隐藏，或者以别的方式躲藏起来，然后将几只家养的母鸭放在河岸做诱饵。当听见有翅膀的扑打声传来，就表示野鸭将要飞来，于是抓紧时间捕捉先到的野鸭。深秋的夜幕降临较早，而野鸭群几乎和夜色一起到来，因此一定要抓住这个难得的机会。如果要想大面积地猎杀野鸭，就需要预先布网，而机关则由躲藏在隐蔽处的猎人控制。铺在水面上的网能覆盖相当大的范围，可以将被家养母鸭吸引而来的野鸭一网打尽。猎捕野鸭的过程，需要猎人具备极强的耐性，一动不动地躲藏在隐蔽的地方，秋凉会令身体冻僵，染上风寒的可能性往往比捕到猎物的可能性还高。但是，猎杀的兴趣似乎总会占上风，猎人们尽管每次都一边朝冻僵的手上吹热气，一边发誓再也不要这样受罪了，可是就在发誓的当晚，他们就又计划着下一次的猎捕了。

第十一节　山鹬与土秧鸡

山鹬

　　山鹬可能是所有候鸟中最受猎人喜欢的猎物，因为它的肉质很好，味道鲜美，且容易捕捉。每年的 10 月中旬，山鹬会和斑鸠一起来到法国的森林，它们在狩猎的季节来到这里，大大提高了人们的猎物数量。整整一个夏季，山鹬会一直待在高山上，等到第一场霜雪之后，它们才会下山。从 10 月初开始，山鹬离开比利牛斯山峰和阿尔卑斯山峰，前往内地丘陵的树林中，一直飞到平原上。

　　天气不好的时候，山鹬可能会在夜间飞行，也可能在白天飞行，它们总是一只接着一只，或者两只一起，但不会像大雁那样成群结队。它们待在大篱笆、矮树丛和乔木林中，土壤肥沃和布满落叶的树林是它们特别喜欢的，它们整天栖息在那里，非常善于隐藏，只有猎狗才能把它们赶出来。一到夜晚，它们就会从树木茂密的地方离开，飞到林中的空地上，然后在树林的边缘寻找柔软的草地和潮湿的沼泽，在那里洗掉寻找食物时沾到身上的泥土。山鹬是没有个性的鸟，它们的行为习惯差不多相同，整个种群的习性决定了它们的个体习惯。

　　山鹬从树林里飞出来时，我们能听到它扑打翅膀发出的声响，它笔直地飞出乔木林，但在经过矮树林时，就不得不转弯，然后降落到灌木丛中，以便能躲过猎人的追踪。山鹬的飞行速度很快，但不能飞太高，也无法飞太久，飞行途中常常猛地落下，就好像失去控制而跌落一样。它的动作敏捷，因此在地上逃脱起来更方便，当它落到地上后，会立即快速地奔跑，但很快又会停下来，抬起头四处张望，观察

是否会有危险存在。普林尼将山鹬敏捷的奔跑与山鹬做对比，因为山
鹬也有类似的躲避危险的行为；当人们想要在山鹬落下来的地方寻找
它时，它早已经跑得不知所踪了。山鹬在繁殖期，通常是夜间结合，
白天分开。雄鸟在发情时会不停地飞翔，傍晚时分飞到树林的上空寻
找雌鸟。然后，它们会在地面上交配。它们在枯枝落叶中或者小灌木
丛的下面筑巢，筑巢的材料主要是枯树枝、干草和干树叶等。雌山鹬
每次产蛋 3 至 4 枚，孵化时间大约 23 天，小山鹬的食物主要是蚯蚓或
鳞翅目等昆虫的幼虫。

土秧鸡

在潮湿的牧场上，从草开始生长到收割的这段时间，青草最茂密
的地方常常会发出一种短促而尖厉的叫声。这种声音有点像我们用手
指拨弄梳子齿发出的声响。若是人们寻着声响走过去，那声音就会消
失，过一会儿又从不远的地方传出来。人们曾误以为那些声响是某种
爬行动物发出的，但它其实是土秧鸡的叫声。土秧鸡这种鸟极少飞行，
而是在地面上快速行走，穿过茂密的草丛，并留下清晰的足印。5 月
10 日至 5 月 12 日这几天，我们在法国就能听到土秧鸡的叫声，也同时
能听到鹌鹑的叫声，因此，土秧鸡和鹌鹑看起来似乎是一起出现又一
起离开。土秧鸡的体长约有 30 厘米，头部小小的，有着非常显著的斑
纹。蚯蚓、昆虫和植物嫩芽是土秧鸡的主要食物。

土秧鸡动作敏捷，十分灵活，遭遇猎犬追逐时，它常常会让猎犬
靠自己很近，然后在即将被逮住时奇迹般地安全逃脱；它还会在逃跑
的过程中，突然停下来缩成一团，而猎犬则因为控制不住速度，无法

马上停下来，直直冲到它前面很远的地方去，等猎犬再次回头，土秧鸡早已逃之夭夭。据说，土秧鸡正是利用了对手的失误，然后沿原路返回，成功摆脱敌人的追击。只有在最危急的时候，土秧鸡才会振动它的翅膀飞起来逃逸；不过它飞行的姿势非常笨拙，并且飞不太远，一般飞一会儿就会落下来。但是，如果想要在它落下的地点去寻找它，往往徒劳无获，因为等我们赶到它落下的地点时，它早就已经跑出百步之外了。我们也因此得出，土秧鸡善于用飞快地奔跑来弥补其缓慢而笨拙的飞行，它利用双足的时候要比利用双翼的时候多。另外，它总是以茂密的草丛作为掩护，自在地奔跑在牧场上和田地间，而且它的奔跑路线变化莫测，往返交错，没有规律可循。它的身体十分细瘦，所以能更好地穿梭在芦苇和沼泽地中。

不过，当迁徙的季节到来，土秧鸡也能拥有像鹌鹑那样不可思议的力量，可以飞行很长一段距离。它们一般是在夜间飞行，借助风的力量飞到法国南部各省，并从那里飞越地中海。显然，跨越地中海对它们而言是一件风险相当大的事，会有大部分土秧鸡葬身海底，因为人们注意到，它们返回时的数量比出发时减少了很多。

第十二节　凤头麦鸡与鸻

凤头麦鸡

凤头麦鸡是一种天真活泼的鸟儿，起飞时会叫上两声，在夜间飞行时，它也会不时地鸣叫。它的翅膀强劲有力，既能连续飞行很长时间，也能飞得很高。当它降落到地面时，便会快速跳跃，或者边跳边飞地将整个地段巡视一遍。

凤头麦鸡还特别喜欢嬉戏玩耍，哪怕是在空中飞行也呈现出多种姿势，而且无论哪种姿势都能保持很长时间。它的敏捷和灵活远超其他鸟儿，除了侧身飞行，还能仰腹飞行，因此对"飞行高手"这一称谓当之无愧。

凤头麦鸡在气候渐渐转暖时，成群结队地来到牧场，在绿色的麦田里嬉戏。每天清晨，低洼的草地上落满了密密麻麻的凤头麦鸡，它们以特殊的技能将隐藏在土里的蚯蚓挖出来。凤头麦鸡一旦发现蚯蚓翻出来的小土球，便会轻轻扒开它，蚯蚓的洞便藏于其间，接着，它们会用足不停踩踏附近的地面，然后静静等待和仔细观察，不久，地下受到惊吓的蚯蚓开始钻出来，稍稍露头，就会被凤头麦鸡捉住吃掉。到了夜晚，凤头麦鸡开始展示它们其他的技能：它们在草地上来回奔跑，用脚去感受正在地面活动的虫子，再捉住它们饱餐一顿；夜宵享用完后，它们会到水塘或小溪边将喙和爪子洗干净。

秋雨霏霏之际，成群结队的鸻在法国各地出现，它们伴随雨季而来，所以又被称为"雨鸟"。它们和凤头麦鸡一样，喜欢在潮湿的草地和淤泥地寻找昆虫或蚯蚓；鸻不会总是待在同一地区，也很少在同一地点停留一昼夜以上。由于数量众多，它们每到一个地区觅食，会将可以吃的小动物一扫而空，然后再转移到另一个地方。当第一场霜雪降下时，它们便不得不离开法国，迁徙到气候更温暖的地区去。

鸻在地面上时，并不会安静地待着，而是不停地忙着觅食或者活动。鸻群进食时，总有几只担任警戒放哨，稍有风吹草动，"警卫"就会发出尖叫声向同伴报警。它们顺风飞行，队列有很明显的特点：并排飞行，排成横排，在空中形成非常密集宽广的横断面，有时会是几个平行的横断面队列；横向很宽，但纵向又很窄。

第十三节　鹈鹕

鹈鹕之所以引起很多博物学家的兴趣和关注，一方面是因为它奇特的相貌，个头较大，喙的下面长着一个大食囊；另一方面，在古代的传说中，"鹈鹕"这个名称有着很高的声望，有一些民族的宗教将其奉为圣物，赋予了鹈鹕慈父的形象，因为它可以撕开自己的胸脯用鲜血来喂养孩子。事实上，这个传说原本是古埃及人用来描绘秃鹫的寓言，把它用在鹈鹕身上并不合适，因为鹈鹕的生活其实是很富足的；与其他以鱼为食的鸟相比，它多了一个可以用来储存大量食物的大口袋。

鹈鹕的个头和天鹅差不多，有的甚至比天鹅还大一些。如果信天翁的身子没有那么宽，火烈鸟的双腿没有那么长的话，鹈鹕就称得上水禽中体形最大的鸟儿了。鹈鹕的双腿虽然较短，但翅膀展开之后的宽度能达到三四米，因此它能在空中自由地飞行，而且能在空中悬停、飘浮很久；它轻易不出动，一旦采取行动就会垂直扎进水中，开始对鱼类的追逐。通常情况下，被它锁定的目标猎物是逃脱不了的，因为它出击时力量很猛，宽大的翅膀拍击着水面，将水搅动起来，把鱼弄得晕头晕脑，难以逃脱。鹈鹕在独自活动时，就是以这种方式捕食。

它们也有成群结队协同行动的时候：先是围成一大圈，一起游动并慢慢将圈子缩小，这时困在圈子中的鱼就成为它们从容分享的猎物。

驯化鹈鹕比较简单，尽管它身体笨重，但性格活泼，也不怯生，喜欢与人类待在一起。贝隆曾在罗德岛见过一只鹈鹕在城镇中随意散步。德国著名学者库尔曼也讲述过一个著名故事：马克西米安皇帝出征时，有一只鹈鹕始终跟随着行军队伍，飞翔在队伍的上空。尽管它的翼展开时宽度达到4.6米（15英尺），但因为有时飞得太高，所以看上去只有一只燕子那么大。

第十四节 军舰鸟

军舰鸟是所有带羽翼的飞行者中飞行最出色、最强劲有力也是飞得最远的，它们的双翅展开后很大，在空中飘浮，看起来没有明显的动作，仿佛在湛蓝的天空中悠闲地游弋；一旦机会到来，便如利箭般飞速冲向猎物。每当暴风雨来临，像风一样轻灵的军舰鸟就会冲上云霄，飞到暴风雨的上方以寻求安宁。军舰鸟在海上四处游弋，不仅飞得很高，而且飞得很远，在辽阔的海洋上飞翔数十千米，只需要一口气就能飞完；若是白天的时间不够，它们就会在夜晚继续飞行，一直飞到食物丰富的海域才停止。

鱼群在进行远洋迁徙时，如飞鱼，为了躲避金枪鱼和剑鱼的追捕，常常会跃出水面，这正是军舰鸟最好的机会，也正是这种迁徙的鱼群引领着军舰鸟远渡重洋。有时候，迁徙的鱼群非常密集，它们在水中游动的声音会很大，而且海面也呈现白色，军舰鸟在远处就可以观察到，于是从高空俯冲而下，再转而沿着海平面飞行，紧紧贴着海面，但身上并不会沾上水，一边飞行一边捕鱼，有时用喙叼，有时用爪子抓，还有时喙和爪子一起用。

军舰鸟通常出现在热带地区或者热带以南地区的海洋上，军舰鸟能很好地控制热带鸟，它们经常驱使多种热带鸟为自己提供食物，特别是千鸟，它们会用翅膀拍打千鸟或用喙去啄千鸟，迫使其将吞下去的鱼吐出来，所以海员们又把军舰鸟称为"战鸟"。对于这个名字，军舰鸟受之无愧，因为它们有时甚至会攻击人类。

军舰鸟可以这样肆意妄为，既是由于它的飞行速度和强劲力量，也是因为它贪婪的天性。它的身体构造使其适合作战：锋利的爪子，前端长有尖锐弯钩的喙，又短又粗的腿，全身长满和猛禽一样的羽毛，飞行速度很快，视力特别敏锐，这些特性使军舰鸟看起来跟鹰似乎有一点相像，因此也令它成为海上暴君。但是，从体形上看，军舰鸟更适合在水里生活，虽然人们几乎从未看到过它们游泳，但它们的脚趾有半圆形的蹼相连，因此它们接近于鲣鸟、鹈鹕之类的鸟儿，完全可以将其视为蹼足类。另外，军舰鸟的喙的前端是弯钩状的，而且十分尖，能在捕猎中发挥重要的作用，但与陆地猛禽的喙有较大区别，因为军舰鸟的喙很长，上面还有一点凹陷，弯钩位于喙的前端，看起来好像是分开的，和鲣鸟的喙很像，接缝处没有明显的痕迹。

军舰鸟的体形比鸡大一些，但它的翅膀展开时却有 3 至 4 米，甚至 4 米宽，它们就是借助这巨大的翅膀进行远程飞行的，甚至遨游在海洋的上空。它们通常是航海者在枯燥旅程中所能见到的海天之间的唯一物种。不过，太长的翅膀也会带来烦恼，当它们落到地面，想要再次起飞会变得十分困难，很容易在尚未飞起来时就被人捉住。因此，军舰鸟只有站在突起的岩石上或者大树的冠顶，才方便顺利起飞。

第十五节　天鹅和鹅

天鹅

无论是动物社会还是人类社会，以往成就霸主地位依靠的都是暴力，但现在，却是要依循仁德来选取贤君。陆地上跑的狮子和老虎，天空中飞的鹰和鹫，都是以擅长使用武力在同类中称雄，统治手下依靠的也多是逞强和凶残；但天鹅却完全不同，它成为水上之王凭借的是足以创造一个和平水上世界的美德，如高尚、尊严、宽厚等。天鹅拥有的不仅仅是威严，还有力量和勇气，而且具备不滥施权威的意志和非自卫不随便使用武力的精神。虽然它的战斗力很强，也很容易获得胜利，但却绝对不会主动发起攻击。它是水禽中提倡和平相处的君王，但在遇到空中的霸主时，它不会挑衅，也绝不会退缩，只会对鹰的来犯严阵以待。天鹅的翅膀就是它坚实的盾牌，它用力挥舞双翅以对抗鹰的尖嘴利爪，将鹰的进攻击退。在这样的抗击中，天鹅常常是获胜的一方。而且除了鹰这个劲敌外，其他好战的猛禽对天鹅都保持着足够的敬意，不敢冒犯。天鹅与大自然的一切和平相处，对于种类众多的水禽世界而言，它所做的不只是以君主的身份监护，更是以朋友的身份照顾着其中的大多数，水禽们似乎也都自愿臣服于它。天鹅像是这个和平王国的领袖，它要求的只是安宁和自由；它向别人要求多少，便会回馈多少，因此全体"公民"自然无须对这样的领袖产生惧怕。

天鹅的样貌妍美，体态优雅，浑身散发着高贵气息，这与它的天性正好相符，令所有看见它的人备感赏心悦目。它所到达的地方，都将它作为一个亮点，为这个地方增色添彩。人们都十分喜欢它，欢迎它。天鹅是所有飞禽中受人们怜爱最多的，大自然赋予它的俊美身姿、圆润形貌、高雅神态、优美线条、传神动作，让我们感叹于大自然能够创造出如此完美的生物，无论是忽而的英姿勃发，还是忽而的悠然忘形。总之，天鹅浑身散发出的魅力，让我们在充分感受它的优雅和妍美时由衷生出舒畅和陶醉，让人觉得它与众不同。天鹅还被人们描绘为爱情的代称——希腊神话中，美女海伦是由勒达和一只天鹅孕育，这只天鹅是宙斯幻化而成的。我们在上面讲到的一切，从某种角度上印证了这个美丽神话是有根据的。

当我们看见天鹅以它雍容而又潇洒自如的模样，在水面上敏捷轻快地活动时，就必须承认，它不但是水禽中的航行冠军，更是大自然创造出来的最天然、最完美的航行模型。的确如此，天鹅的长长颈项呈优美的弧线，丰满的胸脯挺直，似行驶中劈波斩浪的船头；它的腹部宽阔，仿佛船底；它的身体前倾，为的是能快速航行，越是向前就越是挺起，最后高高地翘起来形同船舶；它的尾巴就是它的舵，脚蹼则如船桨；它的一双翅膀迎着风半张，稍微鼓起，起着船帆的作用，推动着这艘有生命的船舶一直向前。

天鹅清楚自身所具有的高贵，并引以为豪；它也知道自己的美丽，故而洁身自好。它似乎总是将自己的优点尽可能地暴露于众，像是想要引起人们的关注，博得人们的赞美。事实上也是这样，它的确令人百看不厌，当我们在远处看到它们成群结队行驶在浩瀚的海洋中时，它们犹如带着翅膀的船队，自在游弋；而当它们应和我们的召唤离开队伍，靠近岸边独自活动时，它们在人们面前不断展示各种优雅的动作，充分显现它们的妩媚与妍美，让人们尽情欣赏之余深感愉悦。

天鹅天生丽质，崇尚自由，而且不在人类能够强制或是幽禁起来的奴隶行列。天鹅无拘无束地生活在湖泊中，如果它不能充分地享受自由之乐，产生了被奴役、被囚禁的感觉，那么它会毫不犹豫地选择离开。它要自由自在地遨游于水面，要么沿着岸边散步，要么在岸边休息；偶尔会躲到草丛中，偶尔也会待在偏僻的港湾，然后再离开自己的住所，回到有人的地方，享受与人类共处的乐趣——它喜欢接近人类，视人类为自己栖身之所的主人和朋友，而非暴君。

天鹅在许多方面都优于家鹅，家鹅的主要食物只是野草和草籽，而天鹅则会寻找精致的食物。它通过使用计谋，借助各种姿势捕捉鱼类，而且使的是巧力以达成目的。对于来犯的敌人，天鹅善于避开或者抵抗，一只在水里的天鹅是不会害怕一只强壮的狗的；它挥舞翅膀的力量，连人的腿也能打断，由此可以想象其力量的猛烈和强大。总而言之，面对任何的攻击或挑衅，天鹅从不会畏惧，因为它的勇猛程度能与它的力气和灵巧相媲美。

经过人工驯养后的天鹅，叫声粗浑而不嘹亮，这是一种类似哮喘的声音，而且非常像俗语中说的"猫念咒"，古人通过谐音"独能嚷"将这种音调表示出来，听起来好像是在恫吓或者是在表达自己的愤怒。在古人的描述中，深受人们赞扬的像是天籁之音的天鹅和鸣声，明显依据的不是经过驯养仅能发出嘶哑鸣声的天鹅。我们发现，野天鹅较好地保留了它们的天然特性，它拥有充分自由的圆润音调，在它的鸣叫声中，我们可以听出一种有节奏又婉转悠扬的歌声，而且响亮如军号一般。但与那些具有柔和又多变嗓音的鸣禽相较，野天鹅的鸣叫则显得有些尖锐而且单一了。

古人的认知中除了把天鹅当作神奇的歌手外，还认为天鹅是唯一会在弥留之际歌唱的生物，它们用歌声感怀生命，将和谐的声音视为生命终结的前奏。在他们的描述中，天鹅发出柔和感人的声音，是在它面临死亡时，作为对生命的深情告别。这种声调如怨如诉，低沉悲怆，这是它们自谱的挽歌。古人说，只有在旭日东升、风平浪静的时候，人们才能听见这种歌声，甚至还有人看见众多的天鹅一起鸣唱挽歌，在音乐声中慢慢死去。在古代传说中，在自然史虚构的逸闻中，这无疑是最动人的，也是被人们赞美和重复得最多的，甚至许多人认为这就是事实。这个传说也一定程度上禁锢了古希腊人活跃而敏感的想象力：无论诗人还是雄辩家，甚至哲学家都欣然接受这个传说，他们认为这是一件非常唯美的事情，没有必要去怀疑它的真实性。因此，对于他们杜撰出来的这则寓言，我们也应该予以原谅，它确实动人和可爱，其价值也远远高于一些枯燥的史实。对于敏感的心灵，这是非常有效的慰藉。在这样的比喻中，天鹅显然不是在赞扬自己的死亡，所以每当论及一个伟大天才临终前的最后辉煌时，人们总是无限感慨地讲出这样一句动人的话："这是天鹅之歌。"

鹅

在各种动物中，占据首要地位的动物享受了所有关注的目光和赞美，留给次等动物的，则只有在比较后所得出的不屑眼光和鄙夷态度，比如驴和马，再比如鹅和天鹅。在这样的比较中，鹅和驴都没有得到公平的对待。低等动物似乎天生就只能遭受漠视，不管它们拥有什么样的品质，只要将之与头等动物相比，它们就变得失去价值。其实这种比较是一种不合理的对照，所以我们暂且把天鹅高贵的形象放在一边，我们将会发现，鹅在家禽中是很了不起的一员。

鹅的身形肥胖，头大而喙扁，脖子长，尾部短，脚大有蹼。它们迟缓的步履，挺拔的身姿，以及整齐干净、带着光泽的羽毛和它合群念旧的特性，使它很容易产生对人类的强烈依恋和长久的感激之情，而且，它很早就以警惕性非常高而著名。大约三四千年前，人们就驯化了鹅，鹅以青草为食，耐寒力、合群性及抗病能力都很强。鹅生长快，寿命也比其他家禽长，这些都说明，鹅在家禽中是极有益的一员。在对人类的贡献上，鹅除了鲜美的肉质之外，还能提供给我们精致的羽毛，这是用来制作衣服的原料；它的另外一种羽毛，还可以用来制作毛笔，记录下我们的思想——此刻，我正用这样的笔写下对它们的赞美之词，

养鹅不需要花费我们多少的心思，更不用精心照料：它能够与其他家禽和平共处，而且可以忍受与其他家禽生活在同一个禽棚中，虽然这样的生活方式，特别是这样的强制性对它的天性发展有影响。如果想要饲养更多数量的鹅，就必须选择靠近水边或者沙滩的地方。这些地方有宽阔的空地，还有鲜美的青草，让它们能够自由自在地吃草、嬉戏。但是不能让鹅群进入草场，它们的粪便会对嫩草造成污染，它们在嬉戏中还会用喙将小草的根拔起来。此外，也不能让鹅群靠近麦田，等到收割完之后，再放它们进入麦田活动。

第十六节 孔雀

假如在动物王国中不是以力量，而是以美来决定统治权，那么孔雀会是当仁不让的君王。除了孔雀之外，还没有哪一种鸟雀能把大自然的慷慨馈赠集于一身。孔雀有着健壮的体格、庄重的相貌、优雅的举止、高贵的神态，这一切都在宣告它的独特存在。孔雀的冠羽轻柔，有着丰富的色彩，不仅点缀头部，而且令它增高不少，却丝毫不会成为它的累赘。它的无与伦比的羽毛汇聚了天地间的所有颜色，好比一场视觉盛宴，如美丽的鲜花，像夺目的宝石，似绚烂的彩虹，令我们眼花缭乱、赏心悦目，又惊叹不已。

大自然赋予孔雀的不仅是天地间的各种色彩，让它成为大自然的杰作，更是通过不可模仿的画笔令其格外协调、细腻和朦胧，描绘出一幅独一无二的画。在这样一幅画作中，造物主将明暗、冷暖等不同的色调巧妙地结合起来，提炼出一种异常瑰丽的色彩和光线效果，即便是技艺高超的艺术家也无法模仿，更无法描绘。

雄孔雀会在春季里独自行走，一旦雌孔雀出现在它的面前，它会将羽毛完全呈现，变得更加美丽——目光中满是兴奋，表情丰富，头上的冠羽晃动不停，表达着内心的情感；长长的尾羽徐徐展开，如炫耀财富一样展示着自己的美丽；羽毛在阳光的照耀下发出耀眼的光泽，产生更柔顺、动人而多变的色彩；它的举止引起的微妙变化和转瞬即逝的束束反光，不断被新的微妙变化所代替，这种新的光泽与其他光泽相比是如此的与众不同，总令人惊叹无比。孔雀将自己的脑袋和脖颈朝向后面，将这绚丽的色彩更加优雅地展示出来。

这个时候的孔雀明确自己的优势，它好像只是为了向缺乏这种优势但同样可爱的同伴致敬。它在爱情洗礼下的动作更加优美，举止更加优雅，充分显示了它的生动风韵。

这些鲜艳夺目的羽毛尽管比任何花朵都美丽，但也会跟花朵一样枯萎。这些羽毛每年都会脱落，孔雀似乎害怕自己羽毛脱落的样子被看见，因此在这个阶段总是选择待在阴暗、僻静的地方，以躲避人们的视线，直到第二年春天新的羽毛长满后，它才会身着新装再次走到阳光下，接受人们的赞美。有人说孔雀对赞美非常敏感，所以人们若是希望它开屏，正确的方式就是予以专注的目光和溢美的言辞。反之，如果没有人在意它的美丽，甚至漠不关心、无动于衷时，它就会收拢自己的羽毛，向那些不懂得欣赏的人隐藏起自己五彩缤纷的美丽。

第十七节 山鹑和幼鹑

尽管雄山鹑无须孵化幼鹑，但它会与雌山鹑一起承担照顾幼鹑的任务。它们共同照顾子女，对它们进行生存教育，教导它们知道哪些是能够吃的食物，引导它们学会用趾爪在泥土中寻找食物。我们常常能看见它们蹲下来紧挨在一起，用翅膀护住自己的孩子，这些幼鹑从父母的翅膀下伸出小脑袋，睁着一双炯炯有神的小眼睛看着这个世界。在这样的情况下，山鹑是不舍得抛下孩子离开的，同样，即使是捕猎欲望很高的猎人也很难下定决心打破这种十分感人的画面而猎杀它们。

如果此时出现一条猎犬，而且又在离它们很近的地方，雄山鹑会发出特别的叫声，还会马上跑到三四十步开外的地方站住，拍打着翅膀向猎犬一次次冲去，保护孩子的决心激发了它的勇气。

除此之外，为了拯救自己的孩子，山鹑还会采取一种更谨慎、更复杂的方法引开敌人。我们会看到，雄山鹑在引起敌人的注意之后就开始逃跑，它耷拉着脑袋，跑起来的脚步也略显沉重，目的仿佛只是为了麻痹敌人，让敌人以为轻易就可以捉住它，而事实上雄山鹑总是能跑到比较远的地方，敌人紧随其后却难以捉住它，就这样诱使敌人离幼鹑们越来越远，从而保证了它们的安全。雌山鹑则在确认安全之后，将躲藏在草丛中或者落叶中的儿女们集中起来，趁着猎犬只顾着追赶雄山鹑还未回头时，将孩子们带往安全地带，移动过程中它们也不会发出任何的声响。

第十八节　嘲鸫、夜莺和戴菊莺

嘲鸫

嘲鸫是自然界飞禽中最出色的歌手，某些方面甚至比夜莺更加优秀。它跟夜莺一样，用歌声吸引人们的关注，还以模仿其他鸟类的声音为乐，这也是"嘲鸫"这个名字的由来。它的鸣叫只是为了让自己的嗓音训练得更为完美，不知疲倦地通过各种方式练习自己的歌喉。

　　嘲鸫不仅认真用心地唱歌，而且唱得十分生动，或者更准确地说，它是在借助歌声表达自己内心的情感。嘲鸫通过歌声自娱自乐，还伴以有节奏的动作，总是用天然的或者后天学习到的调子不断丰富自己的歌喉。它通常会先抬起翅膀，然后低下头去，接着就会放声高歌，展现生动而轻盈的唱腔。只是在以这种奇特的方式持续练习一段时间之后，它才能够协调好各种动作。它发出的声音是一种很有节奏的旋律，而且以挥舞的翅膀应和节拍。

　　嘲鸫在飞行的过程中，能在空中描绘出很多道相互交错的圆圈，它会沿着一条上升、下降，然后沿着不断上升的抛物线飞翔，一次又一次重复，似乎是在通过这种方式展示自己高超的飞行本领。我们会发现，嘲鸫有时翱翔在树顶上空，逐渐减缓挥动翅膀的速度，直到一动也不动，似乎是在空中悬挂着一样。嘲鸫在飞行时也会唱歌，还有着高低起伏的变化，先是明晰、响亮，接着慢慢降下来，最后完全消失、沉寂，如同一首优美旋律的结尾。嘲鸫身长大约有25厘米，灰褐色的羽毛，它们在灌木丛或者森林中生活。嘲鸫不停地歌唱，为的是用歌声宣告自己的领地。尽管嘲鸫没有引以为傲的外表，但它的美妙歌声完全能够弥补这一缺憾。嘲鸫是一种食肉飞禽，但它的食物主要是一些对农作物有害的昆虫。

夜莺

　　夜莺会让一个感情细腻的人联想到春天夜晚的美丽画面：空气清新，万籁俱寂，整个大自然都凝神静听夜莺的鸣唱并陶醉其中。我们所知道的其他会唱歌的鸟类，如云雀、金丝雀、燕雀、嘲鸫等，它们的歌唱在某些方面也许能够与夜莺媲美，当夜莺闭口停止歌唱时，它们也很乐于为人类贡献歌喉。这些鸟儿也都拥有动听的声音，有些嗓音柔和，有些技巧高超。但是，与夜莺的多种才能和变化多端的鸣唱相比，它们都会黯然失色。因此这些鸟儿的歌声从音域上讲，仅仅是夜莺歌声中的一段而已。夜莺从来不会重复歌唱，至少从来不会被迫重复。如果它重复了某一段的鸣唱内容，也会用不同的音调，让歌声变得更加优美动听。它能够唱出各种曲调，表达不同的思想；它能够把握歌唱的各种特征，善于通过对比来增强歌声的效果。

如果这位"春天合唱队"的领唱者要为大自然演奏颂歌，那么它会通过一连串音符抒发自己的感情：从虚弱的、含糊不清的音调开始，好似在对乐器进行调试的同时，唤起聆听者的注意；接着，它以万分的自信和激情，通过饱满的音调展示自己的各种本领。响亮的琵琶音、轻快的和弦、迸发的音群，全都是那样的清晰流畅；激越迅捷的突发鸣啭，清晰有力的发音，充满了阳刚之气；即便是哀怨的音调，也蕴含着柔和的韵律，优美动人，沁人心脾。它的歌声流露着自己内心的真情，令听者因共鸣而动容，唤起内心深处的忧伤。就是在这样的歌声中，仿佛让人们听到了一对幸福无比的伴侣正在诉说内心的喜悦。哪怕在不是那么动听的乐章中，也仍然能够听出它愉快的歌声。在心爱人的面前，它与羡慕、妒忌自己的那个情敌一起鸣唱，一争高下。

夹杂在这些多元乐章中的还有许多休止符，它们在不同的旋律中有力地组合在一起，产生了画龙点睛的效果。我们感受着夜莺美妙动人的歌声，这是直抵内心深处的专注享受，并期盼每次都有不同的新感受，希望它能够令人更加愉悦。如果偶尔错过了几个音节，那么后面所听到的美妙歌声就不允许自己再次错过，因为那美妙反复的乐章能带给我们更新的感受，让人们满怀希望。

夜莺以它柔和美妙的歌声，以及有时能够持续不间断的鸣叫，令其他鸟儿无法望其项背。在夜莺的鸣唱中，从开始到结束我们能够听出 16 种不同的音调，并可以确认它不仅懂得即兴发挥，还能使音符反复多变。夜莺的音域宽广，歌声非常响亮，能传到方圆 1 千米之外，尤其是在天高气爽的夜晚，我们在很远的地方都可以听到它的鸣叫。

第十九节 戴菊莺

戴菊莺是体形极小的鸟儿，不仅普通的捕鸟网无法困住它，还能轻易逃脱各种笼子对它的羁绊。人们将它放在一个自认为关得很严实的房间里，但很快它就会消失无踪，因为哪怕房间里有极微小的洞，也是它的可乘之机。它来到花园，机灵地进入林间小路，转瞬就身影全无，它能够在树木草丛中最窄小的地方藏身。如果猎捕它时用枪的话，直径最小的铅弹对它来说都太大；想要捕获完整的戴菊莺，只能把最小的沙砾装入猎枪以此替代子弹。当人们用捕鸟笼、粘鸟枝或者细网捉到它后，放在手中几乎看不清它的样子；但这并非它不活跃的表现，事实上，当人们以为已抓住了它时，它早已跑得无影无踪了。戴菊莺的叫声非常尖厉而且刺耳，如同蝈蝈的叫声。亚里士多德曾经说它的歌声自在而动听，充满愉悦。显然，他是将戴菊莺和鹪鹩混淆了。

戴菊莺把巢穴筑建成空心的球形，将苔藓和蛛网牢固编织在一起，里面有柔软的绒毛做填充。雌戴菊莺在巢里产蛋，每次有六到七枚，一枚蛋卵只有一个豌豆大小。戴菊莺的巢常常选在树林中，有时候也会在花园中或者是宅院内的松树上。

戴菊莺主要以小型昆虫为食物，夏季时，它们在飞翔中捕捉小虫子；冬季时，则在各个隐蔽的地方寻找小虫子。另外，它们也会食用各种小虫的幼虫，而且很擅于捕捉这些猎物。戴菊莺很贪嘴，身子又太小，以至有时候吃得太猛，会被噎住，甚至被撑死。夏天，它们也会以小浆果、小种子等为食。人们曾经见到它们在柳树洞中寻找食物，但从未在它们的嗉囊中发现过小砾石。

第二十节　燕子和雨燕

燕子

最早从南方飞到法国的燕子大约是在春分不久，无论 3 月初到 4 月初的这段时间是寒冷还是温暖，它们总会在这个时期到达法国。而在此之前，它们会先飞到中部地区，然后再飞到北部地区。

对于那些向我们报知春消息的鸟儿，我们都应该善待并且感激，因为除了报春，它们还会带给我们许多的帮助。我们要以保障它们的安全为基础善待这些鸟儿。多数人对这些鸟儿的保护出于偶尔，有一部分人甚至到了迷信它们的地步；但也有人沉浸于猎捕燕子带来的快感中，他们的狩猎没有别的目的，仅仅是为了提高自己的射击技巧或者为了娱乐。遗憾的是，这些无辜而天真的鸟儿似乎对枪声缺乏敏感，甚至在猎人向它们发起残忍的攻击时，它们仍然无法下定决心躲避。然而，人们对燕子的猎杀，造成的不只是对燕子的伤害，实际上也危害着人类自己的利益，所以这是十分荒唐而愚蠢的。因为是燕子帮我们消灭了库蚊、象虫等害虫，让我们摆脱了这些害虫对庄稼和森林造成的严重损伤，它们的出现会给某些地方带来巨大的损失，而燕子和其他食虫鸟类都可以帮助人类尽可能地降低类似损失。

燕子以它们在飞行中捕捉的各种有翅昆虫为主要食物，但由于这些有翅昆虫的飞行高度会随天气变化而改变，所以天气比较冷或者要下雨时，燕子需要贴着地面低飞，以便顺利地捕捉到食物。它们掠过地面，穿梭在植物的茎根间或者草地上，寻找这些昆虫；它们也从水面掠过，将半个身子浸入水中去捕捉昆虫；在食物十分匮乏时，它们还会与蜘蛛争夺食物，甚至钻进蛛网中，将蜘蛛一同吃掉。

燕子的飞行与夜莺的飞行有着显著区别：首先，燕子的飞行是闭着嘴的，而不是像夜莺一样张着嘴，因而不会发出低沉的"嗡嗡"声；其次，尽管燕子的翅膀相比其他一些飞禽有些短，力量不大，灵活度也不够，但它的飞行却更加轻捷，飞行姿态也十分优雅，这是缘于它的视力超强，可以看得很远，能够将双翅的全部力量发挥出来。可以这样说，飞行是燕子与生俱来的状态，也是它不可或缺的状态：它在飞行中进食、饮水、洗澡，甚至给幼鸟喂食的时候都是处于飞行状态。

　　燕子的行动或许算不上非常快捷，但它身体轻盈，灵活多变，既能向下急速直冲，又可以悠闲地滑翔。天空就是它活动的领地，它在空中自由地飞来飞去，尽情享受飞行的乐趣，它表达内心情感的方式是快乐的呢喃声。它时而捕捉飞来飞去的昆虫，将其锁定于自己的视线内，但不久后可能又会放弃这一只去追赶另一只昆虫，甚至飞行中又去捉第三只。时而掠过水面或者地面，去捕获那些由于下雨或者阴天聚集在一处的昆虫；时而凭借灵活的动作，避开猛禽的攻击。燕子可以一直保持最快的飞行速度并随时变换飞行方向，仿佛要在空中勾画一个变幻莫测的迷宫似的图案。它的飞行线路相互交错又相互纠缠，上升、降落，再上升、再降落，表现出变化多端、千姿百态的轨迹，让人无法用线条表示，更无法用语言或者笔墨描绘。

雨燕

　　雨燕虽然毫无争议的是真正的燕子，但它们有着许多比燕子更显著的特征。之所以这样说，是因为它们的主要特征有别于另一类燕子。雨燕的颈部、喙以及足趾都较短，头部和喉部较大，翅膀长，因而飞行速度更快，飞得也更高。不过，相比其他飞行敏捷的鸟儿，雨燕的飞行并不是完全主动，因为它们几乎不会在地面上降落，每当它们因为某种意外而落到地面，便会十分艰难地站起来，在小土埂上勉强慢行，之后爬到土丘或者石头上，竭力借助地势让自己的长翅膀发挥作用。它们起飞时会比较困难，这是由于身体结构的特别所致：它们的跗骨很短，休息时这个跗骨充当足后跟支撑在地面上，因此它们几乎是整个身子伏在地面上休息。它们长长的翅膀在这样的姿势中没有好处，反而成为一种障碍，只起到无益的控制平衡的作用。如果它们落下时的地面很平坦，而非凹凸不平，那么雨燕便会成为笨拙的爬行动物；如果是坚硬平滑的地面上，更是寸步难行，哪怕是小小的位置改变，对它们来说都是异常艰难的事。因此，地面在它们眼中就成为难以跨越的障碍，令它们尽量小心翼翼地避开这个障碍。

雨燕将巢筑在我们的楼房中，它们希望的是有一个安定的住所，而不是更舒适或愉悦的野外住所。雨燕在城市中的住所，事实上仅仅是一个墙洞，洞口比洞底窄。它们最喜欢的是高处的洞，这能提升它们的安全感。它们外出寻找洞穴，有时选择钟楼和高塔，有时选择桥拱下，尽管桥拱下的洞不高，但从表面看上去，它们觉得那是一个藏身的好地方；另外，它们也会选择空心的树或者陡峭的岩壁筑巢，与翠鸟、蜂虎以及燕子等鸟儿为邻。它们如果选择好了一个筑巢点，那么每年就都会回到那里居住，尽管它们没有对住所做明显的标记，但它们仍然可以轻易辨认出来。根据多种因素推测，雨燕不会去占据其他鸟雀的巢穴，而是有其他的鸟雀占据了雨燕的巢穴，比如麻雀。在这种情况下，雨燕会轻声细语地请出不速之客，要回自己的巢穴。

雨燕是很怕热的飞禽，因此经常在中午温度比较高的时候，窝在自己高墙和岩石缝的洞中，或者是高矮的瓦片之间。清晨和傍晚，它们在空中漫不经心地盘旋，不是为了寻找食物，而是为了锻炼翅膀的力量。上午十点左右，它们会返回巢穴中，等到太阳落山之后，它们再成群结队地飞出巢穴，时而在空中勾画出无数的圆圈，时而排成一行，沿着同一条线路和方向飞行，时而环绕高大的建筑物盘旋。它们常常将双翼张开，但并不拍打，而是突然抖动双翅。我们尽管经常可以看见雨燕这样的姿态，却弄不明白它们每个姿势所代表的意图。

　　从 7 月初开始，从雨燕的一些行动中可以感知它们将要迁徙。它们开始聚集起来，数量急剧增多，在十几天的时间里，每到傍晚它们就会举行大聚会，数量也越来越多；它们常常绕着钟楼飞行。这些聚集在一起的雨燕不计其数，它们来自中部地区，仅仅是由此路过，等到太阳落山，它们就会大声鸣叫着飞向高空，在它们已经飞离我们的视线很久后，这种叫声在很长一段时间内不会消失。雨燕通常选择在树林中过夜，因为它们在树林中筑巢、捕捉昆虫。那些白天待在平原上的雨燕，甚至居住在城市中的雨夜，到了傍晚也会向树林飞来，而且一直待到深夜。一段时间之后，在城市生活的雨燕也会聚集起来，所有的雨燕一起迁徙，结队前往气候更适宜的地方。

Plant
Section

植物卷

第一章　植物的概念与作用

植物，从广义上解释指所有非动物的生物，其与动物的本质区别有两点：第一，植物自己不会移动；第二，植物的养分依靠体内的叶绿素进行光合作用而获取。但上述划分也并非完整，因为简单植物和低等动物之间没有明显的界线。因此，为了能够对植物有正确的认识，我们需要对植物的狭义概念进行论述。从狭义上来说，植物指的是苔藓类、蕨类、裸子植物、被子植物等，此外，藻类和真菌类也可以归到植物中。

第一节 植物的细胞

众所周知，细胞是组成万物最基本的元素，因此大多数植物都由无数细胞组合而成。但不同的植物之间仍然存在着一定差别：有些植物仅仅由一个细胞组成，而有些植物的结构却十分复杂，由众多数量的细胞组成，这些细胞按照一定的顺序排列形成组织，各个组织又进一步连接成器官。

　　细胞壁指的是包裹在细胞外面的那一层厚厚的壁，它是细胞的组成部分，其主要成分是多糖类物质。细胞壁的异同，是植物细胞区别于动物细胞的主要特征之一。纤维素、半纤维素、果胶质等物质构成了植物细胞壁，它由胞间层（又称为中胶层）、初生壁和次生壁三个部分组成。

　　不同的植物、不同的部位、不同的功能以及不同时期的细胞壁，在结构和成分上也有着相应的差别。例如，由分生组织细胞分裂形成的幼嫩细胞，其细胞壁只有薄薄的一层胞间层，随着细胞的生长和成熟，逐渐形成了由原生质体分泌而成的初生壁。

　　细胞最重要也是最主要的组成部分是细胞核，它是由核膜、染色质、核仁、核液等几部分组成。细胞核不只是细胞的控制中心，在细胞的代谢、生长以及分化中都起着重要的作用，而且还含有遗传物质，更是整个植物细胞的生命中枢。之所以这样讲，是因为细胞核中含有染色质，也就是我们平时所说的"染色体"。脱氧核糖核酸——也就是DNA——是染色质的主要成分，而DNA的碱基排列顺序中储存着细胞的遗传信息。通常，这里面的信息决定了植物下一代的发展特征。因此，细胞核可以说是细胞中最重要的物质。

　　细胞的组成部分还有线粒体。线粒体是一种双膜围绕而成的细胞器，它是植物进行呼吸作用的场所。线粒体的功能就好比一个能量供应站，可以通过呼吸作用，将糖转化成二氧化碳和水，同时又将能量以ATP的形式释放出去。释放出的能量是一种高能物质，细胞中的很多合成反应都需要消耗大量的ATP。

　　高尔基体由扁囊和小泡组成，它与细胞的分泌活动有着非常密切的关系，并且在细胞壁的形成中发挥着重要作用。

藻类和植物中含有的叶绿素被称为叶绿体，叶绿体是植物进行光合作用的场所，也是植物的重要细胞器之一。太阳能（光能）被认为是各种生命活动所需要的能量，通过光合作用被转化为化学能。由于光合作用能借助光能、二氧化碳和水合成含有能量的有机物，同时释放出氧气，因此绿色植物的光合作用是地球上有机体生存、繁殖和发展的根本保障和源泉。

叶绿素、胡萝卜素和叶黄素是叶绿体的主要成分，其中叶绿素的含量最多，遮住了其他色素，所以我们看到的植物一般都呈现绿色。此外，叶绿体由叶绿体外被、类囊体和基质三部分组成。叶绿体的内部含有外膜、内膜和类囊体膜三种不同的膜，以及膜间隙、基质和类囊体腔三种彼此分开的腔。类囊体是叶绿体的主要组成部分，所有的光能转化都是在类囊体的膜上进行的。许多类囊体像圆盘一样叠加在一起形成基粒，基粒是光合作用暗反应进行的场所。

内质网是植物细胞内膜系统所构成的一个连续的管道系统，这个管道系统有两种类型：一类是粗糙的内质网，另一类是光滑的内质网；前者因为具有核糖体而参与所有蛋白质的合成和加工，后者则因为没有核糖体而只参与合成脂类。

液泡是植物细胞中的泡状结构，是植物所独有的结构。液泡通常存在于成熟的植物细胞中，它们会随着细胞的生长而渐渐长大，然后相互合并，最后在细胞中央形成一个巨大的液泡，这个中央液泡可占据细胞体积的90%以上。当中央液泡形成之后，细胞质就会和细胞核挤到一起，成为紧紧贴着细胞壁的一个薄层。是否拥有一个中央大液泡是成熟植物细胞的显著特点，也是植物细胞和动物细胞在结构上的显著区别之一。

液泡的表面被一层薄薄的膜包裹着，即液泡膜，里面充满着细胞液。细胞液是一种含有多种有机物和无机物的复杂水溶液，如无机盐、生物碱、糖类、蛋白质、有机酸和各种色素等物质，甚至还含有有毒化合物。细胞液总是处于高渗状态，因此细胞看起来总是处于饱满状态。而液泡膜具有特别的选择透过性，因为膜的上面有一些小的气孔，可以让一些微小物质穿过，使许多物质聚集在液泡中，从而使不同的植物产生不同的味道，比如甘蔗的茎和甜菜的根中，就由于含有大量蔗糖而带有浓浓的甜味。也有些果实，由于含有丰富的有机酸而具有强烈的酸味。

正是由于细胞液中富含多种物质，因此细胞液保持着很高的浓度，这与细胞的渗透压以及水分的吸收都有着密不可分的关系，液泡和植物细胞的水分代谢也因此有着紧密的联系。简而言之，当植物吸收水分之后，液泡保持膨胀状态，这个时候植物的叶子会舒展开；当植物缺少水分时，液泡会缩小，植物的叶子也就蔫掉了。

第二节　植物的组织和器官

细胞分化成组织是由于植物需要拥有不同的生理功能。对一种植物而言，它的细胞分化程度越高，结构就越复杂，对环境的适应能力也就越强。例如被子植物，就是由于它的分化程度很高，因此形成的组织结构也就相对完善，所以无论是数量上，还是分布上，它都比其他植物占有更大的优势。

按照不同的组织功能和结构，我们可以把组织分为分生组织、基本组织、保护组织、疏导组织、机械组织以及分泌组织等六种。后五种组织是分生组织在形成器官时分裂形成的，因此我们又将这五种组织称为成熟组织。这些组织的功能各不相同，各司其职，发挥着不同的作用，并且相互配合，共同促进植物的生长。

细胞分化之后，能够形成许多结构不同、功能不同、形态也不相同的细胞群，而结构和功能相同、形态相似的细胞群就形成了组织。生物体中这些功能和作用不同的组织，依照一定的顺序排列起来，就能形成具有一定功能的结构，这种结构就是器官。某些器官进一步按照相应的顺序连接起来，共同完成一项或几项生理活动，就形成了各种不同的系统。大多数动植物的系统都是这样形成的，因此动植物体内的各个部分都是紧密联系的。

与生物体的组织相比，生物体的器官更高级，并且更加复杂，它们具有一定的功能，承担着生物体的某些工作。动物器官的种类复杂繁多，而植物器官就相对简单一些。植物中最高级最典型的一类是被子植物，被子植物拥有根、茎、叶、花、果实和种子六种器官。其他植物并不会像被子植物这样拥有齐全的六大器官，如裸子植物，它们只有根、茎、叶和种子四种器官；蕨类植物只有根、茎、叶三种器官；而苔藓植物仅有茎和叶，却没有根。至于大部分藻类植物，则连分化的器官都没有，甚至有些单细胞藻类的组成就只有单个的细胞，连组织都没有。

第二章　光合作用和蒸腾作用

通过光合作用将光能转化为化学能，是植物与动物的最大区别。借助于光合作用，植物不仅可以提供自身所需要的各种养分，还能为地球上的人类和动物提供维持生存的氧气和食物。对植物而言，它们吸收的水分有一小部分会被蒸发掉，大部分则用于蒸腾作用。

第一节　光合作用

光合作用是指绿色植物通过叶绿体，利用光能，把二氧化碳和水转化成储存能量的有机物，同时放出氧气的过程。植物细胞中的叶绿体因此也被当作是阳光传递生命的媒介，我们吸入肺中的氧气，都是植物进行光合作用时释放出来的；我们食用的食物，也都是直接或间接地由植物的光合作用制造的有机物。

人们在早期曾认为，我们从植物中摄取的营养都是植物从土壤中获得的，直到 1773 年，英国科学家普利斯特利（Priestley）做了一个实验，才让人们对植物有了进一步的认识。普利斯特利的实验是这样的：先将一只小白鼠和一支燃烧的蜡烛，分别放进一个密封的玻璃罩里面，小白鼠很快就死了，而蜡烛也在玻璃罩里熄灭。接着，普利斯特利又将一盆植物和一只小白鼠放入一个密封的玻璃罩中，将一盆植物和一支点燃的蜡烛放进另一个密封的玻璃罩中。这时，他发现植物能够长时间保持存活状态，蜡烛没有马上熄灭，而小白鼠也安然无恙。于是他认为，植物能够净化由于蜡烛燃烧或动物呼吸而变得污浊的空气。普利斯特利的这个实验改变了人们对植物的看法，也推进了人类对植物更加认真的研究，从此以后，人们对于植物的了解越来越深刻。

植物没有消化系统，这也是植物与动物的最大区别，因此它们必须依靠其他方式摄取生长所需要的养分。植物需要在阳光充足的白日里，借助于阳光的能量进行光合作用，从而获得自身生长必需的养分。在这个过程中，植物细胞内的叶绿体发挥着关键的作用：叶绿体在阳光的照射下，将由气孔进入叶子内部的二氧化碳和由根部吸收的水分转化为葡萄糖，这一过程不仅能够为植物自身的生长提供养分，同时还会释放出动物和人类呼吸所需要的氧气。

光合作用能够为人类和动物的生存提供最基本的物质来源和能量来源，因此光合作用对于人类和生物界来说，都具有至关重要的意义。

光合作用的重要意义大致可以概括为以下四点：

第一，通过光合作用，植物能够制造出大量有机物。据科学统计，绿色植物每年可以制造4000亿至5000亿吨的有机物，这高出了地球上每年的化工产品总量。所以，人们把绿色植物比喻为"绿色工厂"。

第二，通过光合作用，植物可以转化并储存太阳能。植物将太阳能转化为化学能，并储存在光合作用制造出来的有机物中。地球上几乎所有的生物，其进行生命活动所需要的能量，都是直接或者间接来自于绿色植物制造的能量。

第三，通过光合作用，植物能够让空气中的二氧化碳和氧气的含量相对稳定。我们知道，所有生物都是依靠呼吸氧气生存的。据统计，地球上所有生物每秒就要消耗大约 1 万吨氧气，按照这样的消耗速度，空气中的氧气大约 2000 年就会用完；一旦氧气耗尽，也就意味着地球上的生物会随之消失。植物的光合作用避免了这种情况的发生，通过光合作用，绿色植物在消耗二氧化碳的同时释放出氧气，因此保证了大气中氧气和二氧化碳的含量维持在相对稳定的状态。

第四，植物的光合作用对于生物的进化具有重要的作用。我们知道，地球在形成之初是没有生命的，因为那时绿色植物还没有出现，地球的大气中也就没有氧气。当绿色植物在地球上出现并渐渐占据优势之后，大气中才慢慢有了氧气，那些必须通过有氧呼吸生存的生物才在地球上逐渐发展起来。

第二节　蒸腾作用

蒸腾作用是指水分（主要是叶子的水分）从植物体表面，通过水蒸气的形式散发到大气中的过程。这个蒸腾过程与我们在物理学上学习的蒸发作用不同，因为蒸腾作用不仅会受到外界环境的影响，还会受到植物本身的调节和控制，所以植物的蒸腾作用是一种比物理学上的蒸发作用复杂得多的生理过程。蒸腾作用的发生无关植物的大小，即使再幼小的植物也能进行蒸腾作用。

　　叶片是植物进行蒸腾作用的主要部位，蒸腾作用通过两种方式进行：一种是通过叶片角质层进行，叫作角质蒸腾；另一种则是通过叶片气孔进行，叫作气孔蒸腾。水分对于植物的生长极其宝贵和重要，如果丧失水分，植物将会受到严重的伤害。因此，为了降低蒸腾作用对植物造成的不利影响，植物在叶片表面进化出一层角质层，这个角质层正好能够有效地阻止植物的水分流失。除此之外，植物叶片上还有结构精致的气孔，这样也能最大限度减少水分的流失，所以气孔蒸腾也是蒸腾作用的主要方式。

　　如果说植物的光合作用是为地球上的所有生物造福，那么植物的蒸腾作用则完全是为自身服务。因此我们可以认为，蒸腾作用是植物吸收水分和运输水分的主要动力，它能够形成压降，促进植物将底部的水分向植物的上部运送，换言之，如果没有蒸腾作用，植物顶端的茎叶就吸收不到水分，整棵植物自然也不能正常生长。此外，蒸腾作用还能降低植物体表面和叶片表面的温度，增加叶片周围的湿度，这样就能够有效防止有害强光灼伤叶片。同时，蒸腾作用还能够令周围的空气变得湿润，尤其炎热的夏天是植物进行蒸腾作用最强烈的时间。此外，蒸腾作用也能够引发液流上升，有助于将矿物质和根部深层的有机物运送到植物顶端。蒸腾作用还能打开植物叶片的气孔，让植物更好地进行呼吸作用和光合作用。但是，蒸腾作用对于植物的水分会有较大影响，比如一株玉米从小到需要消耗 200 至 300 千克的水，但它本身能够吸收的水分只有 1%，剩余的 99% 都被蒸腾了。因此，在湿度条件较高的地方，植物生长往往比较茂盛，这也是热带湿度高的地方会有大片树林的原因。

第三章　藻类植物

藻类是最低等的植物之一，属于单细胞植物，一个细胞担负着所有的工作。虽然藻类种类繁多，但它们并非一个独立的自然类型，而是一个非常大的集群。这类植物拥有共同特征，它们体内的叶绿素能够进行光合作用，所以人们将它们称为藻类。藻类植物都是自养植物，整个生物体中的所有细胞都会参与生殖作用。

第一节　蓝藻门和红藻门

蓝藻门还有个别名叫蓝绿藻门，它虽然是藻类植物中最简单、最低级的一门，但却是历史上最古老的植物。早在30多亿年前，蓝藻门就已出现在地球上。它的出现增加了地球上的氧气，也为其他生物的出现创造了条件，奠定了基础。

大部分蓝藻门类植物都生长在富含有机物的淡水中，另外小部分分布在湿土、岩石、树干和海洋中，也有一些与真菌一起形成地衣，还有一些生长在植物体内形成内生植物，甚至有少数种类还能生长在温泉内或终年被积雪覆盖的极地。蓝藻门植物的细胞壁缺乏纤维素，也没有真正的细胞核，细胞中央虽然含有构成细胞核的染色质，但却没有核膜和核仁。在蓝藻门类植物的细胞内，除了含有叶绿素和胡萝卜素外，还含有藻蓝素，还有一些蓝藻门植物含有藻红素。不过，与其他植物不同的是，蓝藻门植物的色素并不是被细胞质包围着的，而是分布在细胞质的周围。蓝藻门的繁殖方式是分裂生殖，而不是有性生殖。

蓝藻门的一些种类被广泛应用到生活中，如项圈藻、念珠藻、筒孢藻等藻类具有固氮的作用，能够使土壤更加肥沃，葛仙米、发菜、海萝菜等藻类可以食用。但是，有些蓝藻门植物如果生长过多，便会给人类造成危害，比如微胞藻、项圈藻等，如果在夏季生长速度过快，量过多，就会降低水中的含氧量，而且这些藻类在死后会分解产生毒素，导致鱼虾等生物生病，甚至死亡。

红藻是藻类植物中的另一个种类，大部分是多细胞植物，体长从几厘米到十几厘米不等。红藻的颜色并不是纯正的红色，通常是紫红色，也有褐色、绿色、粉色、黑色等多种，颜色不一。这是因为红藻除了含有叶绿素和胡萝卜素外，还含有藻胆素（藻红素和藻蓝素）。红藻所储藏的养分，通常是一种特殊的非溶性多糖类，这种糖类叫作红藻淀粉。另外，一些红藻的体内还含有硝盐，尤其是在一些红藻比较老的部位，硝盐的含量更高。红藻的繁殖方式是产生孢子和卵配生殖，但没有鞭毛。它们是有性生殖，过程十分复杂，雌性生殖器被称为果胞，精子在果胞前端延伸出的一个长长的受精丝上完成受精。由于红藻门对生长环境的要求不高，适应能力很强，因此分布范围很广，即便在营养浓度低、光照强度弱甚至温度非常低的地方也能存活。它们不仅能够在溪流、江河、湖泊和海洋中生存，还能够在潮湿的地方生长，从炎热的热带到寒冷的两极，从积雪皑皑的高山到潺潺流动的温泉，从潮湿的地面表层到比较深的土壤中，几乎都有红藻的生长痕迹。

第二节　甲藻门、紫菜和轮藻门

　　甲藻门植物属于单细胞植物，这类植物的细胞壁大多含有纤维素，而且非常厚，看起来与古代战士穿的铠甲相似，因此被称为"甲藻"。但并非所有甲藻类都有细胞壁，没有细胞壁的甲藻类植物被称为"裸甲藻"。还有一些甲藻门植物，其细胞内含有特殊的甲藻液泡和刺丝胞。甲藻门植物属于杂色藻类，它的色素体不仅含有叶绿素和胡萝卜素，还含有几种叶黄素，如硅甲黄素、甲藻黄素、新甲藻黄素等，大部分细胞呈棕黄色或者黄绿色，也有一些呈粉红色或者蓝色。淀粉、脂肪等物质是甲藻门储存的主要养分。大部分甲藻门都有长短不同的两条鞭毛，常由许多小甲板按一定形式排列而成，但也有一些种类不具有小甲板。甲藻门的生存方式主要是腐生和寄生两种，繁殖方式多是细胞分裂或者产生游移的孢子，也有些是有性生殖，为同配或者异配，但这一类非常少见。

　　紫菜是我们日常生活中常常见到的藻类，作为一种食物，紫菜不仅味道鲜美，所含的蛋白质也高达29%至35%，还含有人体所需的碘、多种维生素以及无机盐等物质，能够预防因缺碘而引起的甲状腺肿大，还能够降低胆固醇，因此被广泛食用。尽管紫菜与其他海藻相比种类比较少（现在仅发现了 70 多种），但它的分布范围非常广，地球上大部分地方都可以看到它的身影，不过紫菜主要分布的地区还是集中在中纬度温带地区。因为人们对紫菜的需求量很大，自然生长的数量跟不上，所以现在人食用的紫菜，主要还是由人工养殖。

紫菜的外形不复杂，由圆盘状的固着器、叶柄和叶片三个部分组成。其中，圆盘状的固着器把植物体固定在基质上；叶柄是紫菜叶片和固着器之间的过渡带；叶片是由几层细胞构成的膜状体，它们的体长由于种类的不同而有所不同，有的种类只有几厘米，而有的种类长达好几米。种类不同的紫菜有着不同的颜色，有紫红色、蓝绿色、棕红色、棕绿色等多种颜色，以紫色最为常见，紫菜也因此得名。之所以有这么多颜色，是因为紫菜中不仅含有叶绿素、胡萝卜素、叶黄素，还含有藻红蛋白、藻蓝蛋白等色素，当这些色素含量的比例不等时，紫菜就呈现出各种各样的颜色。

地球上的轮藻门植物仅有 300 多种，它们与其他藻类不同，主要生长在淡水环境中，如稻田、沼泽、池塘、湖泊等地。水质方面，轮藻门更喜欢生长在钙质丰富的硬水以及透明度较高的水体中，也有少数种类生长在半咸水中。轮藻门无论是在细胞结构，还是通过光合作用储存营养的方式方面，都与绿藻门非常相似，只是轮藻门的藻体更大，而且是直立状态。轮藻门的生长方式和大多数高等植物类似，它的中轴部分，也就是茎部，在生长过程中逐渐分化为节与节间，然后在每个节上生长出小枝和侧枝。尽管看上去似乎有些复杂，但依然改变不了轮藻门是单核细胞这一事实。植物轮藻门的生殖方式主要有两种：其一是有性生殖，其二是营养生殖，不过它的生殖器官比其他藻类的生殖器官更加发达，具有藏精器和藏卵器的功能，都生长在小枝上，因此当精子和卵子结合在一起合成合子后，就发育成新的个体。当然，假如轮藻门的藻体被折断，在它折断的部位就会生长出"假根"，然后慢慢地长成新的植物体。

第三节　绿藻门

绿藻门是藻类植物中的一个大类，数量和种类都很多，目前已经发现的就有一万多种。绿藻植物的外表一般来说都是草绿色的，内部结构有单细胞、群体细胞和多细胞之分，外形上则多呈丝状、片状和管状。绿藻门植物的细胞壁主要是纤维素，分为两层，内层主要由纤维素组成，外层主要是果胶质，而且呈黏液状态。它的细胞内部含有真正的细胞核，包含着核膜和核仁。绿藻门色素体的形状、数目视种类的不同而各异，所含色素成分与高等植物相似。

绿藻细胞中含有叶绿体，形状多种多样，多呈杯状、环带状、螺旋状和星状、网状等。绿藻的叶绿体中含有与高等植物细胞内含有的相同的光合色素，不过绿藻进行光合作用的产物是淀粉，主要储存在蛋白核的周围。由于绿藻的这些特征与高等植物相似，所以也有植物学家认为绿藻门类植物是高等植物的起源。绿藻门植物的繁殖方式有三种，分别是细胞分裂、形成各种类型的游动和不动孢子以及有性生殖。同时，绿藻门植物的形态差异非常大，并且进化程度各不相同，从单细胞到多细胞，从简单植物到复杂植物，几乎包含了藻类进化历程的每一个阶段。

　　刚毛藻、团藻和鞘毛等科都是绿藻门植物的种类，刚毛藻既可以生长在海洋里，也可以生长在淡水中。刚毛藻的细胞壁非常厚，而且具有很强的韧性，所以它们是很好的造纸原料。除此之外，它的细胞中含有大量纤维素，因此能够制造各种纤维素食品。刚毛藻是分枝的丝状体，在年幼时会生出固着器，也就是假根；但等到年老后，它会与基质脱离，成为漂浮自由的个体。

　　团藻是介于动物和植物之间的生物，在动物界中属于原生动物门，在植物界中则属于绿藻门团藻目团藻属。团藻的细胞数目众多，有时可高达上万个，它们大多生长在富含有机质的淡水中。就像动物界的某些昆虫一样，团藻的细胞是有分工的，由于大部分团藻细胞都失去了生殖功能，因此一些细胞专门担负起了生殖工作，团藻中若是出现两代、三代甚至五代同堂的情况，也是很常见的。此外，团藻是集群植物，每个团藻由 1000 至 50000 个衣藻形细胞呈单层在球体表面排列。团藻的藻体呈球形，直径约 5 毫米，外面包裹着一层薄薄的胶质层。团藻还有吸收放射性物质的能力，所以可以用来净化水质。

　　鞘毛藻科在绿藻门中属于淡水绿藻，我们可以在许多淡水中看到它的踪影。鞘毛藻是一种丝状体，由单列细胞构成。一些种类的丝状体形成了二分叉的分枝，并分化为匍匐和直立的两部分；也有一些都是匍匐状的，但丝状体之间表现出分离状态，或者紧密地排列在侧部，构成了圆盘状或者假薄壁组织状的植物体。不过，所有种类都是从细胞内部长出来的一根细长的刚毛，刚毛的基部是鞘，"鞘毛藻"这个名字也由此而来。鞘毛藻的生殖方式是有性生殖中的卵式生殖。

第四节　褐藻门

褐藻门植物的进化程度是藻类植物中比较高的，它的细胞内含有叶绿素、胡萝卜素、墨角藻黄素、叶黄素等物质。藻体颜色因所含色素的比例不同，而呈现出不同的颜色，以黄褐色或者深褐色为主。褐藻门植物储存的养分主要是海带多糖（又叫褐藻淀粉）和甘露醇，这两种物质经常被用作工业原料，其中，褐藻胶在纺织、造纸、橡胶、医药、食品等各个方面都有着广泛的用途。

褐藻门的植物体外形多样，如丝状、叶状、树枝状等，大小也有着很大的差别，长度从仅几百微米到长达几十米不等。尽管它们长短不同，但都是多细胞，不存在单细胞或群体。褐藻门植物的繁殖方式主要为营养繁殖、无性生殖和有性生殖三种。

褐藻门植物最常见的是裙带菜和海带。

裙带菜是我们在日常生活中常常见到的，它属于温带性海藻，能够承受比较高的温度，是一种经济海藻。由于形状类似于古代女子的裙带而得名"裙带菜"。裙带菜的孢子体呈黄褐色，由固着器、叶柄和叶片三个部分组成，这样的结构与海带相似，而且它的生活史也与海带的生活史相似，同样是世代交替，只是海带孢子体的生长时间更长一些。裙带菜中含有多种营养成分，除了含有人体所必需的矿物质外，还含有蛋白质、脂肪、糖类和多种维生素等物质，而且它的蛋白质含量要远远高于海带。此外，还能从裙带菜中提取核藻酸。

海带是核藻体植物中个体比较大、营养价值比较高，并且在生活中有着广泛应用的一个种类。海带表面光滑，自然环境中生长的海带长度是 2 至 3 米，而人工养殖的能够长到 5 至 8 米。海带的藻体呈褐色，形状为长带状，由固着器、柄部和叶片三个部分组成，其固着器呈假根状，柄部粗短，是圆柱形的，上部比下部宽大，连接着长带状的叶片（日常生活中所食用的部分），叶片中央有两条相互平行的浅沟，中间是中带部，厚 2 至 5 毫米，中带部的两端比较薄，而且带有褶皱。海带的营养价值和食用价值都非常高，从中提取出来的碘和褐藻酸被广泛应用于医药、食品、化工等多个方面。海带的含碘量非常高，碘是人体必需的元素之一，尽管所占比例很小，但起着重要作用。人体如果缺乏碘元素，会出现甲状腺肿大，只要多吃一些海带就能预防这种疾病的发生。同时，海带还有预防动脉硬化、降低人体中胆固醇和脂肪含量的功效。

第四章　苔藓植物

苔藓植物是自养型绿色陆生植物，从进化的观点来看，苔藓植物起源于绿藻，是小型多细胞的绿色植物，大部分都喜欢阴暗潮湿的环境，生长在裸露的石壁上或潮湿的森林、沼泽等地方。苔藓植物的植物体比较简单，属于配子体，是孢子发展成原丝体，然后由原丝体逐渐发育而成的。

第一节　苔藓植物的结构和生殖

苔藓植物的个体通常较小，只有假根，叶片也只由一层细胞组成。苔藓植物通过光合作用，吸收自身生长所需的水分和养分。地球上已知的苔藓植物种类大约是23000种。

根据营养体的形态结构，我们把苔藓植物分为两大类：一类是苔类，这种植物保留了叶状体形态；另一类是藓类，这类植物已经开始有类似的茎和叶分化出来。也有人将苔藓植物划分为苔纲、角苔纲和藓纲等三个纲。苔藓植物的分布范围十分广泛，除了生长在热带和温带外，还能够生长在南极洲和格陵兰岛。就植物分化的角度而言，苔比藓更为原始，也更加简单。人们习惯上将成片的苔藓植物称为苔原，大部分苔原分布在欧亚大陆北部和北美洲，也有小部分分布在高山地区。

苔藓植物的雌性生殖器被称为颈卵器，形状看起来和实验室中的烧瓶有点像，颈部狭长底部膨胀，外壁包裹着一层营养细胞。苔藓植物的雄性生殖器被称为精子器，形状多数呈球形或者棒状，外壁同样包裹着一层细胞。因为苔藓植物的生殖离不开水，所以精子器中的精子需要在有水的条件下才能到达颈卵器与卵细胞结合在一起，形成受精卵并孕育出下一代。苔藓植物的繁殖方式有三种：无性生殖、有性生殖和营养生殖。无性生殖的方式是产生大量的孢子；有性生殖是卵式生殖，即依靠精子和卵子的结合生殖；营养生殖的方式则是形成营养体，也就是配子体的断裂和新生，即孢子在合适的环境中发育出新的植物。

尽管苔藓植物是微不足道甚至会被忽略的植物，但它对于自然界来说却有着至关重要的作用。首先，苔藓植物吸水性超强，在防止水土流失方面有很好的效果；其次，苔藓植物的叶片是单层细胞结构，能轻易将空气中的污染物吸收，起到净化空气的作用，同时由于它对空气中的污染物很敏感，故而也可以作为空气污染的指示物；第三，晒干以后的苔藓植物可以作为肥料或者燃料使用，比如泥炭藓就是一种营养很丰富的肥料。除此之外，苔藓植物可以加强沙土的吸水性；很多苔藓植物被晒干之后能直接作为燃料使用，还能够用于发电。比较特别的一点是，虽然苔藓植物是最低等的植物，却被一些鸟雀和哺乳动物当作美味食物。当然，苔藓植物还有助于形成土壤，因为它们可以聚集周围的水分和浮尘，分泌酸性物质，使岩石的腐蚀速度加快，以促进岩石的分解，这样就能让岩石逐渐变成土壤。有些苔藓植物还是天然的药材，如某些泥炭藓具有清热消肿的作用，而泥炭酚能够治疗皮肤病，被作为草药应用到治疗中。与其他植物一样，苔藓植物也能够通过光合作用向外释放氧气，为生物的呼吸作用提供原料。

第二节　地钱、葫芦藓和金鱼藻

　　地钱是苔藓植物中的苔类植物，分布范围广泛，世界上几乎每个角落都能看到它的影子。地钱的植物体呈扁平状，体积不大，宽度只有约 1 厘米，长度约 10 厘米，主要为淡绿色或者深绿色，有着波浪状的叶片边缘。地钱主要生长在阴凉潮湿的地方，在草丛中、小溪边的碎石中或水稻田埂、房屋附近都能发现它。营养生殖是地钱的主要生殖方式，它的植物体成熟之后，会在叶状体的表面长出类似于酒杯的结构，即孢芽杯。孢芽杯是一个圆形的薄片，当其中的水分比较多时，里面的孢芽就会落到地面上，在适应的生长条件下就会发育成一个新的地钱。地钱具有清热解毒的功效，也可以入药。

　　葫芦藓是一种常见的苔藓植物，植株矮小，每株高度只有 2 至 3 厘米。葫芦藓与其他藓类一样，也喜欢潮湿阴暗的环境，通常生长在庭院、田园的路边以及山地燃烧之后的炙土等富含有机质的土壤中。葫芦藓呈鲜绿色，有些稠密成片地生长在阴暗的角落中，也有些比较稀疏。葫芦藓的"叶片"生长在茎的中上部，呈稀稀疏疏的莲座状。

叶片上有一条中肋,这条中肋之外的其他部分都由单层细胞组成。葫芦藓是雌雄同体植物,呈花蕾状的雄器生长在苞顶上;雄器苞下面的侧枝上是雌器苞;当雄枝逐渐萎缩时,侧枝便会慢慢变长,长成主枝。葫芦藓有着红褐色的蒴柄,长度4至5厘米,蒴柄的前端呈弧形,葫芦癣干燥之后,这个形状会发生变化。

金鱼藻又有细草、鱼草、软草、松藻等别名,种类极少,全世界也仅有上百种。金鱼藻的植物体呈深绿色,有又细又滑的茎,高度在20到40厘米不等,生长着一些稀稀疏疏的短枝。叶片为轮生,没有叶柄,长度约为1厘米,通常情况下是一回二叉状分枝,有时也会出现二回二叉状分枝。前端是两根短短的尖刺,边缘有小刺。金鱼藻的花非常小,而且是单性的,生长在节部叶腋,数量一般为1到3朵,花梗很短。金鱼藻通常生长在淡水池塘、水沟、小河、温泉、水库等地方,常被用来制作喂养家禽的饲料,分布范围十分广泛,主要分布在中国、蒙古、朝鲜、日本、马来西亚、印度尼西亚、俄罗斯等国家,以及欧洲、北非、北美等地。

第三节 真菌类植物

真菌是一种陆生真核生物,如蘑菇、酵母菌等,它常常是多细胞生物,有细微的菌丝,用来吸取其他生物制造的化合物。多数真菌可以分解动植物的残骸,作为自身生长所需的养分,并使其进入再循环系统。真菌是具有真核和细胞壁的异养生物,种属繁多,超过十万多个。其中，众多真菌的营养体是由纤细管状菌丝形成的菌丝体，大部分真菌的细胞壁中含有的甲壳质是它最显著的特征，再有就是纤维素。常见的真菌含有的细胞器有细胞核、线粒体、微体、核糖体、液泡、溶酶体、泡囊、内质网、微管及鞭毛等。

真菌主要分为酵母菌、霉菌和大型真菌三个类别，大型真菌是指能够形成肉质或者胶质的子实体或者菌核，常见的有香菇、草菇、金针菇、双孢蘑菇、平菇、木耳、银耳、竹荪和羊肚菌等，它们既是具有代表性的重要菌类蔬菜，又是食品业和制药业的重要资源。

多数真菌都是腐生生物，以死亡或者正在分解的有机物为主要食物；也有一些真菌，比如念珠菌，是以活的有机体为食；还有一些真菌，如地衣，与其他生物是共生关系。

真菌生长到一定时期后，便转入繁殖阶段，形成各种繁殖体，也就是子实体。真菌的繁殖体有无性繁殖形成无性孢子和有性生殖产生有性孢子两种。无性繁殖是指营养体不用经过核配和减速分裂就能产生后代的繁殖方式，其基本特征是：营养繁殖通常由菌丝形成无性孢子；有性生殖则是指真菌发育到一定时期（一般指后期）进行的繁殖，这种生殖是两个性细胞结合在一起后，细胞核产生减数分裂从而形成孢子的繁殖。多数真菌由菌丝分化后形成性器官（即配子囊），通过雌、雄配子囊结合在一起形成有性孢子，整个过程由质配、核配和减数分裂三个阶段构成。通过有性生殖，真菌能够形成四种有性孢子：卵孢子、结合孢子、子囊孢子和担孢子。另外，还有一些低等真菌，如根肿菌和壶菌，也会产生有性孢子，这是一种由游动配子结合形成合子，再由合子慢慢发育成有着厚厚细胞壁的休眠孢子。

第五章　蕨类植物

蕨类植物是指根、茎、叶等营养器官出现分化，并以孢子进行繁殖，在植物体内进化出微管组织的陆生植物。这些器官的出现对于蕨类植物的生长而言有着非常重要的意义，同时让蕨类植物更容易适应地球的环境。尽管蕨类植物不是完全的陆生植物，但它是高等植物中比较原始的一大类群，也是最早的陆生植物，有着顽强而旺盛的生命力。

第一节　蕨类植物的特征和结构

蕨类植物是比藻类植物更高级的植物，因为它拥有根、茎、叶等营养器官，并以产生孢子的方式进行繁殖。最重要的一点是，蕨类植物的内部进化出了微管组织，它只比种子植物低一级，也被称为"羊齿植物"。

过去，我们习惯将蕨类植物作为一个单独门类，其下包含了五个纲目：松叶蕨纲、石松纲、水韭纲、木贼纲（即楔叶纲）、真蕨纲。蕨类植物分化出现的根、茎、叶等营养器官，为植物进化史增添了重要的价值。由于根的出现，植物体也因此更加稳定，并深入到土壤的深层以吸收更多的水分和矿物质；茎部一方面使植物体直立起来，另一方面，茎内部微管结构的形成，为植物体创建了比较完善的疏导系统，方便营养物质输送到植物体的各个部分，有利于植物的生长；叶片对于光合作用的进行起到了巨大作用，相比藻类植物，蕨类植物的叶片表面增大了许多，使植物体能够更多地吸收太阳光中的能量，得以更好地生长。但是，蕨类植物的受精作用依旧离不开水，因此，尽管它分化出了许多器官，但仍然不属于完全的陆生植物。此外，蕨类植物和苔藓植物一样，也存在明显的世代交替现象。

　　蕨类植物的生殖方式主要有两种，一是直接产生孢子的无性生殖，另一种是有性生殖，其生殖器官是精子器和颈卵器。由于蕨类植物分化出了根、茎、叶等营养器官，内部还出现了维管组织，因此远比配子体发达，这也是蕨类植物区别于苔藓植物的最显著特征。不过，尽管蕨类植物能够形成高等孢子，却无法形成种子，而且它的孢子体和配子体都能独立存活，这就是蕨类植物与种子植物的不同之处。

　　地球上目前已知的蕨类植物大约有12000种，其中大部分是草本植物。蕨类植物与许多植物一样，适合在潮湿温暖的环境中生长，不过多为土生、石生或者附生，少数是水生或者亚水生。蕨类植物广泛分布于除了海洋和沙漠之外的平原、森林、草地、岩缝、溪沟以及沼泽、高山、水域等地方，但主要还是分布在热带和亚热带地区。蕨类植物的叶片尽管十分复杂，但类型上只有两类：小型叶和大型叶。小型叶是单叶，叶片很小，几乎看不见叶柄，叶片内也没有叶隙，只有单一的一枝叶脉，如石松纲类植物。大型叶顾名思义是指叶子较大，叶片中含有叶柄，叶内有叶隙，同时维管束大部分有分枝。除了石松和卷柏之外的蕨类植物，基本都是大型叶。不过，也有一些特殊蕨类植物，部分叶片完全着生于孢子囊群，人们将之称为孢子叶或可育叶；而另一部分不能生成孢子囊群的叶片，则被称为营养叶或者不育叶。蕨类植物的根一般都是不定根，为须根状；大多数是根状茎，匍匐生长，少部分长有地上茎，逐渐呈乔木状，如桫椤。蕨类植物的茎上常常长着鳞片或者毛茸，鳞片是膜质，上面布满了或粗或细的筛孔；毛茸也有许多种类，如单细胞毛、腺毛、结状毛、星状毛等。

蕨类植物的叶子非常漂亮，因此常被当作观赏植物栽种，如巢蕨、卷柏、桫椤和槲蕨等。此外，一些蕨类植物还被广泛应用到医药业，如杉蔓石松能祛风湿、舒筋活血；节节草能够治疗化脓性骨髓炎；乌蕨能够治疗菌痢、急性肠炎等。蕨类植物对生长环境非常敏感，不同的属类或种类对于生态环境条件的要求也各不相同，因此它也是地质学家寻找矿物的明显标志，如石蕨、肿足蕨、粉背蕨、石韦、瓦韦等植物，生长在石灰岩或者钙含量丰富的土壤中；鳞毛蕨、复叶耳蕨、线蕨等植物，则生长在酸性土壤中；还有一些种类适宜生长在中性土壤或者碱性土壤中。

第二节 桫椤和铁线蕨

最常见的蕨类植物多是草本植物，但也有一些长得像树的，被称为树蕨，桫椤就是其中的代表。桫椤一般生长在湿度大、温度高的树林中或者凉阴地上，主要分布在热带和亚热带地区。在 1.8 亿万年前的地球中生代，如果说动物界的霸主是恐龙，那植物界的霸主就是桫椤。它们的足迹在那个世代遍布全球，同属"爬行动物"的时代标志。

由于种子植物的出现，树蕨开始逐渐衰落，到现在仅仅剩下少数珍贵的种类，而桫椤就是其中之一。桫椤的存在对于研究古植物学、植物系统学有着重大意义。桫椤株高在 1 至 6 米之间，胸径的长度是 10 至 20 厘米，树干上有残留的叶柄，上面覆盖着暗褐色的鳞片和鳞毛。桫椤茎直而没有分枝，茎的顶端有数枚巨大的叶子，它们是三回羽状复叶，长 1 至 2 米，宽约 0.5 米，远远望去，桫椤就好像一把巨大的绿伞。

铁线蕨也被称为铁丝草、铁线草，多年生草本植物，高度为 20 至 45 厘米，在温暖湿润、半阴暗的环境中生长，主要分布在温带、亚热带、热带的某些地区。铁线蕨根状茎呈黄褐色，横向生长，覆盖着条形或者披针形的淡褐色鳞片，上面长着质地较薄的叶，叶柄细弱，呈紫黑色，并有一定光泽，看起来很像铁线，因而得名"铁线蕨"。铁线蕨的根茎中部以下是二回羽状复叶，羽片呈互生关系，小羽片呈斜扇形，边缘从浅裂一直到深裂，基本呈阔楔形。

铁线蕨株形很小，形态优美，又容易培育，因此是蕨类植物中被栽培最普遍的种类之一，出现在许多花园和植物园中。

第三节 鳞木和鹿角蕨

鳞木是已经灭绝的鳞木目中最具代表性的植物，它是石炭纪时期常见的大型蕨类植物，呈乔木状。鳞木在二叠纪时期慢慢消失，灭绝之后被埋在深深的地下，经过数亿年的时间演变为煤炭。

现代人多是通过对化石的研究来了解鳞木。通过分析得知，鳞木是高大的木本植物，主干粗，树皮厚，高度在 30 至 50 米不等，茎部的直径大约是 2 米，二叉分枝形成树冠，叶子呈针形，螺旋状排列；老树叶凋落之后，茎枝的表面会留下菱形或纺锤形的叶基，这也是"鳞木"这个名字的由来。鳞木树茎内部有维管层和木栓层，茎干基部的器官与根相似，所以被称为根座，根座也是二叉分枝，根自根座四周长出。鳞木属的孢子叶聚集形成孢子叶球，位于小枝的顶端。每个孢子叶的表面都长着一个孢子囊，孢子囊分大小两种，小孢子囊中包含着许多小孢子，而大孢子囊中含有 4、8 或 16 个大孢子。

鹿角蕨在全球共有 15 种，主要分布在热带雨林，属于附生性多年生蕨类草本植物。鹿角蕨生长在阴湿的地方，有特别强的抗阴性，多数附生在高大树木的茎秆开裂处或分枝处，也能在浅薄的泥炭土、腐叶土或者潮湿的岩石上生存。鹿角蕨的根状茎肉质，横向生长的叶丛生、下垂，叶片分为两种类型，一种是能进行光合作用，可以制造植物生长所需养分的正常叶片，这种叶片的幼叶呈灰绿色，而成熟叶呈深绿色；另一种是不能进行光合作用，但可以帮助植物体吸收枯枝败叶、雨水、尘土等的腐殖叶，这种叶片在一些细菌和微生物的帮助下，可以将有机物分解成无机物，以便植物能够更好地吸收。鹿角蕨的植株形态奇特，姿态优美，是非常好的室内悬挂观叶植物，因此常常被作为观赏植物引种和栽培，还有人将它贴在枯木或者树干上，作为墙壁的装饰物。鹿角蕨也有一定的药用价值，被应用于制药业。人工种植鹿角蕨通常使用分株繁殖的方式，分株的最佳时间是每年的二三月份或者六七月份。分株时，首先从鹿角蕨的母体上选择长势比较好的植株，再用刀片顺着底部慢慢切开，最后移植到花盆中培育。

第六章 裸子植物

顾名思义，裸子植物是指种子裸露在外面的植物，与种子植物相比，它们要更低级一些，它们的种子由胚珠发育而成，胚珠裸露在外面，没有子房壁包被，因此被命名为裸子植物。

第一节 裸子植物的形态

裸子植物产生和发展的历史都十分悠久，若追溯的话，最早可追溯到古生代。在中生代和新生代时，它们已经广泛分布在世界的各个角落。不过，在地球环境大变迁时，大量的裸子植物由于无法适应而先后灭绝，到现在仅存留 800 余种。

裸子植物与蕨类植物之间存在着较大的差异，这种差异表明植物的进化又向前迈进了一大步，它们的不同之处主要有以下几方面：第一，裸子植物出现了种子这一新的繁殖器官。种子由胚、胚乳和种皮三个部分组成，胚来自受精卵，是新的孢子体；胚乳来自雌配子体；种皮则源于珠被，是老的孢子体，这是植物进化过程中一次非常重大的革命。第二，裸子植物出现了花粉管，这是裸子植物新出现的一种结构。当花粉粒落在胚囊上慢慢发育成雄配子体时，便开始生成花粉管，它通过颈卵器进入到卵附近，释放精子，与卵结合形成受精卵。这样一来，植物的受精作用就摆脱了对水的依赖，使它能更好地适应陆地环境。第三，裸子植物能够次生生长，次生结构的出现也是裸子植物能更好地生活在陆地环境中的原因，所以许多裸子植物都能够长成参天大树。

多数裸子植物都是重要的木材，广泛分布在北半球的温带和亚热带，这些地方的气候非常适宜裸子植物生存。

裸子植物在现实生活中有着广泛的用途，并且拥有极高的经济价值。世界上的大部分木材都是裸子植物长成，它们还是纤维、树脂等生产原料的树种。我们会在下面向大家介绍一些具有代表性的裸子植物。

第二节　裸子植物的代表性植物

银杏树又被称为白果树，古人将之称为鸭脚树或者公孙树，它和雪松、南洋杉、金钱松并称为世界四大园林树木。银杏树是第四季冰川运动后遗留下来的最古老的裸子植物，而且是古代银杏类植物在地球上存活的唯一品种，也是世界上非常珍贵的植物之一，植物学家因此将其称为植物界的"活化石"。

四大园林树木中，银杏是最古老的树种，栽培历史最悠久，种植范围广泛。银杏是落叶乔木，躯干挺拔，树形优美，抗病害的能力强，寿命也非常长，有些银杏的寿命可达几千年。银杏以其挺拔的树干，优美的体态，小巧玲珑的叶片，很高的观赏价值以及巨大的经济价值备受全世界人们的瞩目。除此之外，银杏的适应能力很强，只要自然条件适合就能够很好地生长。银杏的药用价值也很高，尤其是它的果实（白果），味甘微苦，药食俱佳。果实经过加工后，可以制成香甜可口的饮料以及保健食品，并具有止咳润肺的功能。此外，银杏的根、茎、皮都含有多种药物成分，具备很高的临床应用价值。所以，银杏对于人类而言是"浑身上下都是宝"的植物。

苏铁是裸子植物中的另一个代表性植物，这是一种常绿乔木，是热带和亚热带南部广泛分布的树种，喜欢阳光充足、气候温暖、通风性好的环境，一般生长在土壤肥沃、略带酸性的沙质土壤中。不过，苏铁的抗寒力较差，因此生长速度缓慢。苏铁的树干挺拔，呈圆柱形，整棵树呈伞状，叶子是大型羽状复叶，丛生在躯干的顶端，由几十对甚至几百对小叶组成，小叶呈线形，刚长出时向内弯曲，成熟之后变得挺拔刚硬，长达2至3米，深绿色且有一定的光泽。

苏铁是雌雄异株的植物，雄球花的颜色为黄色，外表呈圆柱形；雌球花的外表是扁球形，上面长满了褐色的绒毛。苏铁的种子为棕红色，呈倒卵形，且有一点扁。一般来说，苏铁在六七月份开花，种子在十月份成熟。苏铁种类繁多，目前已知的就有三科一属240余种。苏铁既有很高的经济价值，又因为其植株形状典雅、主干粗壮、叶片坚硬如铁、四季常青且有光泽，而深受人们的喜爱，是珍贵的观赏树种。除此之外，苏铁的种子（通常称为西米）含有大量淀粉，味道鲜美。苏铁的许多部位都可制作成药品，用于治疗多种疾病。

巨杉，顾名思义就是指非常大的杉树。巨杉原产于美国的加利福尼亚州，以其巨大的身躯闻名于世。尽管现在巨杉已经被推广到世界各地进行栽种，但生长在美国加利福尼亚州的巨杉依然是全世界最大的植物。有些巨杉的胸径超过 10 米，高度更能够达到 100 米，大约有30 层楼那么高。巨杉喜欢阳光充足、温度适宜的环境，在这样的条件下，它的生长速度会非常快，尤其是在它生命的前 500 年，更是十分迅猛。巨杉的抗腐蚀性和耐火性都很强，因而常被用来制作铁道枕木以及电线杆等物品，具有巨大的经济价值。

侧柏和苏铁一样是常绿乔木，又称柏树、香柏，其树干上长着扁平的小枝，因此也被称为扁柏。侧柏的寿命长，但生长速度缓慢。侧柏的幼苗和幼树都有一定的耐阴性，成树较耐寒，但抗风性比较差；耐干旱，喜湿润，但不耐水淹；耐贫瘠，可以在微酸性到微碱性的环境中生长。侧柏的胸径大约是 1 米，高度在 20 至 30 米之间。侧柏的树皮呈浅灰色，而且较薄，纵裂成条片；木质软硬适中，纹理细腻，带着微微的香气，抗腐蚀的能力很强，是用来制作高档家具的好材料。侧柏的枝条向上稀稀疏疏地伸展，叶片呈鳞状，非常小，长度在 1 至3 毫米，交互式对生。此外，侧柏的种子、叶子以及树皮可以制作成药材，种子还能榨油，用来制作肥皂，也可食用或药用。侧柏幼树的树冠看起来像是一座小尖塔，老树的树冠则又宽又圆。侧柏是雌雄同株的植物体，球果呈卵圆形，长度在 1 至 2 厘米间，在尚未成熟时果肉的颜色是蓝绿色，成熟之后就会变成鲜红褐色。侧柏经济价值也非常高。

红豆杉也被称为紫杉、赤柏松，还有个别名叫美丽红豆杉，属于常绿针叶，因秋季时会结出独特的樱桃般大小的红豆果而得名。红豆杉是第四纪冰川运动之后遗留下来的世界濒临灭绝的珍稀植物，自然分布范围较为狭小。红豆杉的叶子四季常青，即使冬天也不会落叶，所以它常常被作为绿化植物栽种在城市中。红豆杉比其他裸子植物的生长速度慢，正因如此，它的材质非常坚硬，结构细致，坚韧耐用，纹理清晰，属于上等木材。又因为红豆杉含有抗癌特效成分紫杉醇，所以显得尤为珍贵。

　　油松同样是常绿乔木，高达 25 米，胸径也在 1 米左右。壮年时期的油松，树冠是塔形或者卵形，到老年时期，树冠呈现伞形。油松的树皮颜色为灰棕色，呈鳞片状，上面布满了裂缝，裂缝呈红褐色，上枝较粗壮，光滑无毛，多数呈褐黄色。油松是雌雄同株植物，雄球花的颜色是橙黄色，雌球花则是绿紫色。小球果呈卵形，顶端长着刺，4 至 9 厘米长。没有柄或者柄很短，可以在枝上宿存好几年。油松的开花季大约在四五月份，果实在第二年的十月份成熟。油松喜欢阳光充足、气候干冷的环境，抗风性好，能够在土壤肥厚、排水性好、含钙量高的地方良好生长，分布也较为广泛。油松的中心为淡红褐色，边材为淡白色，纹理顺直，结构细密，材质坚硬，含有大量的树脂，抗腐蚀性和抗腐朽性都较强，绝对是上等木材。油松还可以采集松脂，能够在工业上发挥重要作用。油松的树干苍劲挺拔，四季常青，而且能够抵抗风霜严寒，因此也是非常好的园林绿化植物。

第七章　被子植物

被子植物是植物进化的最高级阶段，无论是器官还是系统，被子植物都是植物中进化得最完善的，它们在地球上占据了绝对优势。目前为人们所知的被子植物共有 1 万多属，20 多万种，在所有植物界种类中占了一半。被子植物众多的种类和数量也从另一个角度证实了它有着很强的环境适应能力，也与其内部结构的复杂性和完善性密不可分。

第一节　根

植物的根部一般都位于地下，它一直为植物的生长默默地做着工作，担负着把植物固定在地面上、吸收土壤中的水分和矿物质，以促进植物生长的重任，为植物更好地抽枝长叶和开花结果尽心付出。同时，根还能有效改良土壤结构，使土壤变得更加适合植物生长。

根对植物的生长而言，主要有三个方面的作用：首先是对植物体的固定支撑。这一点对于被子植物尤其重要，因为多数被子植物的树干都非常高大，需要有无数发达、壮实的根系紧紧地抓住土壤，这样植物才能站得更安稳，即使遇上狂风暴雨也不会折断。其次，吸收植物体生长所需的水分和矿物质。植物根尖的表面生长着细细的根毛，这些根毛虽然又细又小，但植物体能从土壤中吸收水分和矿物质靠的都是它们。这些根毛伸展在土壤中，就像一台台微型"抽水机"，土壤中大部分的水分和矿物质都能抽取出来。第三，根可以有效改良土壤结构，让土壤能更好地促进植物的生长。

不过，植物界中并不是所有根都拥有上述三个作用，还有许多千奇百怪的根，有着特殊的使命。例如，有些根专门用来呼吸，被称为呼吸根；有些根主要用于支撑植物体，被称为支柱根；有些根用来储存营养物质，这类根通常有肥厚的肉质，所以又被称为储藏根；还有一些根专门吸收其他植物的营养，被称为寄生根，等等。

植物的根通常情况下呈圆锥形，分为主根和侧根两个部分。主根是植物根中最粗壮的部分，侧根则是主根上长出来的一些细小的根。有些植物的主根和侧根十分明显，很容易就能分辨出来，如大豆、油菜等；而有些植物的主根和侧根就很难分辨出来，如玉米、小麦。植物根的顶端部分又叫作根尖，根尖由根冠、分生区、伸长区和根毛区（也称成熟区）四个部分组成，其中，根毛区的主要任务是吸收土壤中的水分和矿物质。

第二节　茎

　　植物的茎是植物最显著的部分，类似于人类的躯干。由于茎的存在，植物的根、芽、叶和花才能连成一个整体。同时，茎还发挥着向植物体输送根部吸收的水分和养料的作用。

　　植物的茎包含了芽、节和节间三个部分，茎的顶端是茎尖，整个茎都是由茎尖不断分裂而形成的。此外，茎尖又分成了分生区、伸长区和成熟区三个部分。一般说来，茎有直立型、缠绕型、匍匐型和攀缘型四种不同的类型。直立型是指直立向上生长的茎；缠绕茎是指缠绕着支撑物向上生长的茎，如牵牛花；匍匐茎是指在地面上生长的又长又柔软的茎，如地瓜、西瓜等；攀缘茎则是指根据自身结构，攀缘着支撑物生长的茎。

　　不过，并非所有植物的茎都属于这四种类型，许多植物在不断适应环境的过程中，演化出了许多变态茎，这一点与根的演化相似。植物的这些变态茎虽然形式多样，但总体来说可以分为两类：一类是如豌豆这样的地面上的变态茎；另一类则是如马铃薯的块茎那样在地底下的变态茎。此外，一些植物还演化形成了茎刺，这也是它们为了避免受到动物伤害而形成的变态，这一类茎刺的主要作用是保护植物，如山楂、柑橘。皮刺则是另一种变态茎，皮刺与乔木植物茎生长的变态刺有着很大区别，它们从茎的外部生长出来，主要作用是保护自身。但与茎刺比起来，它的杀伤力要小得多，也更容易脱落。

　　根据植物茎的形态，还可以将其分为草本类和木本类两类。草本类的茎较为矮小和柔弱，含有较多水分；木本类的茎则比较坚硬，并且分为灌木和乔木两种。灌木的躯干不太明显，植株矮小；乔木则刚好相反，躯干显著，植株也很大。

茎不只是植物的支柱，支撑着整个植物的躯干和繁茂的枝叶，还构建了植物体的运输系统，输送着来自植物根部从土壤中吸收的水分和无机盐。此外，茎还可以输送叶子制造出来的有机物，为植物的生长创造良好的环境。许多植物的茎还有储存水分和养料的功能，以便植物体能够更好地吸收。

既然水分和无机盐的输导由茎的导管完成，那么水分和无机盐是怎样沿着茎向上传导的呢？这主要是由于水分和无机盐受到了根压和叶的蒸腾拉力作用。根压是指由根部产生的压力，这种压力可以使水分和无机盐形成的溶液进入到茎中，并沿着茎壁上升。如果将植物的茎在靠近基部的地方切断，就会看到有液体从断口处流出，这就是根压形成的结果。此外，叶子的蒸腾拉力作用，是叶片在不断蒸腾水分的过程中产生的向上的拉力，这股拉力促使水分沿着茎不断上升。

叶子制造出来的有机物是植物汲取生长所需要的养分的重要途径，这些有机物主要通过茎韧皮部位的筛管传输到植物体的各个器官中。不过，在筛管中传输的有机物必须是小分子物质，且能够溶解于水中。诸如淀粉、蛋白质、脂肪等大分子物质，是不能被筛管输送的，只有当大分子物质分解成小分子的葡萄糖、氨基酸或是甘油脂肪酸等物质后，才能被筛管输送到各个器官。因此，如果树皮被大面积破坏，植物很快就会死去。这是因为植物根部长期得不到有机养料，根部死亡继而导致整株植物死亡。

第三节　叶

　　叶子是植物进行光合作用的场所，更是孕育植物生命最基础、最重要的部分。自然界中的植物叶子尽管各种各样，但它们的结构大致相同，大部分都是由叶片、叶柄和托叶三个部分组成。但是，有一些植物不含托叶，也有一些植物没有叶柄，还有一些植物则没有叶片。

　　叶片的表皮由一层排列紧密、透明的细胞组成，表皮细胞的细胞壁有角质层或蜡层，对里面的物质起着保护作用。位于叶片的上表皮和下表皮中间的绿色薄壁部分，被总称为叶肉，里面含有大量的叶绿体，这是叶片进行光合作用的重要场所。叶片上表皮是接受光照的一面，呈深绿色；下表皮则是背对阳光的一面，呈浅绿色。由于叶片两面的受光度不同，因此内部的叶肉组织也常出现分化，这种叶子被称为异面叶；大多数单子叶植物和少数双子叶植物的叶子，都是以近似直立的姿态生长的，这样叶子两面的受光情况均匀，内部的叶肉组织也就不会出现明显的分化，这种叶子被称为等面叶，如玉米、小麦、胡杨等。异面叶向上一面的表皮叶肉细胞呈长柱形，排列紧密，上面的长轴常与叶表面垂直，并呈栅栏状，所以被称为栅栏组织，通常由1至3层组成；而背光面的叶肉细胞所含的叶绿体比较少，排列疏松，细胞之间的空隙也较大，呈海绵状，所以也被称为海绵组织。

　　叶柄是叶片与茎的连接部分，常位于叶片的基部，上端连接着叶片，下端连接着茎。不过，少数植物的叶柄着生在叶片中央或偏下方的位置，被称为盾状着生，如莲、千金藤。植物的叶柄通常呈细圆柱形或扁平形。

托叶是生长在叶柄基部、两侧或叶部的细小绿色物质或膜质片状物，托叶通常要比叶片生长得早，早期可以起到保护嫩叶和幼芽的作用。托叶一般较为细小，植物的种类不同，其托叶的大小和形状也会有所不同。有一些植物的托叶存在的时间很短暂，随着叶片的生长会很快脱落，只留下一个不引人注意的痕迹，这一现象又称为托叶早落，如石楠的托叶；还有一些植物的托叶则能够存在很长一段时间，甚至伴随叶片的整个生长期，这叫托叶宿存，如茜草、龙芽草。

第四节 花

花是被子植物的繁殖器官，虽然花的大小和颜色不同，但大多数花都是由花梗、花托、花萼、花冠、雄蕊和雌蕊等部分组成。

花梗是支撑花朵生长的柄，所以也被称为花柄。花梗的长短随着植物大小的不同，也会有所不同，大部分花的花梗都不太长，有些植物的花梗非常短，甚至有些植物没有花梗。

花托是花梗顶部着生花萼、花冠、雄蕊和雌蕊的膨大部分，形态多种多样。花萼则位于花朵的最外层，通常呈绿色，大小不一，对花蕾起保护作用。花萼由若干个萼片组成，大多数植物的花萼会随着花冠的枯萎一起脱落，但也有一些花萼不会随着枯萎的花冠脱落，而是随同子房一起长大，如石榴、茄子。有一些植物的花萼外面长有一层绿色萼片，这层萼片呈叶状，叫副萼，如棉花和蛇莓。

花冠位于花萼内部，由若干个花瓣组成，并排列成一圈或者多圈。

大部分植物的花冠都有着绚丽的色彩，但也有一些植物的花瓣是白色的，与花萼相似，花冠也有分离和结合两种情况。分离的花萼称为离瓣花，如蚕豆、桃花；结合的花萼称为合瓣花，如桂花。在鉴别植物时，对于离瓣花和合瓣花的了解非常重要，因为被子植物中的许多科和属的植物，其花冠的分离和结合通常具有一致性。花萼和花冠合称花被。假如一朵花中，不仅存在花萼和花冠，而且两者还有着显著的不同，则被称为双被花，如油菜和番茄的花；如果两者中缺少了一个，则被称为单被花，如榆树和桑树的花；如果两者都不存在，这样的花被称为无被花，如垂柳的花。

雄蕊位于花冠的内侧，它是可以产生花粉粒的器官，由花丝和花药组成。花丝呈细长的丝状，但也有一些植物的花丝是扁平如带状的，也有一些转化为花瓣状，如美人蕉；还有一些植物没有花丝，花药直接长在花冠上，如栀子。花药由四个花粉囊组成，花粉囊在成熟之后会自行破裂，花粉通过裂口向外散出。雄蕊跟花冠相似，也具有分离和结合两种情况：花药分开仅花丝结合成一束的，被称为单体雄蕊，如木槿和棉花；花丝联合成两部分的，被称为两体雄蕊，如蚕豆；花丝结合成多束的，被称为多体雄蕊，如金丝桃；花丝分离，仅花药结合的，被称为聚药雄蕊，如葫芦科植物。

雌蕊位于花的中间部分，是能够生成卵细胞的器官。雌蕊通常由子房、圆柱形的花柱和柱头组成。雌蕊由拥有生殖能力的变态叶逐渐演化而来，这片变态叶被称为心皮，这是构成雌蕊的基本单位。一些植物的雌蕊由一个心皮构成，如桃花；但大部分的子房由两个或多个心皮构成，它们互相结合，形成共同的子房，但花柱、柱头可以结合也可以分离，我们将其称为合生心皮雌蕊。还有一些植物的花有两个或两个以上的心皮，但心皮没有结合，而是彼此分离，每个心皮都单独形成一个雌蕊，有各自的子房、花柱和柱头，这就是离生心皮雌蕊。柱头是接受花粉粒的地方，所以通常是膨胀状或扩展成其他形状，没有柱头的雌蕊是不存在的；花柱是柱头和子房之间连接的部分，多数花柱都又细又长，但也有一些植物的花柱非常短，甚至有些植物的花柱并不明显，如虞美人；子房中间的部位是空的，这个部位叫作子房室，生长着将要发育成种子的胚珠。

第五节　果实

果实是被子植物独有的特征，这意味着，只要是孕育果实的植物都属于被子植物；当这类植物受粉之后，就会逐渐发育成果实。

果实一般由果皮和种子两部分构成，主要起到传播和繁殖后代的作用。大多数被子植物的果实都由子房发育而成，被称为真果，如桃子和大豆的果实；也有一些植物的果实由子房和花被或者花托一起发育而成，被称为假果，如苹果、梨及瓜果。大部分植物仅拥有一个雌蕊，其形成的果实被称为单果；也有一些植物拥有许多离生雌蕊，聚集在花托上，每个雌蕊都能形成一个果实，被称为聚合果，如草莓；还有一些植物的果实由花序发育而成，我们把这种果实称为复果，如桑、凤梨和无花果。

构成果实的果皮分为外果皮、中果皮和内果皮三部分，由于果实种类繁多，所以果皮也多种多样，而且结构各异。果实在受精之后的体积比受精前大出两三百倍，果实成熟之后的大小和形状皆由遗传因素决定。被子植物的果实有许多种，分类方法多种多样，除了我们前面讲的，根据果实的来源和发育情况，分为真果、假果、聚合果、复果外；还根据果实成熟之后果皮的干燥程度，分为干果和肉果；又根据干果成熟后是否裂开，分为裂果和闭果，等等。果实在成长和发育的过程中，不仅会发生形状上的变化，也会发生结构上的变化，而且生理方面也会出现一些变化。通常情况下，果实的颜色首先会发生变化，而颜色的变化是判断果实是否成熟的标志之一；其次是果实的质地、散发出来的香味及其含有的糖分等都会发生变化。

第六节 种子

　　植物的种子具有延续植物的生命、繁殖后代的作用，而且也是裸子植物和被子植物特有的繁殖器官，自然界中能够产生种子的植物有20多万种。

　　种子的大小、形状、颜色根据植物种类的不同也会有所差异：椰树有着很大的种子，芝麻的种子却很小，而烟草、马齿苋的种子就更小了；蚕豆的种子是肾脏形的，而豌豆的种子是圆球形的；有些植物拥有光滑明亮的种子，而有些植物的种子则暗淡无光。种子之间的差异在生物学上有着重要意义，例如，尽管椰树的种子非常大，容易发芽，还含有丰富的胚乳，能保证其生长过程中有充足的营养，但椰树的种子产量有限；而种子比较小的，数量则比较多，哪怕只有一部分种子能够发芽，也依然能够产生大量后代，大多数杂草植物都是通过这种方式进行后代繁殖的。

植物的种子通常由种皮、胚、胚乳三个部分构成，种皮由珠被发育而成，对里面的胚和胚乳起着保护作用。裸子植物的种皮分为外层、中层和内层，其中，外层和内层是肉质层，中层是石质层；被子植物的种皮结构多种多样，有的像纸一般薄，而有的非常坚硬。胚由受精卵发育而成，正常情况下的胚由胚芽、胚釉和子叶、胚根组成，不同种子之间子叶数目不同，子叶数目的变动在 1 至 18 个之间，但大部分子叶都为 2 个，如苏铁、银杏等。被子植物的胚形状多样，有椭圆形、长柱形、弯曲形、马蹄形和螺旋形，尽管胚的形状不同，但在种子中的位置是固定的，胚根通常会朝着珠孔。胚乳是单倍体的雌配子体，多数都很发达，里面储存着淀粉或者脂肪，也有的储存着糊粉粒，颜色通常呈淡黄色，少数是白色，但银杏成熟后，种子中的胚乳会呈现绿色。多数的被子植物在种子的发育过程中都会形成胚乳，但某些种类只具有少量的胚乳，而有些种类甚至没有胚乳，这是因为它们的胚乳在发育过程中被胚分解吸收，这是划分种子是否含有胚乳的重要依据。当然，不同植物的种子中含有的胚乳数量以及储存的物质都不相同，其中，最常见的储存物质是淀粉、蛋白质和脂肪，可能还会储存碳水化合物等物质。

尽管种子离开母体之后依然是活的，但它也是有一定寿命的，不同植物的种子有着不同的寿命，这是由遗传因素决定的，此外还会受环境的影响。有些种子的寿命非常短，如巴西橡胶的种子，生存期仅为一周左右；而有些种子的生命很长，如莲的种子可达好几百年，甚至上千年。

Mineral
Section

矿物卷

矿物是地球提供给人类的它所蕴藏的资源，正是有了这些大自然的馈赠，人类才得以繁衍生息。矿物是天然生成的，是游离的元素或者化合物，也是构成地壳中岩石的最小单位。矿物通常是通过无机作用构成的均匀固体，矿物的晶体结构和化学组成都是相对稳定的，可以在特定的物理环境中稳定存在。

矿物资源被利用的程度标志着各个时代科技与文明发展的水平。

第一章　自然元素矿物

自然元素矿物是指没有与其他元素结合的单质矿物，主要分为如金、银、铜等的金属元素，如砷、锑的半金属元素及如碳、硫等的非金属元素三大类。金属元素具有密度大、柔软且可延展、不透明等特点，常常以不规则的树脂状和纤维状产出；半金属元素的特点则是导电性较差，常常以块状产出；非金属元素是绝缘体，常形成晶体结构，呈透明或者半透明状。

第一节 金、银、铜、铂

自然金主要产于高温或者中温溶液形成的石英脉中，或产于与火山热液作用相关的中温、低温热液形成的矿床中，它们往往与石英、硫化物结合在一起。此外，没有凝固起来的砂积矿床和吵岩中也含有自然金，甚至河床中也会发现颗粒状或者块状的沙金。

自然金通常以树枝状、粒状或鳞片状产出，偶尔也会出现不规则的大块体。它的晶体形态以八面体为主，其次是菱形十二面体，偶尔会出现立方体，但不常见。颜色呈金黄色，有着一定的光泽。随着含银量的增加而渐变成淡黄色。

世界上著名的自然金产地是南非的维特瓦特斯兰、美国的加利福尼亚和阿拉斯加、澳大利亚的新南威尔士、加拿大的安大略以及俄罗斯的乌拉尔和西伯利亚等地。

自然银通常形成于热液矿脉中，它们与金等含银矿物以及金属硫化物共同存在于矿床的氧化带中。银多为不规则的纤维状、树枝状和块状聚集在一起的集合体，有时呈平行带状。银的完整单晶体非常少见；银的新鲜断口呈银白色，但表面常呈灰黑的锖色和条痕银白色。银具有很好的延展性、导电性和导热性，熔点较低，若暴露于硫化氢蒸气中，就会失去光泽。墨西哥和挪威是世界著名的银产地。

自然铜是各种地质作用过程还原条件下的产物，常见于原生热液矿床、含铜硫化物矿床氧化带下部及砂岩铜矿床中。通常含有微量的铁、银、金等元素，最常见的是片状、块状、板状和树枝状聚集在一起的集合体。铜的晶体主要是等轴晶系，但完整的晶体极为少见。在对自然铜的质量进行鉴定时，重要的标准是颜色。自然铜的新鲜切面的颜色是铜红色或者浅玫瑰色，而氧化之后的颜色是褐黑色或者绿色。

铜有着非常好的导电性、导热性和延展性，主要包含在金属矿脉中的沉积岩和火成岩的接触带，也见于变质岩中。美国的苏必利尔湖南岸、俄罗斯的图林斯克以及意大利的蒙特卡蒂尼等地区都是世界著名的自然铜产地。

自然铂生成于与基性、超基性岩有关的岩浆矿床，如铜镍硫化物的矿床中，砂矿中也会形成。铂的颜色呈银灰色或者白色，条痕则为钢灰色，具有一定的金属光泽；铂具有延展性，微带磁性；铂的晶体形状是立方体，但很少见，最常见的是不规则的细小颗粒末状、粉状、葡萄状聚集在一起的集合体。

铂具有高度的化学稳定性，熔点高而难以熔化，因此常常被当作高级化学器皿的制造原料，或者与镍等物质制成特种合金。世界上著名的铂的产地是加拿大、美国和俄罗斯的乌拉尔等地。

第二节 砷和锑

自然砷通常与银、钴、镍等物质共生于炙热的矿脉中，最常以粒状、葡萄状或钟乳状聚合在一起的集合体产出，偶尔会形成棱面体晶体。氧化之后的砷呈深灰色至黑色、灰色或白色，不透明、脆性，有金属光泽，有毒，刚受热或者被敲打时，会散发出像大蒜一样的味道。

砷可消除因铁杂质而造成的玻璃绿色，因而经常被用于玻璃制造；

在古代，砷多被用来制作毒药和杀虫剂；在电子行业，用砷制成的计算机芯片，性能比硅芯片更为优越。欧洲、美国、日本和哥伦比亚不列颠省的奥德尔等地都是世界知名的砷产地。

自然锑通常与砷、银、方铁矿、黄铁矿等物质共生于炙热的矿脉中，锑的主要晶体形状很难见到，是假立方体。最常见的锑是钟乳状、块状、放射状聚集在一起的集合体，颜色呈铅灰色，略带一点蓝色；条痕则呈黑色，不透明，具金属光泽。自然锑常与其他金属进行混合，以保证金属在温度发生变化时体积不会变化；锑还可用于烟花爆竹、火柴头、点火工具等制作中；也可用作医药研究或有色玻璃的燃料。锑的主要生产地是法国、芬兰、澳大利亚、南非和德国的黑森林等地。

第三节　硫、金刚石和石墨

自然硫的晶体通常情况下呈菱方双锥形或者是厚板状、块状、粒状、条带状、球状、钟乳状等聚集在一起的集合体，硫的颜色为柠檬黄，也有一些是蜜黄或黄棕色；断口处的油脂光泽；性脆，透明状或半透明状。

自然硫产于火山岩、沉积岩及硫化矿床分化带和温泉周围，经常与方解石、白云石、石英等矿物组合产出。自然硫的成分不纯净，一般夹有黏土、有机质、沥青和机械混入物等，且不导电，但在摩擦时有负电产生。自然硫的形成有着不同的途径，最主要的是由生物化学作用形成的沉积硫矿床和火山成因的自然矿床。自然硫的主要作用是制作硫酸，还被广泛应用在造纸、纺织制造和化肥等方面。

金刚石常常产于超基性岩的角砾云母橄榄岩中，晶体的形状通常呈立方体、四面体、八面体和十二面体，并带有弯曲的晶面。金刚石的晶体结构模型是：每个碳原子都被四个相邻的碳原子所包围，而且处在这四个碳原子的中心位置，通过共价键和碳原子结合在一起，构成了彼此连在一起的立体网状晶体。金刚石以带放射结构的圆形块体和微晶块体产出，颜色多样，如白、灰、黄、红、蓝等，正因为这些绚烂的色彩，令金刚石成为价值昂贵的宝石。又由于金刚石非常坚硬，因此常常用于工业切割，比如我们常用的玻璃刀就是用金刚石制成的。

金刚石和石墨的化学成分都是碳元素构成的，称为"同素异性体"，但它们在特性上却有着非常大的区别：金刚石是已知的最硬的物质，而石墨是最软的物质之一。石墨是碳质元素结晶矿物，它的结晶体是六边形的层状结构，常常以块状、叶片状、粒状的集合体产出。

石墨质地非常软，颜色呈黑灰色，在隔绝氧气的情况下，熔点超过了 3000 度，因此它的耐高温性很强。此外，石墨有着非常好的导电性和导热性。自然界中，基本不存在纯净的石墨，它们往往夹杂着水、沥青等物质。石墨的工艺特征主要取决于它的结晶形态，所以根据不同结晶形态，天然石墨被分为三类，第一类是致密结晶状石墨，第二类是鳞片石墨，第三类是隐晶质石墨。石墨被广泛运用到工业上，主要用来制作冶炼用的高温坩埚、机械工业的润滑剂，还可以用作冶金工业中的耐火材料和涂料、军事工业中的火工材料安定剂，以及轻工业中的铅笔芯、电气工业中的碳刷、电池工业中的电极、化肥工业中的催化剂等。

第二章　硫化物和硫酸矿物

硫化物是金属元素或者半金属元素与硫元素化合而成的天然化合物，假如以硒、碲、砷、锑、铋替换硫，那么便会生成硒化物、碲化物、砷化物、锑化物、铋化物。硫化物是很重要的铅、锌、铁、铜等矿石，但由于很容易氧化为硫酸盐，因此一般形成于水位比较低的炙热矿脉中。

硫酸矿物是指硫与金属元素或者非金属元素结合在一起形成的天然化合物，它们的性质与硫化物的性质类似。

第一节　方铅矿和辰砂

方铅矿主要形成于中温热液矿床中，常与闪锌矿结合形成铅锌硫化物矿床，也可形成于接触交代矿床中，与萤石、石英、方解石和黄铁矿一起共生。方铅矿的晶体是立方体，有时为八面体与立方体的聚形，其聚合体常常呈粒状和致密块状，不透明；颜色呈铅灰色，条痕呈灰黑色，有金属光泽。

方铅矿实际上就是硫化铅，其中硫和锌的含量比是 1：1，这是一种常见矿物。方铅矿是提取铅的重要原料，古代的航海家常常利用提炼出来的铅，对船底附生的藤壶生物做清理。铅也是制造兵器必不可少的原料，而且是制作屏蔽放射性核辐射的原料。但是，对人类而言，铅有害的一面也很明显。有研究表明，古罗马并非因女色而覆灭，铅中毒可能才是祸端，因为他们在生活中常常使用铅制品。目前，微量元素分析数据显示，过量的铅尘和大量铅化物的废尘会严重威胁人体的健康。

方锌矿的主要产地是美国的新密苏里、澳大利亚的布罗肯希尔等。

辰砂是汞的硫化物，是提炼汞的重要原料。又被称为丹砂、朱砂，颜色呈棕红色或者猩红色，晶体表面具有光泽，条痕呈红色，半透明，晶形为板状或者柱状，常常见到的是双晶。辰砂晶体可作为激光技术中的重要原料，并且有药用价值，具有镇静安神、杀菌的作用。此外，由于辰砂晶体有着独特的造型，加上绚烂多彩、含蓄质朴，成为天然的观赏石，受到人们的喜爱，这也是大自然赐予我们的精美礼物。

辰砂的主要成分是硫化汞，汞含量高达 85.4%。辰砂也不是纯净的，常混有一些杂质，比如沥青、雄黄、磷灰石等。辰砂常常与雄黄、黄铁矿一起形成于火山道或者温泉的周围，还会出现在火山周围的矿脉和沉积岩中，与白铁矿、蛋白石、石英及方解石等结合共生。西班牙的阿尔马登、意大利的尤得里奥、美国的加利福尼亚沿岸山脉等地都是辰砂的著名产地。

第二节　闪锌矿、硫镉矿和辉锑矿

　　闪锌矿的主要成分是锌、铁、硫，而且含有各种类质同象物质，主要存在于接触矽卡矿岩矿床中和中、低温热液成因矿床中。闪锌矿是分布最广的矿物，蕴含着丰富的锌，常常与白云石、石英、黄铁矿、方铅岩、重晶石、方解石等结合共生。闪锌矿的晶体通常是四面体或者菱形十二面体，晶面有一定弯曲度；颜色随含铁量的不同而呈现出不同，当铁的含量增多时，其颜色由浅变深，从淡黄色到黑色，从透明到半透明。

　　鉴定闪锌矿的方法是，加入稀盐酸后观察是否反应生成硫化氢，并散发出类似于臭鸡蛋的气味。质地纯净的闪锌矿不易熔化，是提炼锌的重要矿物原料，其中含有的镉、铟、镓等稀有元素，价值巨大。澳大利亚的布罗肯希尔、美国的密西西比河谷等地是世界全著名的闪锌矿主要产地。

　　硫镉矿属于表生矿物，经常与含镉闪锌矿或者纤锌矿一起存在于硫化物矿床的氧化带中。硫镉矿的晶体为柱状或者锥状，但最常见的是呈土状覆盖于其他矿物表面。硫镉矿的颜色是黄橙色、暗橙色或者红色；条痕则从橘黄色到砖红色；半透明到透明，有着一定的松脂般或金刚光泽；纹理清晰，断口处常呈现出贝壳状。硫镉矿主要用来提炼镉或者制造镉黄等镉化合物，是冶炼铅和锌后生成的副产物。美国、英国、捷克和斯洛伐克等地是硫镉矿的主要产地。

　　辉锑矿主要存在于中低温的热液矿床中，主要富集于辉锑矿构成的石英脉或碳酸盐矿层中。辉锑矿的颜色和条痕都是铅灰色，晶体呈柱状，柱面上有纵向条纹分布，而且大部分晶体呈弯曲状，甚至有一些是卷曲反射状的集合体，还有一些是针状、纤维状、粒状和致密状的集合体。由于辉锑矿的晶体集合体姿态万千，因此不仅具有观赏价值，其收藏价值也极高。辉锑矿是提炼锑的重要原料，天然产出辉锑矿可以制成安全火柴和胶皮。我们常用的铅笔，在制作中除了石墨和黏土外，也需要加入 20% 的辉锑矿。此外，辉锑矿还被应用到制作耐摩擦的合金中，如铜锌锡合金。

第三节 斑铜矿、黄铜矿和辉铜矿

斑铜矿是铜和铁的硫化物矿物，铜的含量大约是 63.3%，是提炼铜的重要原料矿物之一。斑铜矿存在于热液成因的斑岩铜矿中，与黄铜矿、石英、方铅矿等矿物一起共生；也会出现在矽卡岩矿床中和铜矿床的次生富集带，但因稳定性差，常常被次生辉铜矿或者铜蓝置换。斑铜矿的晶体是立方体、八面体、菱形十二面体，晶面常有弯曲、不平坦，一般呈密块状或者规则的粒状。斑铜矿的颜色是暗铜红色，表面风化之后常被一层蓝紫斑状锖色覆盖，呈蓝色或紫色，因而又被称为"孔雀石"。条痕为灰黑色，不透明，具有金属光泽。美国蒙大拿州的比尤特、墨西哥的卡纳内阿、智利的丘基卡马塔等地是斑铜矿的代表性产地。

黄铜矿的化学成分是 $CuFeS_2$，存在于硫化物矿床中。黄铜矿的晶体是四方体，一般是双晶，晶体表面有许多条纹。集合体常为不规则的粒状或者致密的块状，颜色呈黄铜色，表面有斑驳的蓝紫色晕彩，条痕为绿黑色，具有金属光泽且不透明。黄铜矿看起来和黄铁矿、自然金相似，但其硬度偏低，没有黄铁矿的硬度高；黄铜矿中的绿黑色条痕能够溶解在硝酸中，而自然金不能溶于硝酸。黄铜矿是铜矿石中很重要的一种，也是常见的硫化物，几乎可在不同的环境下形成。但主要生成于热液作用和接触交代作用，常可形成于具有一定规模的矿床中。黄铜矿在工业上的应用主要是炼钢。主要产地是西班牙的里奥廷托、德国的曼斯菲尔德、瑞典的法赫伦、美国的亚利桑那州和田纳西州、智利的丘基卡马塔等地。

辉铜矿的主要成分是 Cu_2S，常与石英、方解石等矿物共同存在于炙热的矿脉中，最常见的晶体为块状集合体。颜色为暗深灰色，不透明，带金属光泽；可溶于硝酸，燃烧时的火焰呈绿色，同时释放出二氧化硫气体。辉铜矿是所有铜的硫化物中含铜量最高的，达到了79.86%，因此是提炼铜的重要原料。辉铜矿主要分布在美国阿拉斯加州的肯纳科特、内华达州的伊利、亚利桑那州的莫伦西以及纳米比亚的楚梅布等地。

第四节　黄铁矿、磁黄铁矿和白铁矿

黄铁矿常存在于岩浆岩、沉积岩、变质岩的副矿物中，含有钴、镍、锌等物质。黄铁矿的晶体为立方体、八面体、五角十二面体，表面布满条纹，由致密的块状、粒状、结核状聚集在一起形成集合体；

颜色呈淡黄色，条痕呈绿色、黑色，具有强金属光泽，不透明。由于黄铁矿的颜色呈浅黄棕色，又有着强金属光泽，因此常被误认为是黄金，故得名"愚人金"。黄铁矿是分布范围最广泛的硫化物，也是提取硫和制造硫酸的重要原料。西班牙、捷克、斯洛伐克、美国等是黄铁矿的著名产地。

磁黄铁矿分布于各种磁性岩浆矿床中，常与黄铜矿、黄铁矿、磁铁矿、毒砂等物质一起共生。磁黄铁矿的晶体为板状或者片状，颜色从黄色到红色，氧化之后呈棕色；条痕从灰色到黑色，具有金属光泽，而且不透明。磁黄铁矿是制造硫酸的主要原料，通常呈致密块状，产于多种金属矿床中，但主要富集于铜镍硫化物矿床中。磁黄铁矿导电性高，略有磁性，在经济价值方面虽然比黄铁矿低一些，但因其含镍较多，可作为镍矿石使用，也可用于含重金属废水的净化处理。此外，磁黄铁矿还被广泛应用到石油化工、冶金、橡胶、造纸、军事、食品等行业中。

白铁矿和黄铁矿一样都属于硫化物矿物，但晶体结构不一样，外观也就大不一样。白铁矿主要存在于页岩、黏土岩、石灰岩中，在自然界的分布范围要比黄铁矿少一些，而且不会有大量聚积；白铁矿是 FeS_2 的不稳定变体，当温度超过 350 ℃ 时，便会转化成黄铁矿。白铁矿的晶体形态多样，最常见的是板状和椎体状，由于是双晶，因此晶体表面通常弯曲，形成鸡冠状晶体；晶体颜色为淡白色，风化之后会变成黑色；条痕呈黑绿色，具有金属光泽，不透明。白铁矿在全世界分布范围广泛，主要产地是美国、英国、德国等国家。

第五节　脆银矿、深红银矿和车轮矿

　　脆银矿主要存在于银脉矿的矿床中，常与自然银、硫化物及其他盐酸类如辉银矿等物质共生。晶体为板状或柱状，晶面上分布着斜线条纹，有时是双晶，也有以块状的集合体产出；颜色铁黑，条痕呈黑色；具有金属光泽，而且不透明。脆银矿易于熔化，能溶于硝酸。脆银矿在世界的主要产地是挪威的康格斯伯格、智利的占那尔西诺。

　　深红银矿又叫作浓红银矿或硫锑银矿，与其他硫盐类及矿物，如黄铁矿、方铅矿、石英、白云石等一起共生于炙热的矿脉中。深红银矿的晶体为柱状或者三角面体，有时呈双晶，晶体两端不对称，所以也会呈块状、致密状的集合体。深红银矿的颜色是暗樱红色，条痕呈绛红色，具有金属光泽。深红银矿主要产于墨西哥、玻利维亚、德国、美国等地的一些银矿床中。

　　车轮矿主要分布于中低温的热液矿床中，但数量不多，而且常常出现在铅锌和多金属矿床中，与晚期硅化阶段有着紧密的联系。在低温锑矿中，为早期分析出的矿物，在氧化带中，则易分解为孔雀石、白铅矿及氧化锑。车轮矿与方铅矿、银、黄铜矿、石英等物质共生，晶体为短柱状或者板状，常为双晶，晶体表面有条纹，也以块状、粒状、致密状的集合体出现；车轮矿的颜色从灰色到黑色，条痕呈灰色，具有金属光泽，而且不透明。俄罗斯的乌拉尔、捷克的普尔西布蓝、智利的华斯科爱尔多、英国康威尔的惠尔博爱斯等地是车轮矿的主要产地。

第六节 黝铜矿和砷黝铜矿

黝铜矿是一种铜和锑的硫化物矿物，常常产于矿脉中，与铜、银、铅和锌等物质共生，黝铜矿的晶体为四面体，双晶，晶面为三角形，也以块状、粒状、致密状的集合体出现。黝铜矿的颜色从灰色到黑色，条痕的颜色从棕色到红色，具有金属光泽，而且不透明。某些变种的黝铜矿中含有银，含量可达18%，因此这是提炼银的重要原料，也令其成为价值很高的银矿物。世界大多数多金属矿床中都含有或多或少的黝铜矿。

砷黝铜矿主要产于铜、铅、锌、银等硫化物的矿床中，而且与其他含铜矿物共生。砷黝铜矿的分布范围虽然很广泛，但比较少出现富集的情况；常见于各种成因的炙热矿床和多种硫化物的共生组合中，主要分布于中温热液矿床中，与黄锡矿、黄铜矿、闪锌矿、方铅矿等物质共生。砷黝铜矿的晶体为四面体，双晶，晶体表面为三角形，也以块状、粒状、致密状的集合体出现；颜色呈深钢灰色，条痕从棕色到红色，具有金属光泽，有些会异常明亮，不透明。砷黝铜矿可以用来提炼铜和砷，因此经济价值很高，但数量非常少，仅仅在美国、俄罗斯等少数地区发现。

第三章　卤化物

卤化物是金属元素和卤元素结合产生的化合物，常常出现在多种地质环境中，某些卤化物，如石盐，常产于蒸发岩地层，而其他卤化物，如萤石，则主要存在于炙热的矿脉中。大多数卤化物是立方对称晶体，而且比重很小。按组成元素的属性，卤化物分为金属卤化物和非金属卤化物；按组成卤化物的键型，分为离子型和共价型。

第一节 石盐、钾石盐和氯银矿

石盐是氯化钠的矿物，常用以表示由石盐组成的岩石，也被称为盐、岩盐，主要于盐湖中形成，常与石膏、白云石的物质共生。石盐晶体是立方体，晶体表面存在一些凹陷，还会出现块状、粒状、致密状的集合体；石盐的颜色多种多样，纯净的石盐无色透明，含杂质时呈白、黄、蓝、紫、黑等，但条痕都是白色的，从透明到半透明，具有玻璃光泽。石盐不仅是重要的化工原料，也是民用和工业上无数产品必需的钠和氯的来源。此外，在食品加工业中，石盐也有着重要作用。因此，全世界有七十多个国家在大量开采石盐。如果石盐层在地下比较浅的地方，那么可以挖竖井到达石盐层，通过地下开采的方式进行开采。此外，还有另一种非常简单的萃取法，用水泵把水打到含盐层中，再将卤水抽到地面上，通过蒸发卤水提取得到石盐。

钾石盐也被称为钾盐，这是一种蒸发岩矿物，由含盐溶液沉积形成，常与石膏、石盐等物质共生。钾石盐的晶体是六面体，主要是粒状、块状的集合体；纯净的钾石盐是无色透明或呈白色，含有杂质的往往是红色、黄色、蓝色等颜色，条痕呈白色，具有玻璃光泽，而且不透明。大部分钾石盐用来制造钾肥，小部分钾石盐用来提取钾和制造钾的化合物，钾石盐是提取钾的主要物质，无色透明的大晶体可以用来制造光学材料。俄罗斯的乌拉尔，白俄罗斯，加拿大的萨斯喀彻温省，德国的马格德堡和汉诺威以及美国新墨西哥州的特拉华盆地等都是钾石盐的主要产地。

氯银矿是银矿床氧化带的次生矿物，产于干热地区的银硫化物矿床的氧化带中，由银硫物氧化后形成的易溶银硫酸盐和下渗的含氯的地表水反应而成。氯银矿的晶体十分罕见，一般是块状或者薄片状，主要是皮壳、蜡状的集合体。新鲜切面无色，风化之后切面为绿色、黄色或者紫色，具有金刚光泽，从透明到半透明。氯银矿可以熔化在蜡烛的火焰中，而且能溶解在氨水中，但不能溶于硝酸。氯银矿具柔性和可塑性，易切割；大量产出时可作为提炼银的矿物原料。智利、秘鲁和玻利维亚等都是氯银矿的著名产地。

第二节　光卤石、冰晶石和萤石

光卤石是钾和镁的卤化物，是含有镁、钾的盐湖蒸发之后形成的矿物，常与石盐、钾石盐等物质共生。其成因与沉积岩如泥灰岩、黏土岩、白云岩相关。光卤石以晶体产出时是六面锥体，但非常罕见，通常是块状、粒状的集合体。纯净光卤石呈白色或无色，含有少量氧化铁的光卤石呈红色。从透明到不透明，新鲜面具有玻璃光泽，在空气中极易潮解，易溶于水，而且呈现出油脂光泽。光卤石主要用作提炼金属镁的精炼剂，生产铝镁合金的保护剂。也可用来制造钾肥和提取金属镁的矿物原料，以及铝镁合金的焊接剂、金属的助熔剂、生产钾盐和镁盐的原料。此外还用于制造肥料和盐酸等，因此经济价值巨大。世界著名的光卤石矿床的分布地是德国的施塔斯福特和俄罗斯的索利卡姆斯克。

冰晶石主要形成于岩浆岩中，蕴藏于伟晶岩中。结晶体白色细小，无气味，溶解度比天然冰晶石大。冰晶石的晶体为立方体或者短柱形，双晶，也以块状、粒状的集合体出现；颜色多变，从无色、白色到棕色、红色；条痕呈白色，从透明到半透明，具有玻璃光泽或者油脂光泽。冰晶石在自然界产出稀少，通常由人工制造。可以作为炼铝的助溶剂；也用作研磨产品的耐磨添加剂；可以用作铁合金及沸腾钢的熔剂、有色金属熔剂、铸造的脱氧剂、玻璃抗反射涂层、搪瓷的乳化剂以及农药的杀虫剂，所以有着很高的经济价值。

萤石的别名叫氟石，主要存在于炙热的矿脉中和温泉周围，无色透明的萤石晶体产于花岗伟晶岩或萤石脉的晶洞中，常常与石英、方解石、黄铁矿、重晶石等物质共生，萤石的主要成分为氧化钙，含杂质较多。萤石晶体属于等轴晶系，通常为立方体、八面体或立方体的穿插双晶，也以粒状、块状的集合体出现。在紫外线照射下或者加热时，萤石会出现紫蓝色的荧光，这也是它的命名由来。萤石的颜色多变，从浅绿、浅紫到无色，有时还会呈现出玫瑰红色；条痕呈白色，具有玻璃光泽，从透明到不透明。在冶金工业上，萤石可以用作助熔剂，还是制造氢氟酸的原料。萤石主要产地是南非、墨西哥、蒙古、俄罗斯、美国、泰国、西班牙等地。

第四章　氧化物和氢氧化物

氧元素为负二价时，会与另外一种化学元素结合在一起，形成氧化物。氧化物可形成许多种矿物，存在于多种地质环境中。氧化物矿石质地坚硬，比重较大。氢氧化物是氧化物和水反应之后的产物，硬度较之氧化物小一些，具有碱的特性，能与酸生成盐和水，与可溶的盐进行复分解反应，受热分解为氧化物和水。

第一节　尖晶石、红锌矿和赤铜矿

尖晶石是熔融的岩浆进入到含有杂质的灰岩或者白云岩中，然后经接触变质作用逐渐生成。尖晶石的晶体形态是八面体，有时也会出现立方体、菱形十二面体的聚集体，或者粒状、块状、致密状的集合体。尖晶体颜色丰富多彩，如无色、粉红色、红色、紫红色、浅紫色、蓝紫色、蓝色、黄色、褐色等；条痕呈白色，具有玻璃光泽，从透明到不透明。由于尖晶石有着绚丽的色彩，自古以来就被认定为最美丽的宝石，宝石级的尖晶石主要是指镁铝尖晶石，是一种镁铝氧化物。

目前，世界上最具传奇色彩的"铁木尔红宝石"和1660年被镶嵌在大英帝国国王王冠上的"黑色王子红宝石"都是尖晶石的典型代表。

红锌矿是重要的锌矿石，常与方解石、硅锌矿等物质一起共生于变质岩中，红锌矿的晶体是六方椎体，但非常罕见，主要是粒状、块状、致密状的集合体。颜色呈暗红色或橘黄色，从透明到半透明，具有半金属光泽。红锌矿是一种稀有矿石，只存在于德国的隆克林、美国的新泽西州等地，因此始终受到收藏家和矿物学家的关注和珍爱。

赤铜矿常与自然铜、孔雀石、褐铁矿等物质共生于铜矿床的氧化带中。赤铜矿的晶体为立方体、八面体、菱形十二面体，双晶现象罕见，主要是致密块状、粒状、土状的集合体。赤铜矿的新鲜表面是洋红色的，氧化之后则是暗红色；条痕呈棕红色，具有金刚光泽或者半金属光泽。赤铜矿是一种红色的氧化物矿物质，其质软但极重。一般由铜的硫化物经风化后逐渐形成，即次生矿物。赤铜矿中的含铜量高达88.82%，但由于分布范围比较小，所以只能作为次要的铜矿石，法国、智利、玻利维亚等是赤铜矿的主要产地。

第二节 磁铁矿、钛铁矿和赤铁矿

磁铁矿是常见的氧化物，主要存在于岩浆岩中，也可存在于矿脉和交代矿床中。磁铁矿的单晶晶体是八面体、菱形十二面体，还会以致密状、块状、粒状的集合体出现。颜色是铁黑色或具暗蓝靛色；条痕呈黑色，具有半金属光泽或者暗淡光泽，不透明。由于磁铁矿具有很强的磁性，所以能被永久磁铁吸引，因此又被称为磁石、玄石。磁铁矿不仅是炼铁的重要矿物原料，还是传统的中药材。广泛分布于全世界，瑞典的基鲁纳和智利的拉克铁矿是著名的磁铁矿产地，俄罗斯、美国、巴西、澳大利亚、中国等国家也拥有丰富的磁铁矿。

钛铁矿是铁和钛的氧化物矿物，也是许多岩浆中的副产物，如火成岩、变质岩等，还会出现在黑砂矿中。钛铁矿的晶体属于三方晶系，一般是板状的，有时也会以菱面体或者是块状、片状、粒状的集合体出现。颜色呈咖啡色或者铁黑色，不透明。钛铁矿是提取钛和二氧化钛的重要矿物。钛铁矿的主要产地是加拿大魁北克的埃拉德湖、挪威的克拉格罗、印度的特兰万科尔、美国的佛罗里达以及澳大利亚的东海岸等。

赤铁矿是一种铁的氧化物，作为广泛分布在各种岩石当中的副矿物，它常以分散的粒状存在于火成岩中。赤铁矿的晶体为菱面体或者板状，也会以片状、鳞片状、粒状、肾状、土状、致密块状的集合体出现。赤铁矿颜色多变，从铁黑色、钢灰色到暗红色，条痕呈樱红色；从金属光泽到半金属光泽，而且不透明。赤铁矿是经济价值较高的矿物之一，但只有极少数的赤铁矿才拥有完美的金属闪光菱面体，一般情况下晶体都呈扁平，也有一些板状成簇组合成玫瑰花的形状，又被称为"铁玫瑰"；还有一些呈鳞片状的集合体，被称为镜铁矿。赤铁矿是主要的铁矿石矿物，不仅有着很高的使用价值，还有巨大的经济价值。赤铁矿的主要产地是美国的苏必利尔湖和克林顿、俄罗斯的克里沃伊洛格、巴西的迈拉斯格瑞斯等地。

第三节　红宝石和蓝宝石

　　红宝石主要形成于岩浆岩和变质岩中，还会出现在河床的沙砾层中。红宝石的晶体呈双锥形、板状、菱面状，还存在着块状和粒状，颜色是红色，条痕呈白色，从玻璃光泽到金属光泽，而且半透明。红宝石是极为珍贵的矿产资源，《圣经》中曾将它誉为所有宝石中最珍贵的，它炙热的红色总能让人联想到热情和爱情，所以被称为"爱情之石"，象征永恒的爱情和矢志不渝的真心。也有一些民族认为它是不死鸟的化身，由此衍生出许多美好的幻想。据说，左手戴一枚红宝石戒指，或者左胸戴一枚红宝石胸针，便拥有化敌为友的力量。

　　蓝宝石也存在于岩浆岩和变质岩中，还会出现在冲击矿床中，属于刚玉族矿物。蓝宝石晶体是三方晶系，板状，颜色是菱白色，具有玻璃光泽或者金属光泽，呈现半透明状。古波斯人认为蓝宝石反射的光彩可使天空呈现出蔚蓝色，因此认为它是德高望重的威望象征。蓝宝石是九月的诞生石，人们认为它蕴含的纯净和高雅的色调代表着慈祥、诚实、高尚。由于蓝宝石晶体晶莹剔透，又被赋予了神秘的超自然色彩，在西方人眼中，蓝宝石又有"灵魂宝石"之称。蓝宝石的诸多美好特征，使它成为人们最喜爱的宝石之一。

第四节　水镁石、褐铁矿和水锰矿

　　水镁石形成于变质石灰岩、蛇纹岩及片麻岩中，属于典型的低温热液蚀变矿物。水镁石的晶体是板状，主要是叶片状、纤维状、粒状的集合体。水镁石的颜色是白色、灰色或者浅蓝色，也会随混入物的含量，如含铁、锰等杂质后便会呈现出黄色或者褐红色；条痕呈白色，具有珍珠光泽，而且是透明的。水镁石是提取镁的重要矿物，美国、法国、英国等都有丰富的水镁石资源。

褐铁矿指的不是一种矿物，而是针铁矿、水针铁矿等矿物的统称。由于这些矿物的颗粒非常细小，难以辨认，便统称为褐铁矿。褐铁矿不会形成晶体，主要是块状、结核状、钟乳状的集合体。晶体颜色通常是黄褐色和浅黑色，条痕是黄棕色，拥有半金属光泽或者玻璃光泽，而且是半透明或者不透明的。褐铁矿是氧化之后形成的普遍次生物质，在硫化矿床氧化带中常构成红色物质，这个特征可以帮助人们在寻找矿物时，与磁铁矿和赤铁矿做区隔。褐铁矿中铁的含量较低，但易于冶炼，所以是不可或缺的重要铁矿石资源之一。褐铁矿的主要产地是法国的洛林、德国的巴伐利亚以及瑞典等。

在氧化条件不是太充分的环境下，会形成水锰矿，它是碱性的锰氧化物矿物，在低温热液矿脉中的状态是金属或者重晶石，常常与方结石共生，还可能出现在湖泊、沼泽之中。水锰矿的晶体是柱状，柱面有纵纹，一般是双晶，还会以块状、纤维状、粒状、结核状的集合体出现，颜色是深灰色或者黑色；条痕的颜色是红棕色或者黑色，具有半金属光泽，而且不透明。水锰矿的主要产地是英国的考恩沃、美国的克劳里德、德国的哈斯山脉和加拿大等。

第五章　碳酸盐、硝酸盐、硼酸盐

碳酸盐是金属元素、非金属元素与碳酸根结合而成的化合物，如方解石。硝酸盐是金属元素与硝酸根结合而成的化合物，如钠硝石。硼酸盐是金属元素与硼酸根结合而成的化合物，如钠钙解石。

第一节　文石、方解石和白云石

文石又称为霰石，它的矿藏量比方解石的储量要少一些，主要形成于变质岩和沉积岩中，也会存在于一些动物的贝壳或者骨骸中，海水中和温泉周围的沉积物中亦有产出。文石的晶体是柱形，通常是双晶，如果双晶是交错而生，则呈六方体，一般以柱状、钟乳状、纤维状的集合体产出；颜色为白色、无色、灰色、绿色、蓝色等多种；条痕呈白色，从透明到半透明，具有玻璃光泽或者油脂光泽。文石在世界上的主要产地是美国的加利福尼亚州。

方解石是一种广泛分布的矿物，是组成石灰岩和大理石岩的重要成分，主要形成于石灰岩中，在溶液中溶解的重碳酸钙遇合适的条件也能沉淀生成方解石。方解石的晶体形状多样，通常是菱面体或者三角面体，双晶，主要以粒状、块状、钟乳状、纤维状及晶簇状的集合体出现；颜色从无色到白色、红色、绿色、黑色等多种，其中无色透明的晶体叫作冰洲石；透明到半透明，具有玻璃光泽或者珍珠光泽。方解石在冶金工业上可以制作成溶剂，在建筑工业上可以生成水泥、石灰。冰洲石是制作偏光棱镜的高级材料，方解石有着广泛的实用性。

白云石是白云岩和白云质灰岩的重要矿物成分，主要形成于炙热的矿脉或者富含镁的变质岩中，也产于结晶石灰岩和碳酸盐岩石的孔穴内，有时作为各种沉积岩的胶结物，为碳酸盐岩中最常见的一种造岩矿物。白云石的晶体结构和方解石的晶体结构相似，通常是菱面体，晶面弯曲呈马蹄状，主要以块状、粒状集合体出现。纯净的白云石的颜色是白色的，含其他杂质时会呈灰色、粉红色或者棕色；条痕呈白色，从透明到半透明，具有玻璃光泽或者珍珠光泽。白云石实用性强，广泛应用于建筑、化工、农业、环保、节能等各个领域，主要用来制作高炉炼铁的火熔剂和碱性、耐火材料。此外，还可用于生产钙镁磷肥、制造硫酸镁。

第二节 孔雀石、蓝铜矿、钠硝石

孔雀石是一种含有铜元素的碳酸盐矿物，主要形成于铜矿床的氧化带中，常与蓝铜矿等物质共生。孔雀石属于单斜晶系，晶体呈柱状或针状，一般是双晶，主要以隐晶钟乳状、块状、皮壳状、结核状、纤维状的集合体出现；颜色为绿色、孔雀绿或暗绿色；条痕呈淡绿色，具有丝绢光泽或玻璃光泽，从半透明到不透明。孔雀石是不透明深绿色，并且带有色彩浓郁的条状花纹，这一独有特质是其他宝石所不具备的，所以几乎不会出现仿冒品；孔雀石可用来雕刻鸡心吊坠、蛋形戒面、项链，还可制成印章料。孔雀石的应用最早可追溯到 4000 年前，古埃及人开采了苏伊士和西奈之间的矿山，将孔雀石制成护身符为儿童佩戴，以祛除邪恶的灵魂；德国也有人认为佩戴孔雀石可以避免死亡的威胁。在地质勘探中，孔雀石还可以作为寻找黄铜矿的标志物，地质工作者在野外寻矿时，只要发现了孔雀石，便能发现黄铜矿。孔雀石的主要产地是俄罗斯、罗马尼亚、巴西等。

蓝铜矿又称为石青，主要形成于铜矿床的氧化带，在铁帽及近矿围岩的缝隙中也可见。蓝铜矿常与孔雀石等物质共生，是含铜硫化物氧化的次生矿物。蓝铜矿的晶体为板状或短柱状，不仅可以结为双晶，还会以块状、钟乳状、结核状的集合体出现；颜色为深蓝色，断口呈贝壳状；条痕颜色呈浅蓝色，从透明到不透明，具有玻璃光泽或者暗淡光泽。蓝铜矿大量产出时可作为铜矿石利用；质纯色美的蓝铜矿可作为制作工艺品的原材料，碾成粉后则可制作天然蓝色颜料。此外，蓝铜矿还可以制成保健品，有增强身体敏感度，让人头脑清醒的功效；还能够减轻喉痛、沙哑及喉炎等病症，排除精神障碍。

钠硝石主要由硝化细菌分解腐败的有机物之后形成的硝酸根与土壤中的钠质化合后生成，钠硝石常与石膏、芒硝、石盐等物质共生，但很容易被水溶解而流失，所以钠硝石通常富集在干燥炎热的沙漠中。在智利北方的沙漠中，有长达 720 多千米的钠硝石矿床，因此又有"智利硝石"之称。钠硝石的晶体与方解石类似，为菱面体，但不常见，主要是以块状、粒状、盐华状的集合体出现；纯净的钠硝石呈无色或白色，含杂质后呈黄色、灰色或棕色，淡褐或红褐色，条痕为白色，具有玻璃光泽，而且透明。钠硝石主要用于制造氮肥、硝酸、炸药和其他氮素化合物；还可以用作冶炼镍的氧化剂或人造珍珠的黏合剂等，有着巨大的使用价值。

第三节 硬硼酸钙石、钠硼解石、四水硼砂

硬硼酸钙石主要形成于蒸发盐矿床中，晶体呈短柱状，主要以块状、球状、粒状的集合体出现。颜色为白色、黄色或者灰色，条痕呈白色，从透明到半透明，具有玻璃光泽。硬硼酸钙石易为硝酸溶解，而且易断，燃烧时会产生绿色火焰。

钠硼解石是干旱地区内陆湖化学沉积物的典型代表，常与石盐、芒硝、石膏、天然碱、钠硝石以及硼砂、硼镁石、水方硼石、库水硼镁石、镁石等物质共生于蒸发岩盆地中。钠硼解石的晶体是针状，主要以针状、纤维状、白色绢丝状、块状、放射状的集合体出现；颜色是白色或者无色，条痕呈白色，从透明到半透明，具有玻璃光泽。钠硼解石在工业上有着重要用途，也是提炼工业硼的重要矿物。

四水硼砂是一种含有一定水分的硼酸钠矿物，与硼砂的成分相似，只是水的含量少一些，主要形成于蒸发岩矿床和矿脉中。四水硼砂的晶体是短柱形，极罕见，常以块状集合体出现，颜色是无色或白色，条痕呈白色，从透明到不透明，具有玻璃光泽或者暗淡光泽。人类发现四水硼砂的时间比较晚，1926年才在加利福尼亚波隆镇附近的莫哈维沙漠地下勘探出来。

第六章 硫酸盐、铬酸盐、钼酸盐和钨酸盐

硫酸盐是金属元素与硫酸根结合而形成的化合物，如石膏；铬酸盐是金属元素与铬酸根结合而形成的化合物，如铬铅矿；钼酸盐是金属元素与钼酸根结合而形成的化合物，如钼酸矿；钨酸盐是金属元素与钨酸根结合而形成的化合物，如白钨矿。

第一节 石膏、天青石和硬石膏

石膏是化学沉积作用下产生的物质，常形成巨大矿层或透镜体，常与硬石膏、石盐等物质共生于石灰岩、页岩、砂岩、泥灰岩及黏土岩中。石膏的晶体是板状、金刚石状，双晶，最常见的是以粒状、块体或者纤维状产出。颜色多样，从无色、白色到灰色、浅黄色、浅红色，条痕呈白色，从透明到不透明，具有玻璃光泽或者暗淡光泽。石膏应用广泛，不仅可以制造水泥，也是重要的化工原料；在医学上也

有一定用途，如解肌清热、除烦止咳等，还可以治疗汤火造成的烫伤。

天青石常与方解石、石英等物质共生于炙热的矿脉中，也会出现在沉积岩或蒸发岩和基性岩的矿床中。天青石的晶体是板状或柱状，大部分是以块状、纤维状的集合体出现。颜色多样，从无色、白色到浅红色、棕色，条痕呈白色，从透明到半透明，具有玻璃光泽。天青石是地球上的稀有矿物，全世界的已知储量仅有 2 亿吨，由于它是提取锶的重要矿物原料之一，所以显得尤为珍贵，开发价值极高。

硬石膏是一种天然硫酸盐矿物，主要成分是无水硫酸钙，广泛分布在蒸发作用形成的盐湖沉积物中，与白云石、石膏、石盐等蒸发岩等矿物共生，还会出现在炙热的矿脉中。硬石膏的晶体是板状、柱状，但主要是以粒状、纤维状的集合体产出。纯净的硬石膏的颜色是无色或白色，若含其他杂质会呈灰色、浅灰、浅红色、浅棕色，条痕的颜色是白色，从透明到不透明，具有玻璃光泽或者珍珠光泽。

第二节　重晶石、胆矾、明矾石

重晶石是钡的最常见矿物，也是一种非金属矿物，它的主要成分是硫酸钡，常与石英、方解石、萤石、黄铁矿、白云石、黄铜矿等物质共生于炙热的矿脉中，也会形成于沉积岩层或者温泉周围。重晶石的晶体为板状、柱状，常常会结合成较大的晶体，也能形成一些细小的玫瑰状结核，主要以粒状、片状、纤维状、柱状的集合体出现。纯净的重晶石的颜色是白色，有一定光泽，但含有杂质之后的颜色则呈灰色、浅红色、浅黄色，条痕的颜色是白色，从透明到半透明，具有玻璃光泽或者珍珠光泽。重晶石是一种极为重要的非金属矿物，在工业上有着广泛用途，不仅可以作为造纸工业、橡胶工业、塑料工业的填合剂，还可以作为钻井泥浆的加重剂，也可作锌钡白颜料；在生活方面，重晶石是道路建设的极好材料之一（橡胶和含10%重晶石的柏油混合物，就是一种优良的铺路材料，耐磨性非常好）。此外，目前，重晶石还被用来填充在重型道路建设设备的轮胎中，增加重量，方便夯实路面填方地区。

胆矾属于硫酸盐类矿物的晶体，或是人工制成的含水硫酸铜，主要形成于硫化铜矿的氧化带中。胆矾的晶体为板状、柱状，主要以粒状、片状、纤维状、皮壳状的集合体出现。颜色多样，从天蓝色到深蓝色或浅绿色，条痕无色，透明至半透明，具玻璃和油脂光泽。胆矾在药理上具重要作用，能与蛋白质结合形成不溶性的蛋白质化合物，溶液具有收敛致泌的作用，内服后会引发反射性呕吐，这个特征被医生利用，以帮助病人催吐或解毒。

明矾是一种分布广泛的硫酸盐矿物，主要形成于流纹岩、粗面岩、安山岩等火山岩中，是中酸性火山喷出岩经过低温热液作用生面的蚀变产物。明矾石的晶体是菱面体，属三方晶系，主要以块状、纤维状、致密状的集合体出现。颜色为白色到浅红色、浅黄色或棕色，条痕呈白色，从透明到几乎不透明，具有玻璃光泽或珍珠光泽。明矾石可以用来提取明矾和硫酸铝，工业上还可以用来炼铝，制造钾肥和硫酸。

第三节　杂卤石和青铅矿、绒铜矿

　　杂卤石是一种可溶性钾盐矿物、硫酸盐矿物，常与石盐、硬石膏等矿物共生于蒸发岩沉积中，但很少出现在火山周围。杂卤石的晶体为细小的长板状，但很难形成，主要以纤维状、叶块状的集合体出现。纯净的杂卤石是无色、白色或灰色的，当含有氧化铁之后就会转变为粉红色，条痕呈白色，从透明到半透明，具有松枝光泽或玻璃光泽。杂卤石可以用来制造化肥。

　　青铅矿主要在与流动液体接触的铅、铜矿脉中形成，是次生矿物，常与硫酸铅矿、水胆矾、胆矾等物质共生。青铅矿的晶体为柱状、板状，主要是双晶，有时也会出现晶簇；颜色为青蓝色，断口呈贝壳状，条痕呈浅蓝色，从半透明到透明，具有玻璃光泽或半金刚光泽。青铅矿的主要产地是阿根廷、澳大利亚、加拿大、纳米比亚、俄罗斯、西班牙、意大利、美国等。

　　绒铜矿主要形成于矿石脉中，特别是铜矿的氧化带中含大量的绒铜矿。绒铜矿的晶体为细小的针状，主要以簇状的集合体出现，也有皮壳状、纤维状细脉；颜色从浅蓝色到深蓝色，断口参差不齐，条痕呈浅蓝色，具有丝绢光泽且是半透明的。

第四节　铬铅矿和钼铅矿

　　铬铅矿形成于含有铬和铅的矿脉或矿床的蚀变带、氧化带中，常与钼铅矿、白铅矿、磷氯铅矿等矿物共生。铬铅矿的晶体为细长柱状，主要是块状的集合体。铬铅矿的颜色是橘红色，如果含杂质则呈现出橘黄色、红色或黄色，断口呈亚贝壳状，条痕颜色为黄色，具有金刚光泽或者玻璃光泽，半透明。铬铅矿易在火焰中熔化，也可以溶解在强酸中，因此利用强酸可以将矿物中的铬铅矿提取出来。铬铅矿是铬酸铅矿物，是最早发现元素铬的矿物。铬可以用来镀在金属表面防锈，又由于颜色鲜艳，铬铅矿还被当作颜料。

钼铅矿是一种铅钼酸盐矿物，主要成分是钨、钒、钙和稀土元素等物质，又被称为彩钼铅矿，主要形成于矿床循环流体作用的氧化带中，常与白铅矿、褐铁矿、方铅矿、孔雀石等物质共生。钼铅矿的晶体为四方晶系，呈现出板状、柱状，有时也会出现双椎状，主要以块状、粒状的集合体出现。纯净的钼铅矿的颜色从稻草黄到蜡黄，当含有钨时会呈橘红色或褐色，断口为亚贝壳状，条痕颜色从白色到浅黄色，具有松枝光泽或金刚光泽，从透明到半透明。钼铅矿并非钼矿的主要来源，只是因为它鲜艳的色彩和光泽，所以受到全世界收藏家的喜爱。钼铅矿的主要产地有捷克、摩洛哥、阿尔及利亚、澳大利亚、墨西哥的本内特、美国的亚利桑那州等。

第五节 黑钨矿和白钨矿

黑钨矿是钨锰矿系列的过流矿物，常与锡石、毒砂等物质共生于花岗伟晶岩的石英矿脉中。黑钨矿的晶体为柱状、板状，通常是双晶，主要是块状的集合体。颜色会随着铁、锰的含量不同发生相应变化，颜色越深表示含铁量越多，从褐红色到黑色，条痕颜色从黄褐色到黑褐色，具有金属光泽或者半金属光泽，从半透明到不透明。黑钨矿的熔点高，熔化速度非常慢，是提炼钨的重要矿物之一。俄罗斯的西伯利亚、缅甸、泰国、澳大利亚、玻利维亚等地是黑钨矿的主要产地。

　　白钨矿是一种无酸盐矿物，属四方晶系，外表是粒状石块，在紫外线的照射下，或者加热之后呈紫色。白钨矿也是提炼钨的重要矿物，常与黑钨矿形成于接触变质岩和伟晶岩中，还会出现在砂积矿床中。白钨矿的晶体为假八面体或四方双锥，主要以粒状、致密块状、块状的集合体出现；颜色是无色或白色，有时也会伴随着灰白色、浅黄色、褐色、绿色等颜色，条痕呈白色，具有玻璃光泽或金刚光泽。受短波紫外线照射后的白钨矿会呈蓝白荧光，易溶解于酸溶液，这是对白钨矿进行鉴定的主要依据。朝鲜南部的山塘、德国的萨克森、英国的康沃尔、澳大利亚的新南威尔士、玻利维亚北部、美国的内华达州等都是白钨矿的主要产地。

第七章　磷酸盐、砷酸盐、钒酸盐

磷酸盐、砷酸盐、钒酸盐是金属元素分别与磷酸根、砷酸根、钒酸根结合在一起而形成的化合物，这类矿物主要是由原生硫化物氧化而成，性质多样，颜色各异，质地比较软，而且很容易破碎。

第一节 天蓝石、蓝铁矿和独居石

天蓝石是一种含有氢基的碱性磷酸铝镁矿物，主要形成于多种地质环境中，如石英矿脉、花岗伟晶岩、变质岩等。常与红柱石、金红石等矿物共生，变质伴生矿物包括石英、石榴子石、蓝晶石、白云母、叶蜡石、刚玉等。天蓝石的晶体为双锥状，还会出现板状，体积较大，常为双晶，主要以块状、粒状、致密状的集合体出现；颜色有蓝色、浅蓝色、蓝绿色等，断口为参差状，条痕呈白色，具有玻璃光泽或者暗淡光泽，从半透明到不透明。天蓝石是一种可以媲美青金石的高档宝石，又被称为"假青金石"。印度的巴汉达拉、美国的新罕布什尔州和加州、巴西的米纳斯吉拉斯、安哥拉、瑞典、马达加斯加和奥地利等都是天蓝石的主要产地。

　　蓝铁矿是一种含水磷酸盐类矿物，主要形成于铁矿床和锰矿床的氧化带中。蓝铁矿的晶体为长柱状、板状，主要是以块状，片状、纤维状的集合体出现。纯净的蓝铁矿是无色的，风化之后颜色变深，断口为参差状，条痕的颜色从无色到蓝白色，具有玻璃光泽或者珍珠光泽，从透明到半透明。蓝铁矿易溶于盐酸，因蓝铁矿的硬度较低，且非常清脆，所以只适于收藏。此外，它可以作为绿松石和蓝铁方柱石的着色剂。玻利维亚、喀麦隆、美国的爱达荷州列姆希科、加拿大、澳大利亚、日本和俄罗斯等是世界蓝铁矿的主要产地。

　　独居石是包括独居石铈、独居石镧以及独居石钕等矿物在内的一个矿物系列，具放射性。作为副矿物，独居石主要形成于伟晶岩和变质岩的矿脉中，地质学家曾在伟晶岩中发现重量达几千克的特大独居石晶体。此外，砂积矿床，如河流或者滩地砂层也有独居石产出。独居石的晶体很小，通常是板状、柱状，双晶，表面很粗糙且有许多条纹，主要以粒状的集合体出现；颜色多样，有棕色、红棕色、黄棕色、粉红色、黄色、浅绿色、白色等，断口是贝壳状或者参差状，条痕呈白色，具有松脂光泽、蜡质光泽或者玻璃光泽，从透明到半透明。巴西、印度、斯里兰卡、澳大利亚、南非和中国等都是独居石的主要产地。

第二节 绿松石、银星石和磷灰石

绿松石，别名"土耳其玉"，由富含大量铝的岩浆岩或者沉积岩经过分化形成。绿松石基本不会形成晶体，但有时会出现短小的柱状晶体，主要以块状、粒状、钟乳状、结核状、皮壳状、细脉状的集合体出现。绿松石的颜色包括蓝色、绿色、灰色等，断口是贝壳状，条痕呈白色、浅绿色，具有蜡烛光泽或者暗淡光泽，从透明到不透明。绿松石属于优质的玉石材料，被国际珠宝界分为四个品级，一级品为波斯级，二级品为美洲级，三级品是埃及级，四级品是阿富汗级，其中以一级品为最优质的绿松石。

银星石是一种次生矿物，主要形成于岩石的缝隙中。银星石也很难形成晶体，只会形成细小的柱状晶体，主要以放射状、针状、皮壳状、球状的集合体出现；颜色包括白色、黄色、黄棕色，断口是亚贝壳状或参差状，条痕呈白色，具有玻璃光泽、松脂光泽或珍珠光泽，从透明到半透明。银星石被应用到医药领域，可以用来治疗吐血、咯血等症状。银星石的主要产地是英国和美国。

磷灰石主要形成于岩浆岩或者变质石灰岩中，磷灰石的晶体是柱状、板状，主要以块状、致密状、粒状的集合体出现；颜色一般是绿色，有时也会出现无色、白色、黄色、浅红色、棕色、灰色、紫色等，断口为贝壳状或参差状，条痕呈白色，具有玻璃光泽或松脂光泽，从透明到半透明。磷灰石是提取制造磷肥和提取磷及其他化合物的主要原料之一。另外，磷灰石晶体的色泽透明而润美，具有一定的收藏价值，俄罗斯是著名的磷灰石产地。

第三节　水砷锌矿、光线矿和钴华

水砷锌矿常与方解石、褐铁矿、孔雀石、蓝铜矿等矿物一起共生于矿脉的氧化带中，水砷锌矿的晶体是长板状等径状，双晶，主要是球状的块体。水砷锌矿的颜色是黄绿色，断口为亚贝壳状或参差状，条痕呈白色，具有玻璃光泽，从透明到半透明。

光线矿是次生矿物，主要存在于硫化铜矿床的氧化带中，常与橄榄铜矿等矿物伴生。光线矿的晶体是扁长的板状、菱面体状，也会以蔷薇花状的集合体出现，而内部是反射状的；颜色从蓝绿色到黑绿色，断口为参差状，条痕的颜色是蓝绿色，具有玻璃光泽或者珍珠光泽，从透明到半透明。

钴华是一种含水砷酸钴，也属于次生矿物，主要形成于钴矿脉的氧化带中。钴华的晶体是柱状、针状，晶体表面布满了条纹，常以土状块体、叶片状的集合体出现。颜色从深紫色到粉红色，断口为参差状，条痕呈淡红色，具有金刚光泽、玻璃光泽或珍珠光泽，从透明到半透明。钴华主要用来提炼钴，也可以作为玻璃和陶瓷的染色剂。此外，钴华还是寻找自然银矿的标志，地质学家可以按地表的钴华寻找到其他矿物或者伴生银。

第四节　砷铅矿和橄榄铜矿、臭葱石

砷铅矿常与磷氯铅矿、钒铅矿、方铅矿、硫酸铅矿、异极矿、毒砂等物质共生于铅矿床的氧化带中，砷铅矿的晶体是针状、圆筒状、细长的柱状，还会出现葡萄状、颗粒状的集合体；颜色多样，包括黄色、橙色、棕色、白色、无色、浅绿色等，断口为亚贝壳状或参差状，条痕呈白色，具有玻璃光泽或松脂光泽，从透明到半透明。砷铅矿易溶于盐酸，也能在火焰中熔化，并散发出强烈如大蒜的味道。砷铅矿是冶炼铅的重要矿物之一。

橄榄铜矿常与孔雀石、蓝铜矿、方解石、透视石、臭葱石等矿物共生于硫化铜矿床的氧化带中。橄榄铜矿的晶体是柱状、针状、板状，也有球状、肾状的块体出现；颜色包括橄榄绿、棕色、浅黄色、灰色或白色，断口是贝壳状或参差状，条痕呈白色，具有玻璃光泽或者丝绢光泽，从半透明到不透明。橄榄铜矿易溶于酸溶液，加热之后会散发出与大蒜相似的味道。

臭葱石是一种罕见的砷酸盐矿物，主要形成于含有砷矿的外层氧化带中，也会在温泉外围呈壳层状沉淀。臭葱石的晶体为双锥状、柱状、板状，主要是以块状、土状的集合体出现；颜色多样，包括绿色、蓝色、棕色、无色、紫罗兰色等，断口为亚贝壳状，条痕呈白色，具有玻璃光泽、松脂光泽或暗淡光泽，从透明到半透明。臭葱石易溶于盐酸和硝酸，加热之后散发出大蒜的气味，如果在封闭的空间内被加热，会释放水分。墨西哥、希腊、巴西、英国和美国的加州、安大略湖等是臭葱石的主要产地。

第五节 钒钾铀矿、钒铜矿和钒铅矿

钒钾铀矿也被称为"钒酸钾铀矿"，属于次生矿物，主要分布在有机质沉积岩的风化带或沉积铀矿床的氧化带中。钒钾铀矿的晶体微小且扁平，主要以粉状、微晶块状、皮壳状的集合体出现；颜色为鲜红色、绿黄色，断口为参差状，条痕呈黄色，晶体具有珍珠光泽，块体具有暗淡光泽，而且是半透明的。钒钾铀矿具很强放射性，易溶于酸溶液。纯净的钒钾铀矿中含有的铀大约是53%，钒的比重约为12%，是提取铀、钒及镭的矿物原料。

钒铜矿是其他铜矿发生变化而形成的产物，晶体是皮壳鳞片状，通常具有三角形或者六边形的轮廓，双晶，一般是片状，还会以玫瑰状、蜂窝状的集合体出现；颜色是绿色、黄色、棕色，断口为参差状，条痕呈黄绿色，具有玻璃光泽或珍珠光泽，而且是半透明的。钒铜矿易溶于酸溶液。

钒铅矿是一种不常见的矿物，只能从一个已经存在的矿物通过化学变化来形成，所以它是一种次生矿物。钒铅矿的晶体结构类似于磷灰石的晶体结构，自然环境下，主要形成于铅矿床的氧化带中；在干旱条件的地区，钒铅矿由原生铅矿石氧化形成。钒铅矿有时可以形成空心的柱状晶体，颜色包括鲜红色、红色、棕红色、黄色，断口是贝壳状或参差状，条痕呈白色或浅黄色，具有松脂光泽或半金刚光泽，从透明到半透明。钒铅矿可以在火焰中熔化，也易溶于酸溶液；蒸发之后会留下红色的沉淀，而其他钒酸类矿物则是形成白色沉淀。钒铅矿是提炼钒的主要矿物，也是提炼铅的次要矿物。此外，由于钒铅矿色彩绚丽，有光泽，成为许多矿物收藏家关注的目标。钒铅矿的主要产地是美国的新墨西哥州、加州和亚利桑那州，还有阿根廷、南非、奥地利、英国和摩洛哥等，矿藏分布范围广，全世界超过400座矿井中出现过它的身影。

第八章　硅酸盐

硅酸盐是金属元素（主要是铝、铁、镁、钾、钠等）与硅、氧结合在一起形成的化合物的总称。硅酸盐矿物中最丰富、体积最大的一类，在地壳中广泛分布，是构成多数岩石，如花岗岩等，以及土壤的主要成分。原生硅酸盐也是构成岩浆岩和变质岩的主要矿物成分。

第一节　橄榄石、硅镁石类和黄玉

橄榄石是八月份的诞生石，又被称为"黄昏的祖母绿"，象征着夫妻幸福。橄榄石分为镁橄榄石和铁橄榄石，前者含大量镁元素，主要形成于基性、超基性岩以及大理岩中；后者则含大量铁元素，常形成于快速冷却的酸性岩石中。橄榄石的晶体是厚板状，晶体末端是楔性，常以块状、致密状、粒状的集合体出现；颜色多样，从绿色、黄棕色到棕色、白色，断口为贝壳状，条痕呈无色，具有玻璃光泽，从透明到半透明。橄榄石易溶于酸溶液，并出现凝胶现象。橄榄石是一种著名的宝石，埃及人相信它拥有太阳的光明和力量，将其奉为"太阳的宝石"，佩戴它可以消除对夜间的恐惧。在美国的夏威夷，人们将橄榄石誉为"火神的眼泪"。橄榄石的主要产地是缅甸、美国等。

硅镁石类是一种硅酸盐矿物，它的晶体属于正交晶系的岛状结构，包括硅镁石、斜硅镁石、块硅镁石、粉硅镁石等矿物。主要形成于接触变质石灰岩或某些矿脉中，常与方解石、石墨、结晶石、石榴子石的矿物伴生。硅镁石的晶体非常小，又短又粗，主要是多种形状的集合体；颜色多样，从白色、黄色到橙色、棕色，断口为参差状，条痕呈棕色，具有玻璃光泽，从透明到半透明。硅镁石的主要产地是意大利的蒙特索马、芬兰的巴拉古斯、瑞典的卡韦尔托普等。

黄玉是一种含水硅酸盐矿物，主要形成于伟晶岩花岗岩矿脉的缝隙中，常与石英等矿物共生。黄玉的晶体通常呈完美的柱状，有一些的重量可达 100 千克，有时也以块状、粒状、柱状的集合体出现；颜色多样，包括白色、红色、灰色、黄色、绿色、紫色、粉红色等，断口为亚贝壳状，条痕呈无色，具有玻璃光泽，从透明到半透明。黄玉在阳光下长时间暴晒会发生褪色。黄玉可作为研磨材料，也可作仪表轴承。透明漂亮的黄玉属于名贵玉石。黄玉不能溶解于酸溶液，也不能熔于火，这是鉴定黄玉的主要特征。黄玉在世界储藏量大，最著名的产地是巴西的米纳斯吉拉斯州，这里的黄玉色彩丰富，包括黄色、深雪梨黄色、粉红色、蓝色、粉红色及无色等。斯里兰卡是黄玉的重要产地，此外，美国的加利福尼亚州也有黄玉矿藏。

第二节 十字石、硬绿泥石和红柱石

十字石是岛状结构的硅酸盐矿物，主要形成于富含铁和铝质的泥质岩石的变质岩中，如云母、片岩、纤枚岩、片麻岩等，因有一个奇特的十字外形而得名，常与蓝晶石、白云母、石榴子石等矿物共生。十字石的晶体是短柱状，横断面呈现出菱形，双晶；颜色为棕色、黄色或黑色，断口是贝壳状或参差状，条痕颜色从红色到深灰色，具有玻璃光泽或者松脂光泽，从半透明到不透明。透明的十字石可作为宝石，具有很高的矿物学和岩石学意义。

硬绿泥石常形成于含铁、铝比较高的变质泥岩中，是这种岩石中的常见矿物，与白云母、绿泥石、石榴子石、蓝晶石等矿物共生。硬绿泥石的晶体是板状，但很少见，一般为双晶，主要以片状、块状或鳞片、玫瑰花状的集合体出现；颜色从深灰色到黑绿色，断口是层参差状，条痕的颜色从无色到淡绿色，具有珍珠光泽，而且是半透明的。因硬绿泥石的硬度比较高，常被用来制作砚石，瑞典是硬绿泥石最著名的产地。

红柱石是主要形成于花岗岩、伟晶岩等变质岩中的一种硅酸盐矿物，常与蓝晶石、刚玉等矿物共生。红柱石的晶体是柱状，也以块状、纤维状的集合体出现；颜色包括粉红色、浅红色、浅白色、浅绿色等，断口为亚贝壳状或参差状，条痕呈无色，具有玻璃光泽，从透明到不透明。红柱石是现在已知的最优质的耐火材料之一，不仅应用到冶炼工业的高级耐火材料和技术陶瓷工业中的原料中，还可用于冶炼高强度的轻质硅铝合金。红柱石的主要产地是西班牙的安达卢西亚、奥地利的迪罗尔州、巴西的米纳斯吉拉斯等。

第三节　蓝晶石、蓝线石和蓝柱石

　　蓝晶石是一种岛状结构硅酸盐矿，与红柱石、矽线石构成同质多象变体，通常形成于变质岩中，如片岩、片麻岩等。蓝晶石的晶体是柱状、片状，而且常是弯曲的晶体，还会以块状、前卫状的集合体出现；颜色多样，包括蓝色、白色、灰色、绿色、黄色、黑色等，断口为参差状，条痕无色，具有玻璃光泽或珍珠光泽，从透明到半透明。蓝晶石属于高铝矿物，是优质的耐火材料之一，抗化学腐蚀性能强，热震机械强度大，受热膨胀不可逆，是生产不定型材料和电炉顶砖、磷酸盐不烧砖、莫来石砖等主要原料。蓝晶石还是一种变质矿物，其变质相由绿片岩相到角闪岩相，也常用作宝石戒面、手链和项链。蓝晶石的主要产地是美国的加利福尼亚州、爱荷华州、佐治亚州及加拿大、爱尔兰、法国、意大利、瑞士、印度、巴西、朝鲜、澳大利亚等。

　　蓝线石也是岛状硅酸盐矿物，主要形成于富含铝的变质岩或者伟晶岩中。蓝线石的晶体是柱状，但很少见，最常见的是片状、纤维状、放射状的集合体；颜色包括蓝色、紫罗兰色、粉红色、棕色，断口是参差状，条痕呈白色，具有玻璃光泽至暗淡光泽，从透明到半透明。蓝线石在工业上可以用来制作工业熔炉的内层。蓝线石的主要产地是加拿大、法国、意大利、马达加斯加、纳米比亚、挪威、波兰、斯里兰卡和美国的亚利桑那州、加州、科罗拉多州等。

　　蓝柱石是一种主要形成于伟晶岩、冲积砂矿床中的硅酸盐矿物。蓝柱石的晶体是柱状，颜色为无色、蓝色、白色，断口为贝壳状，条痕呈白色，具有玻璃光泽，从透明到半透明。除了用于制作宝石，蓝柱石还可以用来提取铍。蓝柱石最重要的产地是巴西的米纳斯吉拉斯，此外，加拿大的卡尔加里狄沃、俄罗斯的乌拉尔萨冈耶卡河、坦桑尼亚的莫罗哥罗、德国的巴伐利亚、匈牙利、克什米尔等地也是蓝柱石的重要产地。

第四节 异极矿、符山石和绿柱石

异极矿通常是闪锌矿氧化之后的产物，主要形成于铅锌硫化物矿床的氧化带中，常与菱锌矿、白铅矿、褐铁矿、方解石、硫酸铝等矿物共生。异极矿的晶体为薄板状，表面有纵向条纹，还以块状、致密状、葡萄状、粒状、纤维状、皮壳状的集合体出现；颜色多样，包括白色、无色、蓝色、灰色、棕色，断口是贝壳状或参差状，条痕呈无色，具有玻璃光泽或者丝绢光泽，从透明到半透明。由于异极矿有着巨大的能量，而且能够以稳定平和的方式释放出来，因此常在医疗保健中应用，人们将其作为配饰佩戴之后，可以让心情变得平静。异极矿与菱锌矿相似，存在的区别是异极矿遇酸不会起泡。最著名的异极矿的产地是英国。

符山石也是岛状结构的硅酸盐矿物，主要形成于接触蚀变的石灰岩和某些岩浆岩中，常与绿帘石、石榴子石、方结石等矿物共生。符山石的晶体属于四方晶系，常呈四方体和四方锥形，晶体表面有纵纹，还会以柱状、放射状、致密块状的集合体出现；颜色包括黄色、灰色、绿色、褐色，断口是贝壳状或参差状，具玻璃光泽，从透明到半透明。晶莹剔透、色泽艳丽的符山石是一种优质的宝石，巴基斯坦、挪威、美国等地都有这种矿物，其中美国的加利福尼亚出产的绿色、绿黄色致密块状符山石，因质地细腻，有"加州玉"的美称。

绿柱石是环状结构的硅酸盐矿物，属于六方晶系，主要形成于伟晶岩或花岗岩中，还会出现在一些变质岩中。绿柱石的晶体是六方体，晶体表面有纵纹，以晶簇或针状集合体出现，有时会形成伟晶，长度可到 5 米，重达 18 吨。颜色通常是浅绿色，但若含有铯时，会呈粉红色，被称为"玫瑰绿柱石"；若含有铬时，会呈翠绿色，也就是俗称的"祖母绿"；若含有二价铁时，会呈淡蓝色，被称为"海蓝宝石"；含有三价铁时，会呈黄色，称为"黄绿宝石"。断口为贝壳状或参差状，条痕呈白色，具玻璃光泽，从透明到透明。绿柱石也是冶炼铍的重要原料之一，色泽美丽的绿柱石为珍贵的宝石，具有很高的收藏价值。

第五节　电气石、黑柱石和斧石

电气石的别称是"碧玺"，是一种含硼的环状结构硅酸盐矿物，通常形成于花岗岩、伟晶岩以及一些变质岩中，常与绿柱石、石英等矿物共生。电气石的晶体为柱状，晶体表面有纵纹，横断面呈球面三角形，主要以棒状、放射状、束针状等集合体出现，偶尔也以致密块状出现。电气石类有七个品种，分别是锂电气石、铁电气石、钠铁电气石、镁电气石、红电气石、铬镁电气石以及钙镁电气石，断口为贝壳状或参差状，条痕呈无色，具玻璃光泽，从透明到不透明。电气石中含多种人体必需的天然矿物质，而且由于电气石本身拥有微弱的电流，因此蕴含的矿物质很容易为人体所吸收，成为人类补充矿物质的上佳来源。

黑柱石主要形成于岩浆或者熔岩的接触变质带中，还会出现在正长岩中。黑柱石的晶体是柱状晶体，表面有金刚石形的横截面和条纹，还会以块状、致密状的集合体出现，颜色为黑色或灰色，断口为参差状，条痕呈黑色、绿色和棕色，具半金属光泽，而且是不透明的。黑柱石易溶于盐酸，并有凝胶现象产生，也可以熔化在火焰中。

斧石主要存在于接触变质蚀变的钙质岩石中，晶体为板状和楔形，主要是块状、片状的集合体；颜色多样，包括红棕色、黄色、无色、紫罗兰色和灰色等，断口为贝壳状或参差状，条痕呈无色，具玻璃光泽，从透明到半透明。世界最著名的斧石产地是法国。

第六节 锂辉石、硬玉和阳起石

锂辉石主要形成于花岗岩、伟晶岩中，常与长石、白云石、黑云母、石英、绿柱石、电气石、黄玉等矿物共生。锂辉石的晶体为扁平柱状，双晶，晶体表面有纵纹，还有明显的三角形表面印痕，偶尔会形成巨大的晶体，还以劈裂的块状体产出；颜色多样，包括无色、白色、灰色、浅绿色、浅黄色、淡紫色等，断口为参差状，条痕呈白色，具玻璃光泽，从透明到半透明。锂辉石不溶解，但可熔化，因为含有锂元素，所以在燃烧时会有红色火焰出现。锂辉石有紫锂辉石和翠铬锂辉石两个品种，翠铬锂辉石呈绿色，晶体非常小，仅仅产于美国的北卡罗来纳州。

硬玉是由钢和铝的硅酸盐矿物组成，含有多种氧化物，其中二氧化硅占 58.28%，氯化钠占 13.94%，氧化钙占 1.62%，氧化镁占 0.91%，三氧化二铁占 0.64%，除此之外，还含有微量的铬、镍等元素。主要形成于超基性岩和某些片岩中，也会形成于小矿脉或燧石、杂砂岩透镜体中。硬玉的晶体为细小的柱状，晶体表面有条纹，但很少形成晶体，如果形成晶体，则多为双晶，通常以块状、粒状的集合体出现；颜色为绿色，偶有白色、灰色和紫红色，含有氧化铁杂质时，会呈黄色或棕色；断口为多片状，条痕呈无色，具玻璃光泽或油脂光泽，半透明。硬玉按颜色和质地可以划分为 20 多个品种，包括宝石绿、艳绿、黄阳绿、阳俏绿、菠菜绿、蛙绿、瓜皮绿、油绿、紫罗兰、藕粉色等。

阳起石是硅酸盐类矿物中的角闪石族透闪石，主要形成于片岩、角闪岩中。阳起石的晶体为长叶片状，双晶，也以片状、柱状、纤维状、粒状的集合体出现。颜色从淡绿色到墨绿色，断口为贝壳状或参差状，条痕呈白色，具玻璃光泽，从透明到不透明。阳起石多用于医药，对阳痿和妇女子宫久冷等有治疗效果，还可缓解腰膝酸软等症状。阳起石是透闪石中超过 2% 的镁离子被二价铁离子置换而形成的矿物，如果阳起石中铁的含量比较高，会呈现出深绿色或者黑色，被称为铁阳起石。石棉状阳起石的颜色为白色或灰色。阳起石质硬而脆，折断后的断面不是平整的，呈纤维状或细柱状。

第七节　针钠钙石、硅灰石和柱星叶石

针钠钙石主要形成于玄武岩空洞（熔岩的气孔）中，常与沸石类矿物共生，如片沸石、钙十字沸石、方沸石等，也有少量形成于钙质变质岩、碱性侵入岩和云母橄榄岩中。针钠钙石的集合体是针状，常以块状体、板状晶体产出；颜色包括白色、无色、浅灰色、深色状，断口为参差状，条痕呈白色，具玻璃光泽或丝绢光泽，透明或半透明。鉴定针钠钙石，可视其能否在盐酸中产生凝胶现象和在密闭空间内加热是否会生成少量水分作为特征和依据。针钠钙石的著名产地有美国加利福尼亚和英国的爱丁堡。

硅灰石矿石有两种自然类型：矽卡岩型矿石和硅灰石型（如石英、方解石）矿石。矽卡岩型矿石主要存在于矽卡岩型矿床中，矿物组成很复杂，常与石英、方解石、透辉石、石榴子石等矿物伴生；硅灰石型矿石主要形成于接触变质岩、区域变质岩型矿床中。硅灰石的晶体构造有两种：致密块状矿石和粗晶硅灰石矿石，致密块状主要以粒状、柱状、纤维状的集合体产出，有个别极细粒致密的呈玉状；后者主要呈板柱状、束状、放射状。硅灰石是一种新兴的工业原料，主要应用于陶瓷工业上，其次也用作冶金保护渣和涂料，还可用作制成电焊条药皮、石棉代用品、磨料黏结剂、玻璃配料及生产橡胶、塑料、绝缘材料、纸张等物品的填料。硅灰石的主要产地是美国、俄罗斯等。

柱星叶石是一种主要形成于中性深成岩中的副矿物，常与蓝锥矿、钠沸石等矿物伴生。柱星叶石的晶体为柱状，晶面呈正方形；颜色是黑色、深棕色，断口为贝壳状，条痕呈红棕色，具有玻璃光泽，而且不透明。柱星叶石在丹麦格陵兰岛被首次发现，世界上著名的柱星叶石产地是美国加州的达拉斯宝石矿、加拿大魁北克省的圣海拉尔山，以及澳大利亚、俄罗斯、丹麦等。

第八节 白云母、锂云母和黑云母

白云母在世界范围广泛分布，主要形成于岩浆岩中，尤其是花岗岩等酸性岩石，还会形成于变质岩中，如片岩、片麻岩等。形成于花岗岩中的白云母晶体，有着巨大工业价值；伟晶岩中的白云母则是经过多个阶段形成的；变质岩中的白云母分布范围广泛，是在高温和钾的双重作用下形成的。白云母的晶体为板状，晶体表面是六边形，双晶，也以鳞片状、致密状的集合体出现；颜色多样，包括白色、灰色、绿色、红色、棕色等，断口为参差状，条痕呈无色，具有玻璃光泽或珍珠光泽，从透明到半透明。白云母不溶于酸，隔热性很强。

锂云母又叫鳞云母，是常见的锂矿物，常与电气石等矿物一起形成于酸性岩石中，如花岗岩、伟晶岩等，也有生成于含有大量锡的矿脉中的。锂云母的晶体为板形，晶体形状是假六面形，也有以鳞片、块状的集合体产出；颜色包括粉红色、紫色、浅灰色、白色等，断口为参差状，条痕呈无色，具珍珠光泽，从透明到半透明。锂云母熔化时会产生气泡，同时产生深红色的火焰，不溶于酸溶液，但熔化之后能够与酸进行反应。锂云母是提取稀有金属锂的重要矿物之一，由于它常常含有铯和铷，因此也是提取这些稀有金属的重要原料之一。

黑云母主要形成于岩浆岩、变质岩中，黑云母的晶体为板状、柱状、锥状，最常见的是假六方板体；颜色包括黑色、深棕色、黑棕色、绿色等，偶尔会有白色的黑云母，但极其罕见；断口为参差状，条痕呈无色，具玻璃光泽，从透明到半透明。黑云母受热水溶液作用后可蚀变为绿泥石、白云母和绢云母等其他矿物，但含铁量高，绝缘性能差。黑云母可应用于建材行业，用作建筑材料的填充物，也可广泛应用于消防、造纸、橡胶等化工工业，有着很高的实用价值。

第九节 中长石、奥长石和培斜长石

中长石和奥长石都是中性斜长石，是钙长石和钠长石的过渡类型，主要形成于中性岩和变质岩中，如安山岩、角闪岩等。中长石的晶体为板状，双晶，主要以致密状、块状、粒状的集合体出现；颜色有灰色、无色或白色，断口为贝壳状或参差状，条痕呈白色，具玻璃光泽，从透明到半透明。

奥长石又叫更长石，也是斜长石的一种，主要形成于喷发岩、变质岩和深成岩中，如花岗岩、伟晶岩、中性正长岩、安山岩、玄武岩等。奥长石的晶体为板状，双晶，主要以块状、粒状、致密状的集合体出现；颜色多样，包括灰色、白色、浅黄色、棕色、浅红色、无色等，断口为贝壳状或参差状，条痕呈白色，具玻璃光泽，从透明到半透明。奥长石的包裹体有灿烂的反射光，这也是对它进行鉴定的主要依据。奥长石可作为玻璃工业和陶瓷工业的制作原料。奥长石混合钠长石或金属矿物后，呈肉红色，并因含有鳞片状镜铁矿细小包裹体而显现金黄色闪光的变种，又被称为"日光石"，只是产出较少，属于中档宝石。奥长石在世界各地均有广泛分布。

培斜长石同样是一种斜长石，它是多种岩浆岩的重要组成，如粗弦岩、玄武岩、苏长岩等，主要形成于变质岩中，如片麻岩、片岩等。

培斜长石的晶体为板状，双晶，主要以块状、致密状、粒状的集合体出现；颜色有白色、无色、灰色和浅棕色，条痕呈白色，具玻璃光泽，从透明到不透明。培斜长石是陶瓷工业和玻璃工艺的制造原料，其中色泽美丽的培斜长石还可以用来制作宝玉石，如日光石。培斜长石的分布范围非常广泛，全球均有产出。

第十节　青金石、白榴石和方柱石

青金石的工艺名称为"青金"，它的波斯语和阿拉伯语分别为"拉术哇尔"和"拉术尔"，印度语为"雷及哇尔"。青金石是一种透明或半透明的宝石，颜色有蓝色、蓝紫色或蓝绿色，主要由天蓝石和方解石两种矿物组成，一般形成于高温变质石灰岩中。青金石的晶体是菱形十二面体、八面体或立方体，但很少见，主要以致密块状、粒状的集合体出现；颜色多样，包括深蓝色、紫蓝色、天蓝色、绿蓝色等，断口为参差状，条痕呈蓝色，具暗淡光泽，半透明。青金石与其他宝石的最大区别在于，它不是一种矿物而是一种岩石。青金石常被用来制作成念珠、钟壳、表盘、烟盒等装饰物；同时，它也是适合男士的一种珠宝饰物。青金石最著名产地是阿富汗，美国、缅甸、加拿大、蒙古、智利、安哥拉、巴基斯坦和印度等也有产出。

青金石制作成的小饰品受到人们的喜爱，因为它充分体现了人们温文尔雅的高贵气质。此外，青金石还有利于睡眠，能帮助冥想练习者迅速进入冥想状态。如果在开车时佩戴它，能保持心境的平和，消除由于交通不畅引起的情绪不安。小朋友佩戴青金石还可促进身体发育。

白榴石属于长石类，主要形成于基性岩中，特别是富含钾的基性岩。白榴石晶体属于四方晶系，通常为四角体或八面体，也有立方体和十二面体，晶体表面布满双晶条纹，晶体形态主要是双晶；颜色为白色、无色、灰色、黄白色等，断口是贝壳状，条痕呈红色，具玻璃光泽，从透明到不透明。白榴石是提取钾、铝和工业明矾的主要矿物，具有重要价值。其主要产地是意大利的维苏威火山、美国。

白榴石属于典型的硅氧不饱和高温矿物，常见于第三纪之后的火山熔岩中，不能与原生石英共生。白榴石在后期作用的影响下，常变化为正长石和绢云母，但外形不会改变，所以又被称为"假白榴石"或者"变白榴石"。在受到含钠溶液作用时，白榴石会变为方沸石，转变的过程中，白榴石的钾元素会溶解到土壤中，因此，含有白榴石的土壤通常比较肥沃。

方柱石是方长石矿物，在化学组成上是完全类质同象系列的一族架状结构硅酸盐矿物的总称，主要形成于远基性成分出现变化的岩浆岩中，也可能出现在深层变质岩中。方柱石又叫"文列石"，这是以德国探险家和矿物学家哥特别·文列的名字命名的，以纪念这位伟大的人物。方柱石遇长波和短波紫外线会产生反应，并有强磷光现象出现。方柱石的晶体为柱状，以块状、粒状的集合体出现；颜色多样，包括无色、白色、灰色、浅黄色、粉红色等，断口为贝壳状或者参差状，条痕呈无色，具玻璃光泽或珍珠光泽，从透明到半透明。方柱石的分布范围非常广泛，但宝石级的方柱石极罕见。方柱石的主要产地是缅甸的莫谷、巴西、马达加斯加、莫桑比克、坦桑尼亚、斯里兰卡、加拿大的安大略和魁北克等。

Human
Section
人类卷

布封的《人类史》对于人类何时在自然界中出现、最初的生活状态以及有着怎样的本性、又是由哪些物质构成等问题做了讲述，探究了人类的演变原因。布封认为，人类的诞生来源于自然斗争。他在书中指出，人类是地球上有史以来最具智慧的生物，不仅可以改造自然，其本身也在被生命的内部活力所改变。此外，布封还提出，生命存在且只能存在于物质之中，人类属于动物的一种，相比其他动物，人类的高级之处在于具有了灵魂。

布封对人类的歌颂，体现了其深受启蒙思想运动影响的资产阶级的积极思想。

第一章　人的一生

时间的推移令一切事物都处于演化过程中，如宇宙、地球、动物、植物等。相同的道理，人类也有自己的演化过程。因此，只有在经历了漫长的演化之后，我们才会逐渐体悟到生命的全部：从新生的婴儿到童年、成年、老年，最后是死亡。所以，我们对自身的认知，首先应该建立在对自己一生的发展变化有所了解的基础上，否则，我们无法认识到人类的本质。

第一节　童年

相关研究表明，人类一生中最虚弱的时期是刚出生的时候，因为刚来到世界的新生儿是没有办法运用自己感官的，他们只能依靠来自外在的精心照顾。说起来，这个时期的人，其生活的场景确实是一副可怜而痛苦的样子，刚来到这个世界时的人类新生儿，比其他任何动物更为脆弱，娇弱的生命似乎随时都会结束。他无法动弹，更不能站立起来，拥有的仅仅只是存在的事实，只能通过呻吟来表达自己的痛苦。

这似乎也在告诉人类，来到这个世界的意义就是为了承受痛苦，就是为了面对成人所意识不到的虚弱和痛苦——这是我们不能忽视的事，因为这个阶段我们每个人都曾经历过。所以，就请跟随笔者的叙述，去再次感受一下我们身处摇篮的情形吧。

当新生儿从一个环境进入另一个环境时，比如从母体的羊水中进入流动的空气中，这时，尽管新生儿没有成年人所具备的各种能力，但他依然能够感觉到空气的流动，流动的空气会对他的嗅觉神经和呼吸系统产生刺激。空气的流动类似人打喷嚏，能促使新生儿的胸部扩张，空气会在这时自由进入他的肺部，使肺泡扩张膨胀，进而提高肺部空气的温度，然后又下降到某一程度，接着，气流受到膨胀的肺纤维的弹力作用，将空气排出肺部。这就是生命体的呼吸过程。

笔者在这里并不想对呼吸运动持续不断的原因进行解释说明，而只是讲述呼吸现象。无法否认，对于人类和一些动物来说，呼吸运动是非常重要而且不可缺少的。因为生命有赖于呼吸的维持，如果呼吸停止了，人类和动物的生命都会面临终结。因此，胎儿在学会呼吸之后，就会持续不断地进行下去。

然而，有大量的研究数据表明，婴儿的蝶骨卵圆孔在刚刚出生时并不会完全关闭，因此有一部分血液还是会从这里流出，而且并不是所有血液都会进入肺部，所以在较短的时间内，新生儿呼吸不到空气也不会立即死亡。

关于上面的这个结论，十年前笔者曾经利用小狗做过一些实验，实验的结果对上述结论进行了充分的证明。实验过程简述如下：首先，将一只即将临产的母狗放进装满水的木桶中，然后将母狗用绳子捆好，再把它的后半部分身体浸于水中。不久，母狗生下三只小狗，当小狗们离开母体后，马上把它们放入温度和母狗腹部温度相同的液体中，其间没有给小狗呼吸的时间。之后，将小狗放入装满热牛奶的木桶中——这样做的目的是让它们在有需要时，可以获得充足的食物。小狗在牛奶中浸泡半个小时后，逐一把它们拎出来。结果令人惊奇，三只小狗都活着！它们这个时候开始呼吸，脸上也有了表情。在它们经过半个小时的呼吸后，再次把它们泡入热牛奶中；半个小时后，又将它们重新拎出来，有两只小狗的精力仍然充沛，并有表现出缺少空气的痛苦，但另外一只则显得比较疲惫，它应该是承受不了再次的浸泡了，于是将它放回到母狗身边。

这只母狗在水中先产下三只小狗，从水中离开后又产下了六只小狗。在水中出生的小狗尚未有呼吸的时间，就被放入牛奶中待了半个小时，然后被拎出来呼吸了半个小时，接着再次被放入牛奶中待了半个小时，但它们没有表现出不健康症状。虽然笔者没有对这个实验继续下一步的研究，但结果已经足以表明，对于新生命来说，呼吸并非如成年人那样必不可少。如果能细心保证新生儿的蝶骨卵圆孔不闭合，他就能在没有空气的环境中存活。我们或者还可以借助这种方法，培养出色的潜水员，以及培育既可以在陆地生存，又能在水中生存的两栖动物。

以上的讲述都是笔者对于新生儿呼吸状况的见解，接下来我们将对新生儿的感官系统进行讨论。感官，是新生儿需要学习才会使用的器官，其中最重要、最奇妙的是视觉，同时，这也是最容易引起错觉的器官。如果眼睛的判断没有得到触觉的立刻验证，那么这就是错误的判断。相反，触觉可以说是最可靠的器官，在对其他器官进行验证时，它无疑充当了试金石的效用。此外，触觉是多数动物唯一的基本感官，但新生儿还不具备完全掌握这种感官的能力。新生儿通过哭泣或者呻吟表达痛苦，但却无法用表情来表示快乐，通常在出生40多天后，新生儿才会笑、会流泪，在此之前的那些呻吟和喊叫并没有眼泪相伴。因此，新生儿落地之初，脸上毫无表情，也没有任何情感的表示，而且其身体的各个部位都很脆弱而娇嫩，只是会一些没有规律的下意识动作。当然，这一时期他们无法站立，仍然如同在母体子宫内那样习惯性地蜷缩着屁股。他们没力气主动伸出手臂，或是用手抓拿东西，只能面朝上躺着，若是无人照顾，身也不会翻。

从上面讲述的现象中，我们可以了解，新生儿最初表达痛苦是通过哭泣或者呻吟。但这只是发自他躯体的一种感觉，这和动物刚出生时以呻吟表达痛苦极为相似。新生儿在出生 40 多天之后，精神上的感觉才会逐渐表现出来，因为无论是眼泪，还是笑容都是内心情感的表现，是他滋生的精神行为所决定的。笑是通过视觉，或者是对所见物品的喜欢以及想要物品的记忆所表现出来的愉悦；而泪水则是不愉快时的情感表现，并且混合着怜悯或者对自身的反省。这两种情感，都是以知识、比较和思考为前提条件的。总的说来，泪水和笑容是人类特有的，是表现痛苦和快乐的精神体现，但叫喊以及其他表示痛苦或快乐的身体姿势，是人类和动物共有的。

我们不会在新生儿刚出生时就马上给他喂奶，而是先帮助他把胃里的黏液、流质，以及肠道中的胎粪吐出来，因为这些东西会让奶变酸，从而对新生儿的身体造成不良影响。因此，新生儿出生之后，人们会先给他喂一些甜酒，使他的胃强壮起来，以便更好地适应食物并促进消化和排泄。在新生儿出生 10 个小时或者 12 个小时之后，才开始给他第一次喂奶。

胎儿离开母体之后，四肢刚刚感受到伸展和运动的自由，却马上被束缚住——脑袋被固定，两腿被拉直，手臂也被放在身体两侧。他的周围都是衣服和绷带，躺着时便被裹得严严实实的，令他无法改变姿势。不过，假如没有这些束缚或者让他任意侧卧，他的唾液就会流出来，影响发育。有一些习惯把孩子盖起来或是为他们穿上衣服，而不是将小孩裹在襁褓中的民族，在这方面有自己的做法。比如俄罗斯人、日本人、印度人、黑人、加拿大人、美国弗吉尼亚和巴西的土著人以及南美洲的许多民族，会把孩子就那样赤裸着放在吊床上，或者放在摇篮中，仅用毛皮盖住。笔者认为，这种方法要比我们普遍使用的方法好很多。孩子被包裹所束缚，会觉得不舒服，甚至感觉到痛苦，而他们为了摆脱束缚所做的使劲挣扎，仅仅只能将捆裹他们的衣物弄乱，却对受束缚的状况无法改变。这种具有束缚性的绷带，与女孩子青春期所戴的文胸有相同的性质，这类人们用以支撑身体、防止变形，但确实让人感觉不舒服的东西，带来的只是更多的不便和畸形。

婴儿在襁褓中乱动虽然可能会对他们的身体不利，但将他们束缚在不能动弹的状态中也同样有害，因为婴儿要是缺少锻炼，就会阻碍四肢的发育，身体的力量也得不到发展。因此，相比包裹在襁褓中的婴儿，四肢能够自由活动的婴儿明显长得更强壮。或许古代的秘鲁人正因为了解了这一点，才将婴儿放在宽松的襁褓中，让他们能够自由活动四肢，在婴儿稍长大一些之后，又将他们放到一个高度仅到婴儿腰部位置的土炕上。这样，婴儿不仅四肢自由，还能转动脑袋，弯曲身体，不会摔下来，也不会让自己受伤。当婴儿开始尝试挪动时，母亲会将乳房移得离他稍远一些，诱使他自己多运动。小孩吃奶的姿势有时候很累人，他们会用腿紧紧地夹住母亲的胯部，以支撑住自己的身体而不需要借助母亲手臂的帮忙，因为他们会用手抓住母亲的乳房，不断地吮吸，只要嘴不离开就不会掉下来。有些婴儿两个月时就开始行走，更准确地说，他们是用膝盖和手爬行。这样的练习在经过一段时间后，会令他们迅速移动，就像用脚走路一样。

当然，只有母亲才能在照料婴儿时持续地表现出温柔的耐心和细微的警觉，给予他们无微不至的关怀，这是受雇用的奶妈不可能做到的。有些奶妈会把孩子放在一边，长达几个小时不加理睬，更甚者对于孩子的哭泣也不闻不问。因此，这些孩子经常会竭尽全力地大声哭叫，最后即便没有生病，身体也会变得非常虚弱，这样不仅对正常生长有损害，还会影响他们将来的性格。还有一些不负责又懒散的奶妈常常失职，其中最典型的就是，当孩子哭闹时她们只随随便便地摇晃摇篮，而不是采取更好的措施。摇晃摇篮尽管可以让孩子分心，甚至是平息哭闹，但这种运动持续进行，时间一长就会让孩子因头昏而入睡，造成隐患。而且，长时间的摇晃还可能导致孩子呕吐，甚至会因脑袋受到震荡引起腹泻。

在对孩子进行抚慰时，如果已经确定他们不缺什么，就不要一直摇晃他们，以免将孩子摇至头昏脑涨。如果觉得孩子睡眠不足，只需要用轻微而舒缓的动作慢慢促使他们入睡就好，尽量不要摇晃。为了孩子的身体健康，应该让孩子自然入睡，但也不能让他们睡得太长，否则可能会令孩子的体质变差。如果孩子比较嗜睡，那么应该将他们从摇篮里抱出来，轻缓地唤醒他们，然后让他们听听温和的声音，看看发光的物体。

孩子的眼睛总会被光亮吸引，但如果只用一只眼睛捕捉亮光，那么另一只眼睛的视力会受到不良影响，发育不好。为了避免这种状况出现，需要选对摇篮的放置方位，最好是放在光线可以从脚照过来的方向，或者放在窗户旁边。这样孩子的一双眼睛就能够同时接收到光线，如果一只眼睛接收光线比另一只多，可能会在未来影响孩子视力，演变成斜视。科学已经证明，用眼不均衡是导致斜视的主要原因。

新生儿出生后的两个月内，最好是用母乳喂养，尤其是体质比较弱或者消化不良的婴儿，更需要喂养母乳；就算是接下来的两个月，最好也让孩子只吃母乳。如果在孩子出生的第一个月就让他吃母乳之外的食物，那么无论这个婴儿看起来多么强壮，他的身体都会存在很大的问题。在荷兰、意大利、土耳其和地中海东岸的大部分地区，婴儿在一岁之前都是吃人奶。而加拿大的某些土著会让孩子吃奶到四五岁，甚至是六七岁。不过，在这些国家中，也有哺乳者因自己奶水不足，所以一直会用一种面粉和奶的混合物喂给孩子吃。这种食物虽然能够减轻孩子的饥饿感，但因为婴儿的肠胃极为娇嫩而脆弱，难以消化这类粗糙、黏稠的食物，所以，这些婴儿常常感到不舒服，很容易生病，甚至会因为消化不良而夭折。

不过，动物的乳汁有时候可以替代母乳，比如有的母亲因为缺乏奶水，又或者担心自身病菌传染给婴儿，但又希望婴儿可以得到营养充足的奶水，就会以动物的乳汁喂食婴儿。笔者曾经认识几个没有奶妈、只靠吮吸羊奶长成的农民，他们的身体跟其他人一样强壮。

当然，如果母亲能亲自喂养孩子，在很大程度上会令婴儿的身体更加强壮，更加有力。因为母亲的乳汁肯定比其他任何食物更适合孩子。这是因为，胎儿在母亲的子宫时，所吸收的就是与母亲乳房中的乳汁非常相似的奶状液体，所以婴儿已经习惯了母亲的乳汁。而奶妈或是其他的奶对他而言，都是新的、需要适应的食物。有时，这些乳汁甚至与母亲的乳汁完全不同，让婴儿难以适应。一些婴儿如果不能适应这些外来的乳品，身体很快就会消瘦，变得没有精神，甚至生病。如果出现了这种情况，一定要及时为孩子更换，因为稍不注意，就可能危及孩子的生命。

笔者发现，人们在喂养孩子时有一种较为普遍的做法，即，将许多孩子集中在同一个地方，比如一些大城市的医院里。这种做法与笔者提倡的分别喂养法相违，而且这些孩子中的大部分很容易患上败血症或者其他相同的疾病。但如果将他们分开喂养，或者是分组分散到城市的不同地点（最好是农村），那么，他们同时患病的概率就会降低很多。而且，如果一个婴儿生病了，其治疗费用就足够抚养其他的孩子。所以，分开抚养法是科学的，也对人类的发展具有重要意义，因为，对于一个国家来说，人，才是最难得的财富。

有些孩子两岁时就能清晰地发音，甚至能重复大人教他的话，但大多数孩子是两岁半之后才开始说话，有些孩子甚至还要晚一些。笔者发现，说话早的孩子往往比说话晚的孩子说话流利，而且说话早的孩子在三岁之前就能学习识字了。在笔者认识的孩子中，有几个孩子从两岁就开始识字，四岁时已经可以独自阅读。但笔者无法确定对儿童进行早期的启蒙教育是否真的有益，毕竟有很多早期启蒙教育失败的案例，许多小神童到了二三十岁就变成了平常人，甚至是智力低下者。因此，笔者认为最好的教育方法应该是最普通的、顺应自然天性的教育方法，也是最相称的教育方法。当然，这里讲的"相称"指的是针对儿童自身的弱点来讲，而不是针对他们的优点。

第二节 成年

人类从童年过渡到成年要经历较为漫长的时间，在这个过程中，他们开始适应这个世界的一切规律，并对这个世界做仔细观察。他们的身体开始发生变化，骨骼渐渐成熟，行为变得敏捷，慢慢有了自己的思想。与此同时，男女之间的生理差别也开始突显出来：男性主要体现在长出胡须、喉结，肌肉量增大；女性则主要体现为乳房变得丰满，月经来潮等。成年期的个体从青年末期脱离出来，进入另一个人生阶段，新的生理和行为特质也随之产生。个体在面对这些新的改变时，必须学习新的思维方式和行为模式，他们必须要有区别于之前的想法和做法，同时也会牵涉相对应的许多情绪问题。

处于这一阶段的人需要学习成人的法则，让自己成长为一个成人。同时，大部分国家都在这个阶段赋予年轻人各种活动的权利，比如在法律中订立 18 岁为成年标准。一旦年满 18 岁，就享有公民权，拥有各种相应的权利，如参政权、结婚等，但同时也要承担相应的义务，如法律责任等。

人类优于其他生物这个事实是毋庸置疑的，无论外表还是行为。人的身材挺拔，直立的姿态显出高贵。当人仰面望向天空时，脸上是庄严的表情，而且，人的抽象灵魂可以体现在具体的表情上，卓越的天性使人的面部表情变得更加生动；人挺立的身姿和坚毅的举止，都彰显出他的高贵地位；人类以足直立于地面，从高处俯视大地，表现着对土地的征服；人的双臂并非为支撑身体而生，而是有着更为高级的用途——与其他感官系统相互协调，共同完成思维下达的命令，抓握事物或是拥抱别人等。

当人的心灵平静时，其面部肌肉处于一种静止状态。这些肌肉相互配合并统一，共同清晰地将思维活动和内心世界表现出来。不过，当人的灵魂激荡时，脸上就会出现生动的表情，人的思维活动和各种情感都通过细微的肌肉变化表现出来。肢体语言也能够将人的性格特征表现出来，他的感受在这种时候往往会先于意愿表现出来，并且以丰富而生动的面部表情呈现出神秘的内心世界。

人的眼睛能够透露出人的内心变化，因此，相比其他器官，眼睛与心灵的联系更为紧密，它仿佛接触并参与了心灵的一切活动。眼睛可以表露出心灵的变化情况和各种感觉，还会表现出心灵的各种最细腻的情感。眼睛能够同时吸收和反射思想的光辉和情感的光芒，因此也能反映思想的感觉和智慧的语言。

我们曾经执着于仅从外部看事物，却从来没有思考过这些外部事物会对我们的判断产生什么样的影响，虽然根据事物的外部特征所做出的判断是有力的，也是经过了深思熟虑。这却造成我们在观察一个人的时候，往往根据他的面部表情来断定他的观点，而往往忽略了他的衣着打扮。事实上，一个敏感的人应该把服饰视为自身的一部分，因为在观察者看来，服饰就是穿戴者的一部分，它们带给我们对于穿戴者的完整印象。

第三节 老年和死亡

自然界中存在的所有事物，都要经历变化、变质、消亡，人类亦如此。人的身体一旦达到完美程度，便会逐渐衰退，这种衰退最初是难以察觉的，需要累积到一定的时间之后才会发现较大的变化。不过，我们一定比那些只会估算年轮的人更懂得年龄的价值，因为既然别人根据我们的外部变化所做的推断都能大致讲出我们的年龄，那么，如果我们对自己进行正确的评价，真正地了解产生外部变化的原因，就更清楚自己的实际年龄。因此，别人对我们年龄的判断，都不如我们自己的判断。

　　人体在各个方面都发育完成之后，皮下脂肪的厚度就会逐渐增加。脂肪厚度的增加表明身体开始进入衰退，因为这种增加不会让身体更加活跃，也不是身体各个部分的继续发育，而是身体过剩物质的简单积累。皮下脂肪的厚度增加通常是人处于30岁到40岁之间时，导致人的身体在活动中不再自如轻盈，生殖能力也会接着衰退，四肢变得笨拙并逐渐失去力量，敏捷度也大大降低。

　　此外，人的身高和体重在发育完全之后，骨骼和身体的其他部分会变得更加坚实。身体内部之前用来提供器官生长的营养物质，现在只是用来增加脂肪的厚度，并逐渐沉淀在器官内部。于是薄膜转变成软骨，软骨转变成骨质，骨质变得更加坚硬。人体的纤维也都变得坚硬，皮肤变干糙，皱纹开始出现，头发逐渐变白，牙齿开始松动脱落，身躯不再挺直。这些身体上的变化在40岁前就逐渐出现，但要在60岁到70岁时才明显。70岁之后，人体各个器官的功能衰退得越来越快，随着衰竭的继续，多数人的生命会在90岁到100岁之间终结。

　　如果人的一生都过得很幸福，对于身后之事丝毫不畏惧，那么死亡就不是什么可怕的事。既然人类已经在其他阶段为衰老做了充足准备，既然死亡和生命一样是人生中的一个阶段，两者以同样的方式发生在我们身上，都是如此难以预料且无法避免，那么人类为什么要对这一刻的到来这样恐惧呢？那些常与弥留或濒死之人打交道的神父和医生都承认，除了很少部分人是因为急症引起的痉挛而死于痛苦的折磨之外，多数人都会安宁而平静地死去。因此，我们可以肯定，比折磨人的病痛更让人们害怕的，是对死亡的恐惧。许多人在目睹了病人垂危或弥留之际的情景后，几乎都会记住，特别是死者的家属。

　　大部分人在将要死亡时是没有知觉的，只有极少数人会把知觉保留到最后一刻。一个不知道自己是否患上不治之症的病人，会根据家人的不安、友人的伤心，还有医生的神态等情况来判断出自己的病况。尽管这些细节会令他有所察觉，但他从来没有意识到自己的生命已走到尽头。病人只关心自己，不轻易相信别人的判断。他认为不必惊慌，只要还有知觉和思维，病人就只会从自己的角度思考。虽然一切都会消失，但希望依然存在。

　　例如一个病人，虽然他不断地说自己感觉到了死亡的威胁，也清楚知道自己无法继续生存下去了，可能马上就要离开人世。不过，当有人出于好心或是不慎告诉了他，他的生命即将终结时，他的反应会异常激烈，似乎这是一个完全出乎意料的消息。他并不相信别人说的话，是因为他从来没有真正承认自己会死亡，他只是对自己的情况感到不安和怀疑，但从没有认为事情会真的变得那么糟糕。

　　死亡并非人们想象中那样可怕，只是因为我们内心对它的印象太糟糕，所以它好似一种难以摆脱的恐惧，离得越远就越让人心惊；一旦走近就消失不见。正是如此，人们对死亡的认知只是一种虚假的概念——不仅把死亡看作是最大的不幸，还认为它是伴随着痛苦和煎熬的一种恐惧。有时候，人们甚至试图在想象放大这些恐怖的形象，在对痛苦进行思考的同时掺杂和进一步增加了恐惧的成分。有人说，当灵魂从肉体脱离时，或许就是生命走到了尽头。衡量时间的另一种方法是思维的延续过程。当这些想法随着强烈的痛苦在脑海中闪过时，痛苦只是一瞬间；而如果这些想法在我们心平气和时出现，那么它持续的时间就会很长，甚至会超过一个世纪。这样的哲理在哲学中很常见，它对人类在死亡的看法上，产生了重要的影响，导致想象中的死亡比实际中的死亡更为可怕，只有极少数人不会受到这种观点的影响。因此，我们必须揭开这些虚假观点的真面目。

笔者对于这个题目的论述，只是希望驳斥一种与人的幸福观截然不同的偏见，因为笔者曾经遇到过受这种偏见影响的人。这种偏见似乎只会让那些受过教育而变得非常敏感的人受到影响，而淳朴憨厚的乡下人却总能勇敢而毫无畏惧地面对死亡。

真正的哲学就是正确地看待所有的事物，人类的内心情感始终与这种哲学联系在一起，但人类的想象力总是会被侵蚀。事实上，生命的彼岸既没有什么可怕的，也没有什么可爱的，我们要理智、勇敢地从近处看待它。

第二章　人类本性的丧失——习俗的恶果

　　作为 18 世纪法国著名的启蒙思想家，布封对封建特权制度和天主教会，还有在此影响下形成的各种陋习深恶痛绝，他向往的是合理、公正的社会。在布封看来，人的本性是美好善良的，世界也可以被建成令人满意的和平之地，但不良的教育、有害的制度以及不合理的习俗，造成了世界上的罪恶；迷信、愚昧和成见是人类最大的敌人。布封主张一切制度和观点要在理性的审判庭上批判和衡量。他从习俗对男性和女性造成的束缚和伤害开始论述，将破坏人性的陋习直观而形象地披露在人们面前。

第一节　对男性的迫害——割礼

　　青春期是少年期之后的一个时期，大自然对这一时期的人，不仅开始塑造其外形，还赋予了生长发育所需的东西。青春期的孩子默默地过着一种特殊的生活，他们脆弱又自我封闭，少与外界有交流。但很快，他们的生活会变得丰富多彩起来，不仅拥有自我生存的必需品，还会给予别人生存所需的东西。青春期的人所具有的这种旺盛生命力和活力不仅在体内存在，还会以各种信号向外面扩展。

因此，我们可以用自然的春天来比喻青春期，这是人一生中最快乐的季节。不过，这个时期有些东西是我们无法忽视的，那就是伴随青春期的到来而出现的割礼、阉割、童贞和阳痿。由于它们与人类历史紧密相连，因此，这是我们不能回避的事实，如果我们想要努力而恰当地介绍这些情况，那么，我们的讲述就应该像亲眼看见一样，需要一种冷静的哲学态度。

割礼，是一种古老的习俗，这种陋习在亚洲的许多地区如今依然存在着。不同国家举行割礼的时间是不同的：希伯来人会在婴儿出生之后的第八天，为他们举行割礼；古波斯人是在孩子五六岁时为他们举行割礼；土耳其人则是在孩子七八岁或者十一二岁时为他们举行割礼。割礼之后，人们常把碱粉或收敛药粉撒在伤口上，以促进伤口快速愈合。而夏尔丹人认为烧过之后的纸灰是愈合伤口的良药。在马尔代夫群岛，会在孩子七岁时实施割礼，但在进行仪式之前，他们先将要进行手术的孩子在海水中浸泡六七个小时，让孩子的皮肤变得很柔软。至于割礼时使用的刀具，古代以色列人是用石刀，犹太教会至今保留着这个习俗。

割礼并不都是一种宗教仪式，在某些地区，医者也会对某些患者实施割礼术，比如土耳其人及其他一些民族，他们沿袭割礼这一习俗有着相同的目的——割断包皮，以避免其过长而影响生活。拉布莱说，他曾在美索不达米亚和阿拉伯沙漠以及底格里斯河和幼发拉底河沿岸，看到过许多阿拉伯男孩因包皮长得过长，而需要实施割礼。他认为，一些民族的男子如果包皮太长，会影响他们繁殖后代的能力。

除了针对男孩实施的割礼之外，某些地区对女孩也要进行割礼。在阿拉伯和古代波斯的一些国家，如古波斯湾和红海沿岸地区，女孩会如同男孩一样经过类似的手术。不过，通常会等到女孩子青春期之后，才会对她们实施割礼，因为在此之前是没有必要的。在其他地区，如贝宁河两岸的一些国家，由于女婴的小阴唇长得比较快，他们会在女婴出生 8 至 15 天内，对其实施割礼；当然，对男婴的割礼也是在相同的时间里进行。在非洲，对女孩子进行割礼的习俗有着久远的历史，希罗多德（编译者注：公元前 5 世纪的古希腊作家）曾经将其当作埃塞俄比亚人的一种社会习俗进行详细描述。

在生理需要的基础上，割礼自然有其一定的道理，至少可以起到清洁身体的作用。但是，锁阳和阉割的仪式，则完全是出于嫉妒，这些野蛮而荒诞的手术皆来源于邪恶和迷信。有些人甚至还为这种违反人性的陋习制定出了残忍的法律，让人们认为这种无耻的剥夺是值得称赞的，这种对身体的残害是一种美德。

所谓的锁阳手术，就是把男孩的包皮往前拉，然后用一根绳子从中穿过，等到形成伤疤之后，再用一个巨大的环来替代绳子，这个环一直会保留到实施这个手术的人满意为止，有时，甚至是终生都戴着。在东方的僧人中，也有一些为了表示贞洁、不违反戒律，也会戴上一个很大的环。稍后我们还会就女孩子的锁阴进行讨论，我们很难解释这些男子是为了感情，还是出于迷信。总之，这是让人觉得奇怪而荒谬的问题。

对处于童年时期的男孩来说，其阴囊中有时只有一个睾丸，甚至有时一个也没有。我们并不能因此断定，有这种情况的年轻男子生理不正常。因为睾丸常常会隐藏在腹部肌肉中，它会随着年龄的增长，突破阻碍慢慢地移动到正确的位置，医学上称之为"隐睾"。这种情况较常出现在 8 岁至 10 岁的男孩，甚至是青春期的男孩身上，因此没有必要为此焦虑和担忧。成年人出现隐睾情况较为少见，可能是因为大自然想努力地让睾丸在青春期长出来，所以有一些出现隐睾情况的人，他的睾丸有时会在剧烈的运动中跳出或者脱出。但也有一些人的睾丸会一直不出来，这也可能是遗传因素造成，并不会对身体产生坏的影响，甚至比其他人更加健壮。有些男人只有一个睾丸，但这种缺陷对生殖力不会产生影响，我们也注意到，单个的睾丸会比正常睾丸大很多。也有一些男人有三个睾丸，人们的认知中会觉得这样的人更健康、更有力量。仔细对动物进行观察，就会发现，这个部位确实代表了力量和勇气。

　　阉割与割礼相似，也是一种古老的习俗，古埃及人曾经将其作为惩罚成年犯人的一种方法。在古罗马及整个亚洲以及大部分非洲地区，统治者常利用实施了阉割的宦官来看管自己的女人。在意大利，这种残忍的手术被用来表示一种虚幻的才能；在非洲西南部的某些民族的男子会割去一个睾丸，他们认为这样会使自己跑起来更加轻盈；在其他一些国家中，某些贫穷的人会对自己的孩子实施阉割，令他们丧失生育能力，这样做只是为了不让他们有一天像自己的父母一样无力抚养后代。

　　阉割方式有多种，比如，希望拥有完美嗓音的人会割掉两个睾丸，而有些疑心重重、缺乏人性的统治者为了更放心，会把为自己看管女人的宦官的整个外生殖器全部割掉。不过切除手术不是唯一抑制睾丸生长的方法，过去，人们也会在没有任何伤口的情况下将它摧毁。比如，将孩子浸泡在加入药草的热水中，然后长时间地挤压和冷却睾丸，这样睾丸的功能就会丧失。另外，还有其他一些方法，如通过器械挤压睾丸等。

从科学角度来说，睾丸切除术本身对生命不会造成太大的危险，而且可以在各个年龄段都可以进行，只是以童年时期为最佳施行期。一位历史学家曾经提出，土耳其和古波斯实施睾丸切除术的人要比用其他方法的人多五六倍。但是，将外生殖器完全切除则是一件危及生命的事情，尤其是 15 岁之后，外生殖器完全切除术常伴随巨大的痛苦，只有四分之一的人能活下去，并且需要花上大约一个半月的时间来休养。不过，皮埃托·德拉·瓦勒的说法则与此观点相反，他指出，古波斯一些犯强奸罪或者其他重罪的人，无论多大的年龄都会被罚以阉割极刑，惩罚手术实施完之后也仅仅在伤口上撒上些烟灰，但伤口愈合得也很好。我们没有办法了解古埃及那些同样经历过这种惩罚的人，是否能够幸免于难。据泰弗诺说，土耳其的一些被阉割之后的黑人常常会大批死亡，而且都只是一些 8 到 10 岁的儿童。

除了黑人宦官外，在君士坦丁堡、土耳其、古波斯等地，还有其他人种的宦官，他们多数来自印度戈尔孔达邦、恒河半岛、阿萨姆邦、东缅甸王国和孟加拉湾等地，还有一些来自于格鲁吉亚和北高加索的白人。塔韦尼埃说，仅在 1657 年，印度的戈尔孔达邦就出现了 22000 多名宦官。一些黑人宦官主要来自于埃塞俄比亚，因为他们在当时看起来最丑陋，所以最受欢迎，价格也最贵。

对于仅割除了睾丸的人来说，尽管剩余部分没有受到什么损害，但那些部分此后会一直处于手术前的状态，几乎不会再发育。例如，一个人在 7 岁时被实施了睾丸切除术，那么到他 20 岁时，生殖器依然是 7 岁时的状态。而那些在青春期或者更晚时期施行手术的人，他们的生殖器则与正常男子的生殖器相差不多。

生殖器部分与喉咙部分有着奇特的关系，如宦官没有胡须，他们的嗓音或洪亮或尖细，却不低沉。人体的某些器官相距很远，但完全不同的部位之间的联系是非常紧密的，上面的例子已经证明了这一点，并且已引起了人们的普遍关注。不过，如果我们对其中的因果关系毫不怀疑时，对于各种现象就可能忽略。或许就是这样的原因，导致我们从来没有认真检查过人体各个部位的感觉，而这些感觉大部分也存在于动物身上。

第二节　习俗给女性的枷锁——贞操

人的身体到了青春期才开始真正快速发育，小孩子在这个阶段几乎眨眼间就长高好几寸，但这并不代表身体的各个部位都是这样，与其他身体器官相比，生殖器官是表现最明显的，长得最快而且最敏感。不过，这种变化表现在男性身上，是身高的增加或力量的增大；而在女性身上，则是关于贞操，以及谈到贞操时必定会提到的处女膜。

很多恐惧失去初夜权的男人，对处女膜尤其看重，他们认为自己应该是这个女子的第一个也是唯一的占有者。男人的这种狂热心理决定了女性贞操的重要性。贞操原是心灵纯洁的一种道德表现，是精神实质，却逐渐演化成男性对生理对象的占有要求。他们为此制定一系列规则，如舆论、习俗、礼仪、迷信等，甚至在审判和惩罚中也强调贞操的重要性。对于贞操，那些滥用权力的行为和无耻的习俗都被人们接受，女性不得不接受无知的稳婆检查自己的生殖器，将身体最隐秘的部位暴露在有成见的医生面前——她们从来没有想过这根本不是对其贞操的认同，而是对贞操的无端侮辱，甚至奸淫。在笔者看来，让一个女孩子被迫接受让她感觉羞耻的场面，才是对童贞最大的破坏。

笔者不奢望凭一己之就能够推翻人们对这个问题所形成的偏见，因为人们对信了很久的事情总是很难产生怀疑，无论这件事情是多么的荒谬和不合理。因此，笔者在自己的《人类史》中，不可避免地要谈到贞操是否真的存在，或者它仅仅只是虚构出来的崇拜对象。

法洛普和其他一些解剖学家认为，处女膜的存在是事实，但它仅仅是组成女性生殖器官的一部分；他们还认为，这层膜是肉质的，幼女身上的这层膜很薄，而成年女性身上的这层膜则要厚一些。处女膜分布在身体尿道口下部，封闭了部分阴道，但其中间有一个圆形的口（也有些人的口是长形的），在女性的童年时期，这个口如豌豆大小；到了青春期，这个口变得像蚕豆一样大。温斯洛夫先生认为，处女膜是有点呈环绕状的薄膜皱襞，有的宽，有的窄，或薄或厚，有时还会呈半月状，有些女子的这个口很小，而有些女子的则很大。

昂布鲁瓦兹·帕雷及其他几位同样著名的解剖学者，对此的观点又截然不同，他们认为，处女膜的存在只是一种臆想，并非女人身体的组成部分，他们尝试用更多例子来证明处女膜是不存在的，比如对各个年龄段的女子进行观察和解剖，结果显示并没有找到处女膜。不过，他们也承认，仅仅有过少数几次看到过有连接的分叶状肉阜薄膜，但他们强调，这种薄膜的存在是一种不自然状态。解剖学家对于肉阜的质量和数量并没有统一的结论，这类肉阜薄膜与阴道有何区别？是否只是阴道的粗糙处？又或者只是处女膜的剩余部分？数量是多少？处女状态下，膜是一层还是多层？这些问题很早就被提出来了，但答案多种多样，并无定论。

这种由简单观察而得出的自相矛盾的观点，说明了有许多人希望在人体内找到事实上仅仅只是存在于他们幻想中的东西。之所以这样讲，是因为几位解剖学家已经证明，在他们解剖过的女子身上，包括青春期前的女孩子，从来没有发现处女膜或者肉阜。就算是那些认为处女膜和肉阜确实存在的人，也确认处女膜和肉阜并不是总是相同的。他们认为，在不同的人身上，有着不同形状的处女膜，宽度和硬度也不相同。通常情况下，并不存在实际的处女膜，只是由一个肉阜或者两三个肉阜组成的一层薄膜，而这层薄膜的缺口形状各异。通过这些观察，我们可以得出什么结论呢？只能得出造成阴道入口狭窄的原因并不确定，以及肯定有某种因素决定着这种情形。除此之外，就什么都没有了。

阴道入口狭窄的原因会由于人的不同而有所不同，各部分增长厚度的不同也会形成不同的形状。如同解剖学家提出的那样，有时是两个突起的肉阜，有时则是三四个，也常出现环绕状或者半月状，甚至是缩在一起的小褶皱。不过，解剖学家们也没有提到，某些狭窄入口的形状只会出现在青春期。笔者曾经对一些被解剖的女子尸体进行过仔细研究，她们身上没有出现过这种情况，以笔者对她们的了解，知道她们在青春期之前就发生过性行为。如果发生性行为的双方年龄相差不大，或者性交动作不粗暴，那么女子是不会流血的。相反，如果女孩子正处于青春期及生殖器官发育期，轻轻一碰就会造成出血，特别是身姿丰满、月经正常的女孩子；而那些清瘦或者有白带的女孩子则一般不会出现这样的现象。这些情况都充分证明出血只不过是迷惑人的现象，甚至在很长一段时间内会反复出现。有一些女孩子在性生活中断一段时间后，处女膜会再次长出来；女孩子在刚进行性生活时会出许多血，但中断一段时间后再次性交，仍然会流血。即便是初期的性生活持续了一段时间，而且很频繁，但只要停止相当长一段时间后，处女膜就会恢复到最初的状态，出血的情况也会重复出现。因此有些失身的女人会反复使用中断非法性关系一段时间的伎俩，以迷惑自己的丈夫。虽然我们的社会成见造成了部分女子在这个问题上的不忠诚，但确实不止一个女人承认笔者的说法符合事实。在两到三年的时间内，所谓的处女膜可以恢复四五次，但这种类似修复的情形只会出现在特定的年龄阶段内，通常是 14 至 17 岁，少数人是 15 至 18 岁。如果身体发育完全之后，所有器官的发育也全部处于正常状态，此时想要恢复处女膜的话，就只有采取特别补救措施，或者使用笔者下面将要论述的方法。

能够恢复处女膜的女孩子相比不能恢复的女孩子，所占比率并不大，因为只要身体出现稍微地不适，如痛经、阴道潮湿或者白带过多，都会影响狭窄入口或褶皱的形成。即使阴道处于持续发育阶段，但因为常常很潮湿，所以不够坚硬，也就无法愈合而形成肉阜、肉环或者褶皱，所以这一类女性，在性交之初被进入时，会感觉到有障碍，但并不会出血。

男人在这个问题上存在着很深且非常荒谬的偏见。一个女孩子如果在青春期之前与男人发生了第一次性关系，并不会对她的贞操有影响，如果她中断性生活一段时间之后，再加上保养得很好，就不会缺失处女的任何一个特征，当她再发生性关系时依然会出血。简单地说，她在失去了童贞之后依然可以是贞女，甚至能够连续几次成为贞女。但在同样情况下，一个事实上的处女，却有可能不会成为贞女，至少在表面上不完全是。因此，男人们应该从这个问题中摆脱出来，不要沉溺于按自己想象所产生的、不公平的怀疑中或是错误的喜悦中。

如果想要得到一个确定女人贞操的明显可靠的方法，我们需要深入到尚未开化的民族中进行观察。这些民族由于无法通过良好的教育来让自己的孩子对操守、道德等有相应的概念，就只能用野蛮的方式确保女孩子的贞操。如非洲、南缅甸、阿拉伯半岛中部以及亚洲的某些民族，在女婴刚刚出生时，就将其身上的生殖器官封闭起来，仅留下一个小口用于排泄，随着孩子年龄的增大，肌肉被禁锢得越来越紧，等到成婚时，再将它切开；有些民族会用石棉绳对女子施行锁阴术，石棉绳的材质保证了她们无法作弊；而有些民族则会在女子的阴部戴上一个环。为了证明自己的贞洁，女子和女孩都必须接受这样带有侮辱性质的陋习的约束——被迫戴上一个环，其间的区别是，女孩所戴的环无法打开，而女子的环上有一把锁，钥匙掌握在丈夫手中。这些野蛮民族的习俗我们无须再多加列举，因为就在我们身边也在发生类似的事情。在我们这些所谓的文明世界里，对女子的贞操持有的敏感注目，与野蛮民族习俗中粗野的环锁不是一样的吗？

然而，不同的民族在审美观和习俗上都有所不同，人类的思维方式有着很大的差别。一方面，如同我们讲过的，女子的贞洁主观上是由男人创造，并小心翼翼维护的，他们采取各种卑劣的手段来确保女子的贞洁。但另一方面，我们也注意到，有些民族对所谓的贞洁并不重视，反而认为女子被剥夺贞洁所承受的痛苦是一件微不足道的事情。

有些民族因为迷信而将处女献给祭司，甚至把处女当作对崇拜偶像的祭祀品。在印度西部某些部落中的祭司就拥有这种权力，在果阿、加那利群岛，处女自愿或被亲人强迫向身体强壮的人出卖贞操。不过，单从宗教的观点来看，这些民族在这方面的盲目迷信会导致荒淫无度；而宗教中所谓纯人性的观点，鼓励教徒把女儿奉献给他们的长官、主人和国王。在加那利群岛和刚果王国，就有人通过这种方式出卖自己女儿的肉体，但这种行为却不会对她们的名声带来损害。在土耳其、古波斯、亚洲和非洲的某些地区，也有着同样的习俗，国王会把失宠的女人送给自己的臣工，而受此赐予的大臣们会感到万分荣幸。在缅甸阿拉干邦和菲律宾群岛，如果一个男人娶到一个没有失去童贞的女子，他会觉得自己的名誉受到了损害，因此会花钱雇人充当临时丈夫。而在某些地方，有的母亲总是在寻找外乡人，请求他们与自己的女儿发生性关系，甚至为此花费不菲。拉普人也希望自己家的女孩子与外乡人发生性关系，他们认为这是一种对女孩子魅力的证明，因为她们能够取悦比本土人更有鉴赏力的外乡人。在马达加斯加和其他一些国家中，最放荡、最抢手的女人，常常是最早结婚的女人。关于这些发端于野蛮或道德败坏的奇特嗜好，有太多的例子，在这里就无须笔者再一一列举。

男子在青春期之后自然就要结婚，通常情况下，一个男人只能拥有一个女人，好比一个女人只能拥有一个男人一样，这也是自然法则，因为男性的数量与女性的数量相差并不大，理性、人道主义、司法等都对一夫多妻制提出过抗议。如果为了满足一个男人的欲望，就必须以牺牲多个女人的自由和感情为代价，这是不公平的，甚至是残忍而丑陋的做法。

如果与信仰理性和宗教的民族确立婚姻关系，对男人来说无疑是最好的事情，因为他可以充分使用自己在青春期获得的精力。但是，如果他坚持单身，这些精力就会变成他的负担，甚至有时会非常痛苦，因为精液在体内滞留太久会引发疾病。禁欲无论是对于男性还是对于女性来说，或多或少都会引起强烈的生理刺激，以至于理性和宗教的束缚都无法抑制这种冲动，它会令男人变得如同野兽，因为他们一旦意识到这种情况时，就会疯狂且难以遏制。

这种刺激在女子身上则表现为子宫狂躁，随之而来的还有精神错乱，以及毫无羞耻感地开色情玩笑，甚至做出一些下流举动。亚里士多德曾描述过一位小姑娘，笔者把她的行为看作是一种现象：这个小姑娘年仅 12 岁，有着棕色的头发，面色红润，小巧玲珑，但体态已经显露出丰盈的迹象，她一看到男人就会做出猥琐下流的动作，完全不理会自己的母亲在场，也不顾别人的指责，甚至连惩罚都无法阻止她。而这个女孩子并不是失去理智，因为她与女人在一起时，这种令人不齿的行为就会消失。亚里士多德认为，这个年龄段是生理欲望最强烈的时期，需要对女孩子做小心翼翼地管束。这种现象还与其生活的环境有着一定的联系，在气温比较寒冷的地区，女性表现出这样强烈欲望的时间通常比较迟。

不过，多数女性在正常情况下会让这种生理欲望顺其自然，至少也是平静地对待。同样，也有一些男人认为所谓的贞洁并无任何价值。

笔者认识一些以身体健康为乐的人，他们在 25 岁或者 30 岁时，并没有因为自然本能而产生强烈的欲望，因为他们会用各种方式来满足自己的欲望。

此外，与禁欲相比，纵欲带来的危害更让人担忧。许多荒淫无度的男人证明了这一点，有的人因此失去了记忆，也有的人失明，还有的人不断脱发，甚至是虚脱而亡。但是，就算智者也无法过度对年轻人做出警示，让他们了解到自己在健康方面所犯的不能弥补的错误。有多少人会在 30 岁之前不去充一下做男人的威风？或是不显示自己的雄性特征？又有多少人在 15 岁到 18 岁这段时间就染上难以启齿的不光彩病症？

第三节 习俗对女性的压制

在一群人中，有时总会出现一些力量非常大的男子，但这在文明社会中仅仅是一项微不足道的优势。因为在这里，精神比体力重要得多，体力劳动只是社会底层的人才会从事的劳作。不过，如果在自卫或是做有益的工作时，这个优势将会变得珍贵得多。

就算这样，力大无穷的男人在文明社会中也并非出类拔萃，因为随着科学技术的进步，即便是柔顺的女子也同样可以承担起原本只有男子才能担负的职责。虽然女人的力气要比男人小很多，但这在一定程度上也似乎能转化为一种优势。男人凭借力量所做的最大的事情，通常也是他们最大的恶习，以暴力手段奴役或者对待另一个性别的人类——生来就与他们一起承担生活苦乐的女人。

这些野蛮的男人强迫自己的女人不停地劳作，让她们种地、做苦力，而他们自己却舒舒服服地躺在吊床上休息，即便离开吊床也只是去打猎、捕鱼，甚至无所事事地站立一段时间。因为野蛮人不懂得什么是散步，如果他们看见我们来回踱步会觉得非常奇怪，这是因为他们想象不出我们为什么要做这些在他们看来毫无意义的运动。所有男人都喜欢偷懒，而热带地区的野蛮男人是最懒惰的，他们对待女人也最为凶狠，总是用苛刻的态度要求女人服侍自己。这些没有开化的民族中的男人更像是野蛮人，为女人制定了一系列粗野的习俗和不公平的法律。

在开化的民族和文明的国家中，女人尽管能获得与男人平等的条件，但只是文明社会的自然性和必要性决定了这种平等。女人是平和与温柔的象征，她们反对暴力，通过自身的谦逊让人们意识到，美的力量要远远大于残暴的武力。但是，要发挥这种美的力量需要一定的技巧，因为不同民族对于美的认知是完全不同的。我们有足够的理由相信，女人善于取悦人的能力要比大自然的恩赐重要得多，虽然男人对美的看法各不相同，但他们对渴望的事物的价值观却是很一致的，他们都认可越难得到的东西价值就越高。女人一旦懂得自重，知道拒绝那些不是为了感情，而是为了其目的追求她们的人之后，女人才会变得更美。

古人的审美观与现代人并不相同。在古人看来，前额和面庞都小巧，眉毛紧连到分不开的程度，才是美丽女性的标志。如今的波斯地区，人们依然认为相连在一起的粗眉才是女性美丽的主要特征；在印度的某些地区，人们认为黑色的牙齿和白色的头发是美的象征。也许就是这个原因，在马里亚纳群岛生活的女人们，其主要活动之一就是用一些草药把牙齿染成黑色，用某些特定药水将头发染白。在日本等东部亚洲国家，脸似银盘，眼如丹凤，鼻子扁塌且宽，脚纤细以及肥大的腹部等都被认为是美的主要表现。美洲的印第安人会把孩子的前额和后脑勺绑在木板之间挤压，从而令他们的脸比天然生长的更宽大；也有一些民族会把孩子的头压平，再从旁边使劲挤压把它拉长；还有一些民族将孩子的头从头顶向下压，将他们的头压平；还有些民族会想办法让孩子的头尽可能变得比自然生长的圆。不同民族对美有着不同的看法，甚至每个人对此都有自己的特别喜好或观点。这种审美观可能与人们在儿童时期获得的对某些事物的最初印象有关，又或者是与某些习惯及偶然性因素相关。

第三章　论人

　　在对人一生的发展阶段以及丑陋的社会习俗带给人们的迫害和压制进行讲述之后，布封继续向我们仔细描述人的表情、本能、双重性格等特征。他指出，认识和了解自己是非常有用的，尽管我们不清楚对自身以外的事物是否有着更充分的认识，但只有我们认清了自己才能更好地认识社会，了解自然。布封在这一章中提出，人所有的内心活动都可以从面部表情中表现出来；人的生命和灵魂都存在于物质中；人具有双重性，而这种双重性来自于人的天以及与它们行动相反的精神实质。

第一节　人的表情

　　人们假如突然想到一件热烈渴望或深感遗憾的事时，会感觉到体内产生一阵颤抖或者抽搐。这种运动来自于肺部——肺部提起，引发深呼吸，当人们感受到了这种激情的形成，却发现现实不能满足渴望时，就会不停地叹息，如此一来，表现内心痛苦的悲伤就会紧接着出现；当内心的痛苦开始沉重，就会产生眼泪。

当空气通过肺部的抽动而进入胸腔，再通过抽动形成停不下来的叹息，此时每次吸气都会产生比叹息更响的声音，这就是我们所说的抽泣。相比叹息声，抽泣声的交替频率更快，其中还夹杂着一些噪音，但这种噪音在呜咽呻吟时较为低沉，这时候连续的抽泣声、呼气和吸气声都会很缓慢，模糊不清的呜咽声反反复复，随着悲伤、痛苦、沮丧的程度不同，这种声音或长或短，但总会重复若干次。吸气时间是指呻吟时的空隙，这种时间的间隔通常情况下是相同的。号哭是放声用力地呜咽，几乎是保持同一个音调，特别是在尖声叫喊时。当然，有时候也会以低音结束，出现这种情况时，多半因为已经哭到筋疲力尽了。

笑声实际上是比较突然的声音，断断续续的，它的形成是因为上腹急剧起伏所引起的扭动。有时为了方便发笑，人们需要将头低下并前倾，收缩胸部，保持不动，嘴角向脸颊两边张开，而脸颊收缩并鼓起。在大笑和其他剧烈的表情中，嘴唇都会张得很开；但如果心情平静，嘴角就只是微微翘向两边，嘴唇也不会张开，只有面颊出现轻微地鼓起。也有一些人的脸颊在距离嘴角不远的地方，会出现凹陷，这就是我们俗称的酒窝。酒窝常伴随赞赏或是感激的微笑出现。微笑显示了内心的满意、亲和及满足，但有时也是出自内心的嘲讽、轻蔑的表现。狡猾的微笑常伴随着上唇紧抿下唇的动作。

脸颊是一个不能产生动作的部位，除非是在某些感情的影响下，会下意识产生红润或者苍白，此外就没有其他表现了。脸颊的主要作用是形成脸部轮廓，是人的相貌的重要组成，更多的是衬托下颌、耳朵和额头的美。

人在感觉到耻辱、愤怒、骄傲或高兴时，面部会有红晕产生；而在感到害怕、惊吓和悲伤时，脸色会变得苍白，这种交替的变化是不被控制的，它是人内心活动的体现和表达，因此属于不受意愿支配的情感现象。但是，意愿有时也是能够支配其他表情的，因为片刻的思考间就能有情绪的转换，甚至让脸部肌肉的运动停止，然而，脸色的变化却是无法阻止的，因为脸色取决于主要器官隔膜所引发的血液运动，而内在情感可以决定隔膜作用。

头部在各种情绪中会出现不同的姿势和动作，谦虚、羞愧、悲伤时向前倾；疲惫、可怜时歪向一边；自负时向上抬起，固执时挺直不动；惊讶时朝后仰；轻蔑、嘲讽和生气时反复摇晃等。

人们在表现悲伤、高兴、羞愧或表达内心的爱慕、同情时，眼睛会一下子鼓起。如果情绪变化过于丰富，会使眼睛张大，视线因此变得模糊，有时甚至会流泪，不过，流泪的时候，由于面部肌肉的压力，嘴巴会同时张开。自然反应的情绪也会令人的鼻子发生变化，眼泪通过内通道流进鼻子中，并以一种断断续续的状态不均匀地流淌出来。

人在感到悲伤时，嘴角会下垂，下唇上翘，眼皮也挤到中间，瞳孔向上但被眼皮遮住大约一半。脸部的其他部分比较松弛，造成嘴角到眼睛的间隔比平时大一些，看起来就好像脸变长了。

人在感到害怕、惊慌、恐怖时，额头会皱起，眉毛竖立，眼睑睁大，露出被下眼皮挡住部分的下垂瞳孔，以及上面的一部分眼白；同时，嘴巴会张开，嘴唇收缩，露出两排白牙。

人们在表达嘲笑和轻蔑时，上唇会向一边翘起，牙齿露出来，另一边则类似于微笑时的动作，鼻子向嘴唇翘起的一边皱缩，嘴角后拉，同一侧的眼睛在这个时候几乎闭起来，另一只自然张开，但两只瞳孔都下垂，好像在俯视着什么。

当人们表示内心的嫉妒、狡猾、羡慕时，眉毛会往下皱在一起，眼皮上扬，瞳孔向下，上唇向两边翘起，嘴角略微下垂，下唇中央部分向上突出，与上唇的中央部分相碰。

人在笑的时候，嘴角会向后收，轻微地向上扬起，脸颊的上半部分向上耸，眼睛似睁似闭，上唇向上翘起，下唇则向下垂，嘴巴张开。大笑时，鼻子上的皮肤也会随之皱在一起。

臂膀和手，甚至身体的多个部位都能表达情感，肢体表现出来的姿势和脸部运动同样能表达内心活动。如高兴时，眼睛、头、手臂及整个身体都会变化；悲伤、疲惫时，眼睛向下，头歪向一边，手臂下垂，整个身体一动也不动。

情绪的第一反应是独立于意志之外的，但有的反应仿佛是由精神意志所决定，它使眼睛、头、手臂、身体共同做出反应，这些反应同样是内心为了保护身体而做出，至少是为了满足情绪的需要，而且这也是能独立将情绪表达出来的附带信号。例如，人在表达爱慕、渴望、希望时，头部向上抬起，眼睛也向上看，似乎在乞求得到渴望的某种东西一样。而如果头部和身体都向前倾，表现出向前行进的样子，则似乎是拥有了接近自己渴望的东西的特权，或是伸出双臂拥抱它、抓住它。相反，人在害怕、仇恨、恐惧时，常会迫不及待地伸出双手，不自觉地转动眼睛和头部，慢慢向后退，似乎要推开引发惊恐的东西一样。这些动作好像是不由自主，突如其来的，但这其实是人关注事物的习惯，因为思维决定了这些动作，身体各个部分只是在执行思维命令。这也是人体灵活性的表现。

人类所有的外在情感都是内心活动的反映，而且大部分都与意识表现有关，所以它们能够通过身体运动表现出来，特别是面部表情的变化。因此，我们可以通过一个人的外在表现来判断他心中所想。通过观察面部表情的变化，窥视他的内心活动。但内心活动与外在的物质形象没有直接的关系，因此不能只通过一个人的身体曲线或者面部线条来断定他的内心，丑陋的外表也可能有一颗善良的心。我们不能通过面部轮廓或相貌的美丑判断一个人品质的优劣，因为外部线条与内心世界毫无关系，也没有可以建立合理推测的相关之处。

不过，古人似乎对这种明显具有偏见性的观点很喜欢，各个时期都有许多人在研究所谓相貌知识的占卜术。显然，这些关于相貌的知识是通过被观察者的眼睛、脸部特征以及身体动作来推测其内心活动，而鼻子和嘴的形状并不能对内心活动和性情的形成产生影响，就好比四肢的状况不能反映人的思想一样。一个人有着挺拔的鼻子是否代表他更有才智，而小眼睛、大嘴巴的人就比较愚笨呢？因此，我们必须承认，所有的占卜家做出的预测对我们几乎毫无价值，通过所谓的相术观察得到的结论其实是非常荒谬的。

第二节　人的本性

对人类来说，认识和了解自己总是有益的。大自然虽然赐予了我们各种器官，但它们只不过是我们感知外部世界的工具；尽管我们努力探索超越自我的存在，却忽略了自身所拥有的丰富的内在感觉。其实，假如我们想要真正了解自己，就必须对这种内在感觉加以重视，因为它是我们进行自我判断的唯一方法。不过，我们似乎已经习惯了忽视这种感觉，哪怕它一直存在于人体的感官中，是我们的各种欲望让感官的生机趋于消逝，而让它变得毫无生气。

但是，由永恒的物质和稳定的物质构成的人的本性是始终存在的，即便有时候太阳光会被乌云遮住，它的力量也不会失去，会一直为我们指引方向。将这些指引我们前进并照耀我们的光芒聚集起来，周遭围绕着我们的黑暗就会消退。前方的道路或许不是一片光明，但在我们前进的过程中总会有一把火炬引导方向，避免我们误入歧途。

在认识自我的过程中，人类遇到的最大困难是明确组成人类的两种物质的本质：一种是无形的、非物质的，且永恒不灭；另一种是有形的、物质的，且必然消亡。两者之中，我们如果肯定一种而否定另一种，这种否定于我们并没有特别意义，这些否定不能体现正确、积极的观点。我们首先需要明白非物质的存在本质，是简单的、不可分割的，而且只有一种表现形式，只能通过思想表现出来；而物质的存在是可以接受感觉的一种形式主体。两者都像器官的本性一样非常稳定，但也有着很大的差别。为了对两者有初步的认识，需要我们赋予它们充分真实的属性，然后再对它们进行比较。

即使我们很少考虑自己的知识来源，也不可否认，我们只能通过比较的方法获得知识。那些不能进行比较的东西，一般也是难以理解的东西，比如"上帝"这个概念就属于无法被理解的，因为"他"没有进行比较的对象。不过，所有能够进行比较，能够通过不同侧面进行观察的，以及可以进行相对思考的，都在我们的知识范围内，越是容易被比较，且可以通过不同侧面进行观察的事物，我们认识了解它的方法就会越多，也越容易综合多种观点，然后在此基础上形成自己的判断。

　　灵魂的存在是已经被我们证实的，又或者说，灵魂与我们本就是一个整体，对于我们而言，存在和思考就是相同的事情，与其说这个真理是深刻的，不如说它是凭借直觉得到的。灵魂独立于我们的意识、想象、记忆以及其他能力之外，在那些积极思考的人们看来，身体和外在事物的存在都是存疑的。因为被称之为身体的，由长、宽、高组成的形体，似乎亲密无间地属于我们。然而，除了与意识有关之外，它们还与什么相关呢？我们感觉到的物质器官是原本就这样呢，还是为了适应影响它们的物质而逐渐转化成了现在的样子呢？我们的内在感觉或者说灵魂，与外在器官的本质又有何相同之处呢？通过光亮或声音刺激所引起的内心感受，是否又与传播光亮的物质或声音形成的振动相似呢？事实上，我们的眼睛、耳朵需要适应那些作用于两者的物质是必要的，因为感官的本质与这些物质的本质相同，只不过每个人的感受有所不同而已。这一点似乎已能够证明，灵魂实际上和物质的本性存在不同。因此，我们认为内在感受与引起感受的东西有着巨大的区别。

　　我们已经知道存在于我们周围的一些事物的本质，它们与我们的判断完全不同，因为感受与引起感受的东西没有任何外在形式上的相似。所以，我们可以得出这样的结论：引起感受的东西的本质，与我们想象中的截然不同。但我们对自己存在的真实性是肯定的，当我们意识到物质只是灵魂的一种表现方式或观察方式时，肉体的存在就显得非常可疑。当我们的身体不再存在时，对于灵魂来说，一切引起我们感觉的物质也就不复存在了。

　　我们虽然无法证明灵魂的存在，但依照一般的观点，我们可以认为灵魂是存在的。当我们把物质和灵魂进行比较时，将会发现，它们之间的区别非常巨大，对立也如此明显。因此我们有理由认为，灵魂具有独一无二的本质，而且属于一种至高无上的范畴。

第三节 人的双重性

人类具有双重性这一点是一般存在的，这种双重性由人的天性以及与其行动截然不同的两种本原组成。在这两种本原中，最重要的是精神本原，即灵魂，它总是与另外一种表现为纯物质的本原（动物本原）相对立，是所有意识的本原。笔者认为，对于前者而言，是与安详纯洁的光辉共同存在，它来自于科学和理性，因此也是与智慧并存的；而后者则如同一股迅猛奔腾的、引发欲望或错误的情绪的激流。

不过，纯物质本原（动物本原）是先于精神本原发展起来的，因为从本质上，它就存在于与人类欲望相似或相反的事物中，存在于人类内在物质感官引起的印象的运动和更新过程中。动物本原的作用会在我们的身体感到快乐或痛苦时体现出来。首先，它在身体上表现之后，我们很快能意识到它的出现，在这一点上，精神本原相反表现得比较迟，因为精神本原只有受到教育才能得到发展，并变得完善。特别是在儿童的部分更明显，只有当与他人进行思想交流时，他们才能获得精神本原，并逐步发展成为一个具有思维能力且较理性的人。如果一个人只能根据物质本原的内在感觉来做身体上的行动，缺少甚至没有思想上的交流，那么他可能会变成一个傻瓜或者一个怪物。

　　让我们接下来对一个不被老师监督、生活自由的儿童进行观察。通过他表现出来的外在行为，我们可以对他的内心活动做判断。事实上，我们发现，这种情况下的儿童，他们的一切想法都毫无顾虑，他们的成长是快乐而随心所欲的，他们对外部事物的印象都是其内心的真实反映。通常情况下他们不会因为什么大的理由而异常激动，常常没有目的、没有计划，就像那些幼小的动物一样自由地玩耍，尽情地撒欢，因此他们的所有活动都是无序而随机的。不过，有时候他们也会装出一副规矩的样子，并且对自己的行为加以适当控制，之所以会这样，是因为他们会受到那些教会他们思考的人提醒，他们变得规矩也是想要表明他们记住了与人们交流时得到的经验。因此，可以这样认为，物质本原在人类的童年时期占据了主导地位。由此，我们也得出，如果不能在孩子的童年时期给予他们在精神本原方面的教育发展，或者说不能促使他们的精神本原不断运作，那么，在他接下来的人生中物质本原将会占据主要地位，这种情况一旦出现，这个人将会不受约束而径直行动。

　　当我们进行自我反省时，很容易清楚地意识到物质和精神本原的存在。人在一生中，经常会有片刻或者是几个小时，甚至是几天、几个季节，我们不仅可以清楚意识到两种本原的存在，还能够感受到它们在行动中的相互矛盾。与此同时，我们总是做一些不想做的事情，却难以自控。我们接下来讨论一下这些令人烦恼、厌恶的时刻，以及被我们称为"头晕"的症状。当人们受到这种状态的影响时，往往无法在工作上集中注意力，有时甚至会感觉无所事事。如果我们认真观察，就会发现此时的自己似乎被分成了两个。其中一个具备理智能力，另一个则具有想象力和幻想力。前者指挥着后者的一切行动，但在某些时候，前者好像又无法阻止后者决定进行的一些事情。相反，代表感性的后者在很多时候总是能约束前者，并进一步战胜前者，好比我们有时候很想行动，但始终没有行动一样。这也是为什么我们的思想和行动无法一致，甚至会截然相反的原因。

当人们能心情平静地照顾自己、朋友以及亲人，并熟练地处理各种事务时，表明他此时的精神本原占据了主导地位。然而，我们也清楚地意识到，另一种本原并非消失不见，它会在我们漫不经心时表现出来。当动物本原占据主导地位时，我们不仅难以思考占据我们身心的事务，还会放任自己的欲望、情感和嗜好。在第一种情形下，我们有能力随心所欲地发号施令；而在第二种情况下，我们就只能服从他人。正常情况下，只有一种本原处于行动状态，而且这种行动并不是与另一种本原相对立的。这个时候，我们感觉不到任何内在的矛盾，"自我"也似乎变得非常简单，因为我们只能体会到一种单一性的简单冲动，而这种单一就是我们的幸福。但是如果稍微深入思考，我们就很可能会指责自己所谓的快乐，或是在欲望的控制下，仇视理智，此时的我们不再感觉幸福，因为我们已经失去了生命中原有的平静和统一性，内心的矛盾也再次产生。两个相互对立的"我"产生，两种本原相互感受，从而滋生疑惑、焦虑和悔恨等情绪。

综上所述，当主宰人类本性的两种本原同时处于剧烈运动，且两者势均力敌时，是人最痛苦的时刻。这个时候的人，内心会产生对生活的厌倦情绪，当这种状态愈发强烈时，会将人内心的希望念头掐灭，甚至导致自我摧毁，疯狂在此时就变成了对付自己的利器。

这是一种相当可怕的状态！笔者用黑色对它进行描绘，是因为这种状态相较其他阴暗色调确实更加让人产生恐惧。不过，也需要指出，在所有与之相似的情况及与其平衡类似的状态中，两种对立本原几乎很难自我克制，它们会同时出现，并显示出几乎相等的运动力量，这种情况常让人心烦意乱、犹豫不决，甚至是异常痛苦。在这种状态下，我们的身体会因内在的混乱斗争而备受折磨，层层重负之下，身体逐渐衰弱，或在由这种状态下产生的激动而慢慢枯竭。

　　回过头来看，当两种本原处于统一状态时，我们会感觉到幸福。童年生活是幸福的，因为这个时候人的意志被动物本原支配着，而且它会不停督促我们把想法付诸实践。对于儿童来说，责骂、处罚、约束都只是小小的忧伤，因为儿童对这些感受只不过是肉体上的疼痛而已，很快会过去，其存在的本质丝毫不会因此受影响。一旦得到自由，他就会重新获得由新鲜感受带来的行动上的快乐，如果此时他放任自己，就会觉得无比幸福，只是这种幸福是短暂的，转瞬即逝，甚至会随着年龄的增长而产生痛苦。因此，成年人会对儿童的行为进行约束，虽然他们会为此伤心，但这种痛苦是暂时的，而且对于儿童来说这种痛苦也是很有必要的，因为这将造就他们未来的幸福。与长久的痛苦相比，相对短暂的痛苦并没有什么不好。

　　到了青年时期，精神本原开始发挥作用，并逐渐控制我们的意志时，就会产生一种新的物质感觉。此时，精神本原占据了主要地位，拥有绝对支配权，可以专制地指挥我们的感官，同时，精神本身也会愿意服从由这种物质感觉所产生的狂热欲望。尽管动物本原依然发挥重要作用，甚至相对以前更加有力，不过事实上，动物本原在将理智当作另一种方法为自己所用时，也一定程度上削弱和制服了理智。而且人们往往为了满足和认同自己的欲望，才进行思考或者行动，一旦这种兴奋被延续，人们就会有幸福感，因为在此时的状态下，矛盾和外部痛苦加强了内在的统一性，同时还加强了欲望，在填补因疲惫造成的空隙时又唤醒了骄傲，让我们的视线转移到同一个事物。这时我们所有的能力，都指向了同一个目标。

不过，这种幸福感会很快结束，如同一场梦一样。之后无尽的厌倦和可怕的空虚将替代内心丰富的感情。同时，刚刚走出麻木状态的心灵重新变得难以认识自己，它在奴役之下失去了支配的欲望，丧失了原有的指挥力量，逐渐变得仇恨受奴役，并开始寻找一个新的主宰以便转移这种痛苦，这样人就会产生一个新的但转瞬即逝的欲望目标，以取代另一个存在的短暂目标。人们在这种状态下，内心的暴力和厌倦在不断增加，快乐自然会随之消失，进而影响到身体健康，器官日益衰竭。我们不禁产生疑问，经过了这样的青春期之后，我们还留有什么呢？余下的仅有虚弱无力的身体、伤痕累累的心灵，以及满满的对受伤身心的无奈。

如果仔细观察，我们还会发现一个问题：人到中年时更容易出现我们在前面讲到的身心疲惫、情绪郁结等症状。我们认为，造成这种状况的原因是：尽管这个年龄时期的人们仍然在追求青春时的快乐，但这种追求往往是因为习惯而非本身的需要。随着年龄的增长，我们感受到快乐的时间越来越少，而无力享受快乐的时间却逐渐多起来，此时的我们总是处于自我批判中，或者因为自己的弱点而感觉羞愧，因此，我们开始不由自主地对自己责备，不满自己的行为，甚至谴责自己的期望。

此外，这个时期的人们渐渐对自己的现状产生不满，烦恼日益增多。通常来看，到了这个时期，人们已经获得了一些社会地位，换句话说，就是人们碰巧或者是有选择地进入某个职业领域。在这个职业领域中，他总是害怕自己不能完成某项工作，尽管如此，还是冒着危险努力去完成。于是，人们不断徘徊在蔑视和仇恨的巨大矛盾中。为了避开这两个矛盾以及它们产生的不良影响，人们将自己折腾得筋疲力尽，越来越虚弱，最后向其妥协。如果一个人的人生阅历足够丰富，同时又充分体会了人类的不公平，那么，他们会将职业习惯性地当作人生当中必须经历的磨难，当人们慢慢习惯了少说话多休息，开始对别人的打击对自己造成的伤害不再介意时，就会顺其自然地进入冷漠处事、麻木不仁的状态中。

　　对于人类而言，荣誉是一切伟大心灵的推动力，但它只能通过光荣的行动和有意义的工作才能达成和获得。而现在，对于那些轻易就能获得荣誉的人而言，荣誉正在逐渐失去它的魅力；荣誉的吸引力仅限于那些与它有着遥远距离的人，但对于这些人来说，荣誉又是有些虚幻的东西。懒惰有时会占据上风，它让人们觉得似乎有了更方便的途径和更实惠的好处，不过很快厌倦又会取代它，随之而来的是无聊的时光。可以毫不掩饰地说，无聊是一切思想灵魂的杀手，只有疯狂才能与之抗衡，哪怕是智慧，对它而言都束手无策。

第四章　人的感觉

　　法国的启蒙运动是在唯利主义哲学的基础上逐渐发展起来的，著名的哲学家笛卡尔认为，唯利主义是以人的理性代替神的启示，以分析论证代替盲目信仰。这个观点为启蒙思想运动奠定了基础，在那个时代有着非常重要的意义。布封也是 18 世纪著名的启蒙思想家，他认同并实践了笛卡尔的论述，不仅勇于与虚伪的神学抗争，还通过细致的探索，对人类的发展过程进行了阐释。在这一章中，布封描述了人类感觉的形成及传递，还特别对老年的幸福感，即对长寿的体验进行了论述。

第一节 第一个人最初的感觉

　　因为建立在其他感觉上的认识往往是错误的，所以，我们需要借助触觉来获得完整和真实的知识。那么，这种重要感觉是如何发展起来的呢？最初的知识是如何深入我们内心的呢？又或者说，我们是否忘记了在懵懂童年时期发生的一切？如果我们连追根究底的勇气都没有，那么我们又怎么寻找思想最初的痕迹呢？我们是否能够轻而易举地提升到这个阶段呢？如果事情不是那么重要，我们还能找到理由原谅自己的懈怠，但当它比其他所有事情都重要时，我们难道不应该为此做出努力吗？

　　笔者因此构思出这样一个人：他是开天辟地之后地球上出现的第一个人，他的身体和器官都已经成形，但对自己和周围的一切却毫无认知，那么他最初的活动、判断、感觉是怎样的呢？假如这个人想要对我们讲述他自己最初的思想，他会说些什么呢？他会有一个怎样的故事呢？为了让事实更容易理解，笔者必须让他"开口说话"。接下来的这篇哲学叙述，篇幅不长，但不是偏离主题或无用的内容。

　　我回想起了那个让我既喜悦又困惑的时刻，当时我第一次感觉到了自己奇异的存在，我以前并不知道自己是什么、在哪里，更不知道自己来自何方。我睁开眼睛，这是非常奇妙的感受！广袤的苍穹、辽阔的大地、奔流的河水都吸引着我的目光，令我充满活力，给了我一种说不出来的快乐感觉。一开始我以为所有的事物都是我身上的组成部分。我最初的思考让我对这种刚萌发的念头深信不疑。当我直面太阳时感受到刺眼的阳光，不得不紧闭眼睛，感觉到一阵轻微的疼痛，当闭上眼睛的瞬间，我以为自己失去了自我的存在。

　　我为此觉得非常诧异，认真想着这巨大的变化。突然，我听到了外界的声响，鸟儿在歌唱，微风在私语，如同一场音乐会，这样的感受让我激动不已。这些声响一直传达到我灵魂的深处，我仔细聆听了很久。

　　我聚精会神地感受着这种新的存在方式，当我再度睁开双眼，我已经忘记了阳光，就是我最初认为的组成自己存在的另一部分。我为自己可以拥有这么多东西而感到高兴，此时我的快乐已经超过了最初感受到的一切，有一瞬间，我连那些动听的声响都忘记了。

我仔细观察那些不同的事物，很快就意识到我可以失去或是重新找到它们，而且我也有能力摧毁和重造这些美丽的事物。尽管由于光线多变和色彩的不同，令它们显得伟大，但我相信这一切都是组成我存在的一部分。

我开始对这一切报之以漠然的注视，并冷静地聆听。这时一阵微风拂过，我感受到它带来的凉爽和大自然的芳香，这在我的内心产生激荡，也使我有了自恋的情绪。

这些感觉激励着我，在一种难以言喻的快乐存在的驱使下，我突然站了起来，感觉自己被一种陌生的力量包围。我刚跨出第一步，新处境就让我异常惊讶，不敢再随意走动，我以为自己的存在发生了变化。我轻微的行动打乱了事物，令我以为一切都因此混乱。

我把手放在头上，触摸到我的额头和眼睛，接着我对自己的身体做了全面的触摸，这时候我发觉手似乎成了我生存的主要器官。这部分的感受是如此清晰和完整，相比阳光和声音带给我的快乐，它们更加完美。我非常依恋我实实在在存在的这部分，于是，我感到自己的思维有了深度和实在性。

我在自己身上摸索到的一切让我的手似乎越来越灵活，每次触摸都会在我的灵魂深处产生双重的念头。

不久之后，我就发现这种感觉能力在慢慢扩散到我生命的各个部位，而我逐渐意识到原本认为巨大无比的身体的局限性。

我曾经对自己的身体进行观察，认为它的体积如此巨大，其他在我周围出现的事物与之相比不过是小小的点缀。我快乐地看着自己，眼睛跟随着手，观察它的每个动作。我对这一切有着特殊的感受，我认为手的动作只是存在于一瞬间，并且是一系列类似的东西；我把手慢慢靠近眼睛，它显得比我的身体还要大，挡住了我眼前的其他东西。

我开始怀疑那些通过眼睛观察到的感觉是不是某种幻觉，我曾经清楚地意识到我的手只是我身体的组成部分，我无法解释它为什么会一下子变得无比巨大，因此我决定只信任不会欺骗我的触觉，而对其他的感觉和存在保持谨慎的怀疑态度。

这样的态度对于我来说是有益的，我再次主动迈开步，抬头挺胸前进，结果不小心撞在了一棵棕榈树上。因为产生了恐惧，我把手慢慢放在对我来说是奇特的树干上，我认为它是陌生的，因为它并不会回应我的感觉，我怀着几分恐惧从它旁边绕过去，这是我第一次意识到在我的身体之外竟然还存在着其他某种东西。

这个新发现再次让我激动不已，心情久久无法平静。在对这一事件进行反复思考之后，我得出结论，对外界事物的判断如同判断自己的身体一样，只有依靠触觉才能确定它们的存在。

因此，我试图去触摸我看见的一切东西，我想要触摸太阳，但当我伸出手臂去拥抱时，却只感到空气中的虚无。

我尝试用各种方式进行触摸，但得到的结果却让我更加惊讶，因为所有事物看起来都似乎与我有着距离，当我经过一系列体验之后，才学会了用双眼指挥双手去体验事物。我通过手获得的感觉，与其他方式获得的感觉不同，而且其他各种感觉没有这样的协调性，因此我的判断应该是存在着某种缺陷，我想，如果离开了触觉，我的存在就只是模糊的混合体罢了。

我思考得越多，发现的问题也就越多，这些问题困扰着我，由此引发的思考将我折磨得非常疲惫，于是我把双膝弯曲起来，让自己处于一种平静的状态，这种状态赋予了我的感官以新的力量。

我坐着的地方是一棵大树下，树上结满了殷红色的果实，在枝头摇摇欲坠，于是我用手轻轻地触碰这些果实，它们很快就掉落下来。

我抓起一个果子紧紧握在手中，想象着这是自己的第一次征服行为。对于自己的手能够包容其他有生命的东西这件事，我感到惊讶的同时也颇有些自豪。虽然果子并不重，但这是一个完整存在的生命，这让我产生了一种战胜它的欲望。

我把果子放到眼前，仔细观察它的大小和颜色。我闻到了果子甜美的香气，我把它放在唇边尽情吸取它的芬芳。这些气味令我的嗅觉产生了极大的快感，我的心似乎被这种香气填满。我把果子含进嘴里，这时我感觉拥有了比之前还要甜美和柔和的芬芳，我慢慢品尝起来。

多么香醇的味道啊，又是多么神奇的感觉！我的心中在这个时候充满了快感，这种甜美味道带给我无法言喻的享受，进而引发了占有的念头，我觉得果实这种物质已是我所有，是我改变了它的生命，我是可以驾驭它的主人。

我因为拥有了这种能力而觉得非常自豪，在这种快感的鼓舞和驱使下，我又摘下了两个果子，并意犹未尽地用自己的双手满足自己的味觉。但渐渐地，一种疲惫的感觉开始侵占我的整个器官，麻痹我的四肢，导致我的灵魂停止了活动，让我变得既迟钝又慵懒，周围的所有事物在我眼前变得模糊起来。感觉我的眼睛正在逐渐失去作用，眼皮控制不住地合在一起，头部也无法再依靠肌肉继续支撑，于是，它歪倒在了草地上。

一切都变得模糊不清，并逐渐消失，我的思维中断了，我存在的感觉也开始丧失。我沉沉睡去，却不知道睡了多长时间，因为我的心中并没有时间的概念，无法进行估算。对我而言，苏醒无疑是再一次的重生，我只觉得自己曾经失去了自我的存在。我被刚刚出现的这种萎靡状态吓坏了，甚至觉得自己无法永远存在下去。

与此同时，我还有另外一种担忧，我不知道自己在睡眠中是否会丢失身体的某个部分，我尝试着，想要重新认识自己。

不过，当我检视自己的身体时，确定它依然是完整的存在，更让我讶异的是，我的身边有一个与我相似的形体。我把这个形体看作是另一个我，我猜测在我停止存在的时候，不仅没有失去什么，还得到了一个意外的惊喜——自己的复制品。

我用手触摸这个新生命，这是一件令人激动的事情，尽管"他"不是我，但却比我还完美，远远胜过我。因此，我以为自己的生命将出现新的转换，从一个完全的我逐渐转向另一个我。

我能感觉到"他"满满的活力，在我眼中"他"逐渐有了意识，"他"的目光让我感到新的血液在血管中流淌。我愿意给予"他"我生命的全部，这种强烈的欲望令我感觉无比充实，第六种感觉就此产生。

太阳这时候慢慢下落，消失在地平线下，结束了它在这一日的运行，我立即发现失去了视觉。我存在的时间已经太长了，因此，我不再对停止存在感到恐惧，也不会因为身处黑暗而再次想到我的这次沉睡。

第二节 感觉的产生及传递

　　无论肌肉的运动和感情的传递是由什么物质引起的，它一定是通过神经系统来传播感觉的。这种物质可以在非常短的时间内传播，从敏感的系统一端传递到另一端，它的运动方式是以某种形式形成的，可以是通过类似于橡皮筋的振动，也可以是类似于电的传播方式，甚至可以通过类似于细小火花的方式。

　　这种物质存在于所有的生命体中，并通过心脏和肺部的运动、血液的循环，以及外部因素对感官的影响，源源不断地再生。可以确定，神经和脑膜是动物上唯一的敏感器官，它们的血液、淋巴等流体以及脂肪、骨头、肌肉等固体相对说来都不够敏感。脑髓似乎也不是敏感物质，因为它只是一种柔软而无弹性的物质，既不能传播，也不能进行运动和感情的传递。不过，脑膜是非常敏感的，它是全部神经的套子，在大脑中形成神经分支，一直扩展到神经最小的末梢。这些末梢是扁平的神经，与大脑神经同属于一种物质，并有着相似的弹性，是敏感系统中重要的组成部分。如果我们认为感觉中枢在大脑部位，那么，脑膜是起决定作用的，而不是完全不同的脑髓部分。

　　有些人认为感觉中枢和敏感中心都在大脑中，那是因为他们觉得作为感情器官的神经都通到脑髓，就将它当作是唯一能够接受振动和感受的部分。他们仅凭这样的认知就去证明大脑是感情的根源，是感觉的主要器官或共同的感觉中枢。然而，只要了解大脑的构造，我们就能明白，感觉中枢的松果体和胼胝体里并没有包含任何神经，它们周围都被不敏感的脑髓物质布满，神经与感觉中枢也被这些物质隔开，从而导致它们接收到的运动信号不同，所以这个假设也就不成立了。

不过，这个既重要又基本的部分的作用是什么呢？不是所有动物都拥有大脑吗？不是有着丰富感情的人类、四足动物、鸟类的大脑，要比那些少有感情的鱼、昆虫和其他动物的大脑更大、更重吗？在大脑受到挤压时，动物身上的所有运动及反应不是都停止并中断吗？如果这个部分不是运动的根源，那么它们的作用又为何如此重要呢？为什么在动物身上，它的大小和动物情感存在比例关系呢？

笔者相信自己能够找出这些问题的圆满答案，不管这些答案多么难以得出。大脑只不过是分泌和提供营养的器官，而并非感觉中枢和感情根源，但这个器官有着非常重要的作用，如果没有它，神经的生长和生存就没有办法维持。在人类、四足动物和鸟类身上，这个器官比较大，因为这些动物身上的神经数量比鱼类、昆虫要多。正因为如此，鱼类和昆虫的感觉才比较弱，它们的大脑容量很小，并且与之对应接收大脑供应养料的神经数量也很少。但是，笔者在这里也要指出，人类的大脑并不是我们想象中那样，是所有动物中最大的，一些猴类和鲸类的大脑比人类的大脑更大，因为它们庞大的身形决定了它们大脑的体积。同样的道理，这个事实也说明了，大脑既不是感觉中枢，也不是情感根源，某些动物的大脑虽然比人类的大，但是它们的感觉和情感并不比人类更多。

当然，笔者承认，当大脑受到碰撞之后，感情活动就会中止，但这也说明，身体是通过对神经末梢的加力对大脑形成反应的，挤压神经末梢会使它变得麻木，这好比将重量加在手臂、腿部或身体其他部位之后，会使神经变得麻木一样。不过，通过挤压造成的感觉停止只是暂时性的，当大脑不再受到挤压时，感觉就会重新出现并恢复活动。

笔者同时承认，刺激髓质、伤害大脑都会引起痉挛，导致知觉丧失，甚至会诱发死亡，这是因为神经完全被破坏了。

笔者可以再举一个例子，它同样能对大脑既不是感情中心也不是感觉中枢这个问题进行证明。让我们看看那些天生就没有头和大脑的动物，它们依然有感觉，能运动并生存。比如昆虫和蠕虫纲，它们的大脑不是独立系统，而且比较小，身体是由类似于骨髓和脊髓的物质构成的。因此，我们有理由把任何动物都具有的脊髓，看作感觉、情感中枢，而不是大脑，因为大脑不是所有有感觉的生物都具备的部分。

第三节 幸福：对长寿的体验

假如一匹马能够活到 50 岁，就说明它的寿命是其正常生命的两倍，这种情况并不常见。但是，自然界中的所有动物几乎都存在这种情况，因此和马一样，人类中也有一些人的寿命可以延长至其正常生命的两倍，即 160 岁，而不再是 80 岁。这些幸运者在大自然中是存在的，只是出现于现实世界中的概率在渐渐降低。

笔者曾经说过，我们曾活过就是活着的一个证据，通过表示生命可能性的计量表，我们能够对这一点加以证明，但这种计量表上所标示的寿命期往往要比人类的实际寿命长很多。当人的生命越完美，其生命越容易接近这种情况，甚至可以达到相当稳定的状态。如果我们敢打赌说一个 80 岁的人能够再活三年，那么，我们同样可以对 83 岁、88 岁，甚至 90 岁的人下相同的赌注。就算已是最高龄的人，我们仍然希望他能再活三年。这三年难道不能视为一次完整的生命吗？三年的时间难道不能让一位智者做出一个新计划？因此，只要我们的精神能永葆年轻状态，我们的心就不会衰老！所以，哲学家应该把关于人类衰老的言论当作不符合人类幸福的偏见。

这种想法并不会对动物产生什么影响。比如一匹10岁的小马，面对着一匹50岁还在劳作的老马，它不会觉得老马比自己更接近死亡。我们只不过是通过简单年龄的计算而得出不同的判断，但这个计算同时向我们证明，只要身体健康，哪怕是到了高龄，他们与死亡之间也存在一定的距离，但如果年轻人不加节制而滥用自己所处年龄段的精力，他们就会拉近与死亡的距离。相反，如果人们合理地消耗与自己年龄相符的精力，那么，可以肯定，到了80岁，依然还能再活三年。

如果清晨我能健康迅速地起床，那么在一天之中拥有的享受不就与你们完全相同吗？如果我能让自己的行为总是与聪明的天性保持一致，那么我不是同样聪明且比你们更快乐吗？因为健康的身体可以确保我多活三年甚至更长时间，这怎么会让我对自己没有把握呢？相反，那些曾经由于面对衰老而进行的遗憾回忆，却让我愉快地想起了以前种种珍贵画面和难忘时光，这些不都是与快乐有着相同的价值吗？这些画面是这般温柔和纯洁，给我们的内心带来太多的甜美感受。所有伴随着青春期的不安、忧愁和悲伤都在美好的回忆中消散，遗憾也因此而不复存在，因为它们已经化身代表着青春永驻的狂热与激情。

高龄幸福的另外一个优点也应该引起我们的关注，虽然处于高龄阶段的人们的身体已有所损伤，不如青春期时那么健康，但他们有了更多的精神收获，也就是说已经获得了精神上的一切，即便在体质上失去一部分，在精神上却得到了补偿。曾经有人向95岁高龄的哲学家封德奈尔请教，他一生中最遗憾的 20 年是哪段时间，他回答说，人生中令他感觉遗憾的事情非常少，反而是 55 岁到 65 岁的 10 年间是他最幸福的时光。封德奈尔的真诚回答是高龄幸福的最有力证明。人在 55 岁时，相对来说已经积累了一些财产，并获得相应声誉，赢得了尊重。这时候的生活稳定了，理想抱负或完成或取消，人生计划或成功或放弃，大部分的激情都归于平静或者衰退；通过工作也完成了自己对社会义务的履行；对手变少了，或者更准确地说，具有威胁性的嫉妒者减少了，因为自己的功绩已受到大众的认可，一切精神收获都体现了年龄大带给人们的好处。只有身体的衰弱和疾病，才会打破这些他们通过才智创造出来的宁静享受和财富，也只有那些通过才智创造出来的财富才真正称得上是人们拥有的最大幸福。

悲观是一种违背人类幸福的情绪反应，对老年人而言，悲观的表现就是时时刻刻想着将要到来的死亡。这种想法让许多老年人感到痛苦，甚至对那些身体健康、还没有到高龄的老年人也会产生不利影响。笔者希望这样的人能够乐观起来，就算他们已经 70 岁了，距离理论的死亡年龄也还有六七年的寿命呢，甚至是已经 80 岁或者 86 岁的人，他们也可能还有好几年的寿命。因此，只有悲观且成天想着死亡就要靠近的脆弱的人，才会觉得自己的生命随时会终结。我们让心情变好、让精神强大的最佳方式，就是将自己欣赏的东西无限地扩大并与它们亲近；相反地，要远离所有令人不愉快的东西，并将它们的形象缩到最小，特别是那些会让人产生痛苦的念头，让事情顺其自然地发展是最好的方法。

生命继续存在，其实只是我们的感觉而已，没有谁能保证这种存在的感觉不会被睡眠所摧毁。当夜幕将临，感觉上的存在就会停止，这样我们就无法将生命视为连续不间断的感觉的存在。而且，生命也绝对不是一根连续的线，它是一根有着结头，或者说被死亡的断口分割的线，每个断口都在提醒我们那最后的一剪在向我们展示什么是生存的终止。既然如此，我们为何要在乎这根时时会中断的线的长短呢？我们为什么总是无法客观地看待生死呢？由于灵魂胆小的人要远远多于灵魂坚强的人，因此死亡的概念总是会被夸大，它的步伐才总是跟看起来一样急促，它向我们接近才会这样让人恐惧，它的面目才会那般让人憎恶。但是人们不会想到，每次对生存产生的不祥预感，对身体都是一次摧残，因为存在的终止本身并没有什么，而死亡阴影带给心灵的恐惧感却是巨大的伤害。斯多葛主义者认为"死亡被神仙所拒绝，但却是人类的至尊财富"，笔者对此并不认同，死亡既不是一大痛苦，也不是一大财富，笔者只是想努力弄清楚它的真面目。把这篇文章呈现给读者的最大目的，是希望能够帮助读者们找到幸福。

第四节　快乐和痛苦

快乐指的是让人感觉心情愉快的情愫，从生理上讲，让人感觉愉快的一定是符合自己天性的；反之，痛苦指的则是器官受到伤害。简言之就是，快乐指的是生理上的快感，而痛苦指的是生理上的不适。因此，我们相信，有感觉的生物，其快乐要多于痛苦。所有利于保留和维持人体组织存在和天性的事实都是快乐；而所有倾向于毁灭、伤害人体组织、改变天性的事实都是痛苦。因此，只有快乐可以让具有

288

感觉的事物存续下去。如果令人觉得愉快的感觉的总和，也就是那些符合天性的事实，要比令人觉得痛苦的感觉或有悖天性的事实少，那些有感觉的事物就会因此失去愉快，然后因为过多的痛苦而死亡。

生理上的快乐和痛苦只不过是人类所有快乐和痛苦中很小的一部分。我们持续运作的想象力创造了一切，更确切地说是制造了大量不幸，因为想象力为灵魂提供的只是空幻的鼓励，甚至是夸张的景象，并强迫灵魂承受这些因景象带来的后果。灵魂在这些幻想的影响下，会逐渐失去判断能力，甚至会丧失自制力，开始变得喜欢幻想，而不愿意相信现实，且常常只对那些根本不可能存在的事情抱以信任。灵魂无法控制的意愿慢慢演化成一种负担，而过分地奢望又带来无尽的痛苦，只有心灵恢复平衡之后，才能重新具备判断能力，那些虚幻的想象才会消失。

因此，我们在寻找快乐的同时，要准备好承担痛苦，就好像我们希望自己变得更高兴时往往先承受悲伤一样。可以说幸福是始终根植于我们心中的，而悲伤只是我们自找的身外之物。因此，灵魂的安定才是人们真正的财富，只有安静的灵魂能够让我们获得快乐。当我们希望获得的快乐加倍时，也就会面临失去它的风险；而我们希望得到的越少，获得的往往越多。相反地，如果我们希望获得的东西超过了本性所能给予的，便会产生痛苦，因此只有本性赋予我们的才是真正的快乐。自然天性带给我们快乐，满足我们的需要，帮助我们抵抗痛苦的侵扰。而在生理上，快感远远超过了痛苦，所以，让我们感到害怕的并不是事实，而是幻想。换句话说，让我们担心的不是身体的痛苦、疾病和死亡，而是心灵深处的不安、烦恼和欲望。

动物获得快乐的唯一方式是不断填饱肚子，满足自己的食欲。人类尽管也有相同的特性，但我们还有另一种获得快乐的方法——通过精神去获得，即求知，而且通过这种方法得到的快乐是丰富而纯净的。如果我们的欲望与此截然不同，就会出现混乱，转移灵魂的注意力。当我们的欲望处于上风时，理智就会保持沉默，或者最多发出一些微弱的呐喊，此时我们对真理的厌恶就随之而生，幻觉的诱惑接踵而至，错误也越来越深，最终将我们引向痛苦的深渊。这时候由于我们无法看清事实的真相，只能凭借武断的感情或者欲望的指令去行动，就可能用不公平的态度对待他人，而自省的时候又被迫轻视自己，这就是最大的痛苦了吧。

在这样的幻想和愚昧的状态下，我们总是希望能够改变灵魂的本质。虽然我们固有的天性是为了认知，但此时的我们却用它来感觉。即便我们此时可以堕入这种蒙昧之中而不会失去什么，我们也心甘情愿地羡慕那些失去理智的人，因为我们的理智是断断续续的。而这种不连续的理智会造成我们的负担，甚至会变成一种责难，我们希望这种理智消失，因此我们总是处于幻觉之中，自愿竭力地丧失自我，尽量不再考虑自己，并最终将自己忘记。

如果欲望一直不间断，就会造成精神错乱，对于灵魂来说，这种状态就意味着死亡；间断性的强烈欲望，则是疯狂发作的迹象，神经病症的长期性和反复性让其显得更加危险。理性和明智是疾病发作时，偶尔出现的空隙，但它并不代表所谓的幸福，因为我们感觉到自己的精神出现了问题，就会对自己的欲望进行指责，对自己的行为满怀谴责。如果说疯狂是痛苦的最初表现形式，那么明知则是火上浇油。多数感觉痛苦的人都是有着非常强烈欲望的人，即俗称的疯子，他们有一些存在理智的间隙，当其理智占据上风时，他们就会意识到自己的疯狂，也因此深感痛苦。相比底层社会的人，上流社会的人有着更多不切实际的期望、抱负和过多的欲望、灵魂的恶习，因此，他们很有可能是幸福感更低的人。

让我们暂时放下那些让人觉得悲伤和羞耻的事情，去研究一下值得重视的那些智者。他们把自己视为自己的主人和各种事件的统治者。他们安于现状，乐于以当下的状态存在着，自给自足，几乎从不求助别人，更不会成为别人的负担。他们不断发挥自己的精神力量，完善智力，培养情操，积累新的知识，而且时时刻刻都非常满足，不为任何事情悔恨和烦恼，享受自己的生活的同时也享有整个世界。这样的人毫无疑问是自然界中最幸福的人，他们把与动物类似的肉体快感和只属于自己的精神快乐融为一体，将两种幸福相结合。哪怕因为身体不适或者其他意外而遭受痛苦，他承受的这些痛苦也比别人少得多，因为精神力量会给他以支撑，理智则带给他安慰。甚至在遭受痛苦时，他也会有一种满足感，因为他的坚强足以应付这些痛苦。

第五章　论梦

布封认为，构成梦的内容的全部材料有些来自于体验，这是毋庸置疑的。不过，如果认为梦的内容和现实之间的联系非常清晰，那就是错误的，因为它们之间的联系只有认真观察才能发现。与此同时，布封还从人类与动物的梦的区别推测出人类的梦来源于心灵。他说："人类清楚地观察到事物之间远隔的关系，所以我们心灵的这种能力是最辉煌、最活跃的才能，是高等智力，更是天才的表现，而这些是动物所不具备的能力。"

第一节　梦：模糊的回忆

在人的大脑中，存在着由于不同的原因而形成的两种记忆。第一种记忆是我们观念的痕迹，第二种记忆则是模糊的回忆，这种回忆的形成只是因为我们感觉的更新，准确地说是触发感觉的活动的更新。第一种记忆源自心灵，相比第二种记忆，对于我们而言更加完善；第二种记忆是由内心实际感觉的更新引发的，这种记忆是人类与其他动物共有的东西。这种记忆总是令我们现在的感觉和以前的相同，因此拥有这种记忆的人只是从总体上看待过去和现在，并不会加以区分，更不会比较，只知其然而不知其所以然。

对于笔者的上述观点，肯定会有人提出反对，还有一些人会将笔者的论述理解为其他动物也存在记忆，特别是举出狗会在沉睡中发出叫声这一例子。虽然狗发出的声音比较低沉，但还是可以从中分辨出猎捕的叫声、愤怒的叫声、欲望或者哀怨的叫声，等等。因此，这些人认为狗对发生过的事情是存有强烈而生动的回忆的。但狗的这种回忆与笔者刚刚所讲的记忆不同，因为这种回忆有可能随着外部环境的变化而发生变化。

为了对这个问题进行说明并找出令人满意的答案，我们需要对梦的本质进行考察，以便弄清楚梦究竟是来自心灵，还是仅仅依赖于我们实际的内心感受。假如我们能证明梦寓居于心灵之中，那么，这不只是对一个对不同意见做出的回答，更是对动物的记忆与理解力的一个新论证。

对于愚蠢的人而言，他们的心灵反应是比较被动的，虽然他们如常人一般也会做梦，但他们的梦与灵魂无关。因为在傻瓜身上，灵魂的作用实在不明显。动物没有灵魂，因此，我们也确信，它们所有的梦都与灵魂没有关系。我们可以对自己的梦做一番探究，这样就会清楚为什么梦境各个部分的联系是很松散的，梦中的事件是那样奇特。因为梦是围绕着感觉展开，而非围绕思绪。例如，在梦中的我们是没有时间观念的，在梦中会出现我们曾见过的人，甚至是那些已经过世很长时间的人，这些人在我们的梦中依然活着，就像过去一样。但是，我们在梦中会将他们与现在出现的人、发生的事情联系在一起，又或者是将他们与另一个时代的人或事联系起来，而且，我们不知道出现在梦中的地方是何处，我们脑海中出现的梦境，在现实中是并不存在的，但如果我们的灵魂可以自由活动，想来只需用很短的时间就能够从混乱的感觉中或是这种伤心的后果中理清头绪。只不过，它往往不作为，始终维持着混乱状态。我们的梦中出现的每个目标尽管都是生动的，但它们的形象经常模糊不清，并且总是一闪即逝。如果这些感觉的力量令心灵处于半睡半醒状态，就立刻会在空想中产生真正的意念或者沉思，但并不会强烈到可以将幻想清除的程度，而是混杂其中，变成其中的一部分。

我们从来对梦中发生的事进行比较，因此，我们在梦中只有感觉而没有概念，因为概念是对各种感觉进行比较得出的结论。如此，我们说梦只是存在于实际的内部感官中，而我们的灵魂并不产生梦，仅仅是人类回忆的组成部分，构成了那种实际模糊回忆的一部分。但是记忆却与此不同，它是在时间概念、先前概念和现实概念的比较中产生的，既然这些概念不会进入梦境，也就说明梦不可能是记忆，也不会是一个结果或者是事实，更不可能是回忆。不过，我们尽管坚持认为，自己经常做一些有思想的梦，并以梦游者为例来证明这个事实的存在，如梦游者在睡梦中会说话，并且可以回答一些问题，但当我们根据这个事例推导出推理的意念，并把梦包含在其中时，就与笔者设想的同样绝对了。

第二节 梦和想象

有些人提出梦是有意识的，他们仍以梦游者，或在熟睡中也能有条不紊地讲述事情、回答问题的人为例，并据此推论出梦境中包含着意识。事实上，笔者也认为，感觉的更替可能会让人做梦，因为动物只会以这种方式产生梦，而形成这些梦完全不是以回忆为前提，它只是对事物的模糊记忆的反映。

不过，对于梦游者在睡梦中说话和回答问题是受到意识控制的行为这一说法，笔者还是无法相信。相反，笔者认为，在这些行为中精神并没有起到任何作用。因为梦游者会来回走动，还有其他的行为也没有经过思考，他们不会意识到自己的处境、由此产生的危险以及伴随他们行动的弊端，只是动物本能在产生作用——甚至不完全是动物本能在发挥作用。当梦游者处于这种状态时，他可能比一个笨蛋还要愚蠢，因为这种时候他只有情感和部分意识在发挥作用，而笨蛋却具有完全的意识，而且身体会有感觉。至于那些在睡觉中可以说话的人，他们不会说出什么新的内容，回答的只是一些简单问题，也只是一些简单的句子，这不能证明他的心理活动，这些活动都独立于意识和思维之外。既然在最清醒时，我们会做自我反省，特别是在欲望方面，我们会不假思考地说出许多事情，那为什么我们在睡眠中就不能下意识地说话呢？

梦的偶然性因素，是指先前的感受没有受到当前事物的刺激的情况下再次出现的原因。我们发现，人在深度睡眠中是没有梦的，因为此时一切外在的东西都出现在昏昏沉沉的状态中，不过，内心的感觉最迟入睡却苏醒得最早，因为与外在感觉相比，内在感觉更灵敏、更容易被惊醒，也更加活跃。幻想往往出现在尚未完全沉睡的时刻，最初的感受，特别是不用经过思考的感受会再次出现。由于外在感觉比较迟钝，内在感觉就会被此时的感受控制，从而反映和表现出以前的感受，感受越强烈，情景就越独特。这正好可以解释为什么大部分的梦要么令人恐惧，要么令人喜悦。

外在感觉甚至不一定是处于半睡眠状态，当它停止活动时，物质的内在感觉可以通过自身的运动产生反应。因此人们在休息前期，睡得并不沉稳，身体和四肢放松后都处于静止状态；眼睛闭上之后虽然变得蒙眬，但并未进入全暗的状态；在安宁的环境和黑夜的静寂中，耳朵也不再灵活；其他感觉都停止运行，整个身体处于休息状态，但还没有完全入睡。这种状态下，如果人们的头脑不再思考，内心不再活动，属于内在感觉的自制力就是唯一活动的能力。此时的人处于幻影叠加和阴影重重的状态中，我们醒来之后仍然能意识到睡眠产生的影响。身体健康的人们起床之后，脑海中会留下一幅清晰明朗的影像或者美丽的景物；而一些身体虚弱或有不适的人，他们的梦中出现的则是怪异的景象，甚至是恐怖的鬼怪形象。光怪陆离的幻影会在这时候充满我们的脑海，快速地变幻，梦中出现的事物越多、越来越强烈，就越令人不快，而且对其他感官的损害也很大，神经也变得越发脆弱，整个人会显得非常虚弱。

人在身体虚弱或者生病的状态下，由真实感受引起的震动要比在健康状态下更加强烈，而且让人更加不舒服，并且由这些震动而产生的感觉体现也一样更强烈，更令人不愉快。

　　我们对自己的梦有记忆是因为对刚刚的感觉不会忘记。人与动物的最大区别在于，人能够确定哪些属于梦，哪些属于意识，哪些又是真实的感觉，这是记忆在发挥作用，也是一种时间概念。而对于没有记忆和时间观念的动物而言，它们无法分辨梦和现实感觉之间的不同之处。因此，我们可以认为它们梦到的正是真正发生的事。

　　我们曾经说过，只有人类才具有思考能力，而动物是没有这项能力的。而理解力不仅是思考的一种能力，还要准确地运用思考，它们之间是因果关系。在理解力的活动中，我们只能区分出两种活动，第一种活动是比较我们获得的感受，并使之形成观点。第二种活动是比较观点，并使之形成推理。第一种活动是第二种活动的基础，一定是在第二种活动之前。通过第一种活动，我们能够获得特殊的观点，它能让我们认识所有敏感事物；通过第二种活动，我们能够获得一般观点，指引我们对抽象事物加以领会。由于动物没有理解力，因此也不具备这两种能力。但是大部分人的思考似乎只局限于第一种活动能力。

　　我们能够得出这个结论的原因在于，如果所有的人都能比较观点，并进行归纳，从而形成推理，那么他们就都能够创造出与众不同的、新颖而近乎完美的作品，以此展示自己的才能。如此一来，似乎所有人都具有创造的天赋，或者至少具有革新的能力，但事实并非如此，大多数人的活动只是缺乏创新精神的模仿，只能模仿已经存在的东西，思考模式和记忆程式也与别人的相同，这种行为，妨碍了他们思辨能力的发展，因而造成了他们无法独立进行创造。

　　想象力也属于一种内在能力，它可以让我们迅速抓住时机，挖掘出我们观察到的事物之间远隔的关系。因此，我们心灵中的这种能力是最卓越的才能，是高等智力，是天才的表现，而动物并不具备这种能力。此外，还存在着另外一种想象力，它与我们的身体器官密切相关，这是我们与动物共有的东西。它是一种类似于我们欲望的事物，是发生在我们内心的杂乱无章和不可避免的活动，这种想象力通过强烈的印象不停更新，让我们如同动物一般鲁莽地行动，它是我们产生幻觉的源泉，也是我们精神的敌人，而且操纵着我们的欲望。理智虽然发挥着一定的约束作用，但只要这种欲望占据了上风，我们就会陷入永无止境的悲惨境地。

第六章　人类的社会

　　人类不同于动物的最大特性在于人类具有社会性，这种社会性是由人们之间相互的交流、等级制度以及国家、民族观念的建立等因素构成。布封在对人类的本性进行描述时，也没有忽视人类的社会性，他首先从野蛮人的生活状况开始论述，然后通过一条清晰的线索讲述社会的形成过程。布封认为，人类社会形成的主要原因，是人类可以在社会中得到自己需要的东西。

第一节　野蛮人和社会

　　我们在前面对人类的繁衍、成长和发展，以及人类在人生各个年龄阶段的不同心态和感受进行了讲述，但是这些内容描述的都只是个体的历史，人类历史所要求的则是一些具体的细节，其主要事实需要从不同地带的各类人种中提取。这些细节主要体现在三个方面，首先是肤色。各类人种肤色不同，这也是不同人种间的显著区别。其次，各类人种在身体的形状和大小方面存在不同。最后，各民族有着不同的习性。毫不夸张地说，上述每一个细节都可以作为一个研究课题，也都可以写成一部鸿篇巨制，但由于条件有限，我们只能简单讲述一下最普遍、最确切的事实。

笔者认为，对于土著民族的风俗习惯，不应该做大肆地渲染。但所有论述这个话题的作者似乎都忽视了这一点，他们列举出的那些所谓事实，以及一些与社会因素相关的习俗常常只是关于个人的怪癖行为或者特殊行为而已。提出这些论点的作家甚至告诉我们，现在还存在着把敌人吃掉的民族；有些民族会把敌人活活烧死；还有些民族会残忍地肢解敌人的尸体；另外，还有些民族以挑起战争为乐，但也有些是喜欢和平生活的；甚至还有一些民族，会有父母吞食自己的孩子等。

其实，这些故事不过是旅游者在醉酒后津津乐道的一些特殊事例罢了。它只能说明，曾经有某个野蛮人吃掉了他的敌人，或者是某个野蛮人烧死或是肢解了敌人，又或者只是一个人杀死或吃掉了自己的孩子，等等。这些事情都有可能发生在一个或若干个未经开化的野蛮民族中，因为这些民族缺少规范，完全没有法律意识，甚至连领袖也没有。而且，从某种程度上讲，没有社会文明习俗的民族都不能称为民族，最多算是聚集在一起形成的一个杂乱群体或者说是一个野蛮的独立行动的团体。他们没有法律的概念，不受道德的约束，在他们的意识中，只服从于个体的欲望，他们之间由于没有共同利益，也不会朝着同一个目标前进。因此，这些特殊事例，是完全谈不上有着合理意图的习俗。

一个民族是由聚集在一起、相互认识的人构成的。他们使用同一种语言，有着一定的了解，有时会在必要时涂上同样的颜色听从同一个首领的指挥，共同武装或者通过相同的方式呼叫。如果这些习俗是固定不变的，他们就会毫无目的地聚集起来，而不会轻易分开；如果这些人的首领不是某个人或者某些人的心血来潮；如果他们拥有自己的语言，并且彼此之间可以简单地交流，这才是一个真正的民族。

事实上，由于野蛮人的头脑中只存在少量的观念，因此他们知道的也只是一些能应用于最普遍、最共同的事物的少量词语，这种情况带来的唯一好处是因为实用词语不多，所以人们能在很短的时间内听懂对方要表达的意图。这也是野蛮人为什么可以快速听懂并学会其他野蛮人的语言的原因，在这一点上，野蛮人与开化民族有些不同，因为一个开化的民族想要学习另一个开化民族的语言，是非常复杂且困难的事。

正因为没有大肆渲染所谓的野蛮民族风情的必要，所以才更需要仔细地对个体特征进行考察。其实，野蛮人是人们了解最少，也最难被描述的，而且是动物中最奇特的。因为对于我们而言，很难弄清楚大自然赋予我们的东西和我们通过教育得到的东西有什么区别，有时候甚至会把两者混在一起。因此，如果野人只是以展示他的真实色彩和天然面目来展现他的性格，那么，我们对他们不理解也就不奇怪了。

一个真正野蛮的野人，对于一个哲学家来说可能会成为稀有的物种，就如康纳提到的，那个在汉诺威森林中发现的被熊养大的男孩。哲学家通过对这些野人的观察，发现了本性欲望的力量，而他看见的也是最真实、最原始的内心，以及区别于本能的各种动作。同时，他还会看到很多的温柔、平静和清心寡欲。

第二节　社会的形成

尽管笔者在目前还不愿意对感情和欲望的理论展开讨论，但仍然很高兴再次提起某些事实。这些事实足以证明，在自然状态下的人与大部分动物一样，时刻都在寻找肉食，因为他们不可能一直只靠青草、种子或是水果维持生存。

有一些哲学家提出，某些医生建议我们采用的"毕达哥拉斯食谱"并没有在大自然中得到过证实。但是，只有在黄金时代前期，一些天真无知的人才会喝生水、吃生食。由于食物充足，很容易得到，所以他可以心无波澜地独自生活，并且与其他动物和平共处。然而，当他为了与另外的人聚合而牺牲自由时，就代表着和平的黄金时代宣告结束，随之而来的是战争的铁器时代。这也是人类社会一直受到某些性情乖张、道貌岸然的哲学家指责的地方。这些哲学家为了维护个人的自尊，不惜对整个人类社会进行羞辱，他们还向世人展示出一幅只存在对比价值的图表，只因为这图表能够向人类反映出虚幻的幸福。

那种天真无邪、高度节欲、完全平和的理想状态是否曾经出现过呢？这难道不是一个将人当作动物而给我们教训和范例的寓言故事吗？我们是否可以认为在社会出现之前道德就存在了呢？我们可以发自内心地认可这种野蛮状态值得我们怀念吗？很显然，这些问题的答案都是肯定的。因为在幸福面前几乎没有人会去想不幸的事，是人类社会创造了各种罪恶，在原始状态中道德存在与否对他们而言又有什么关系呢？难道健康、自由和力量不比伴随奴役的柔弱、声色以及享乐更重要吗？当然，我们也可以说没有痛苦就是快乐，但为了得到幸福，是不是应该不再奢求呢？

不过，把话说回来，如果我们认为与认真生活相比，混日子会更快乐；与满足食欲相比，没有食欲是一种幸福；与睁开眼睛认真观察相比，想睡就睡更简单，而且就这样做了，那么，我们等于是在麻痹自己的灵魂，禁锢自己的思想，也就等于将自己的灵魂和精神弃之如敝屣。若是这样，我们与动物也就没有什么区别了，最终成为其中一员，仅仅是和大地相连的一块原料罢了。

让我们用详细的论述取代没有意义的争执吧！在讲过道理之后，需要提出事实才具有说服力。我们肉眼所见的并不一定是理想状态，而是自然的现实状态。那些在沙漠中生活的人们是安静的动物吗？他们是否快乐？我们无法像哲学家那样，从主观上假设原始人与野人、野人与人类之间存在着巨大差别。因为笔者认为，如果思考事实需要制定一条费尽心力的法则，那么就不能进行这样的假设。如此，我们才能清晰地从最有教养、最文明的民族中看到落后民族的影子，再通过这些落后民族看到其他更不文明或者处于专制统治下的民族。通过那些落后的人看到另外不同的野蛮人，再去寻找其与开化民族之间的不同之处。其中某些民族形成了由首领统率下逐渐壮大的大型民族，还有一些则形成了规模较小、便于统治的小型社会，最后剩下的是那些既没有形成家庭，又没有形成体制的孤立或孤单的个体。

帝国、君主、家庭，是构成社会极权的因子，同样也是大自然的边界。如果它可以继续扩展，那么，当人们穿越地球上最荒僻的地方时，不就找不到那些被遗弃的子女，或是分散的父母、聋哑的人了吗？笔者认为，除非能够确定那时人们的身体结构与现代人的身体结构完全不相同，并且生长速度很快，否则，认为人类不用组成家庭也可以生存的观点就是不成立的。因为在孩子出生后的前几年中，如果没有成人的照料或帮助就会死去，而刚刚出生的动物却只需要被照顾很短时间就可存活。人类的这种生理状况就已经决定了人类只有在社会中才能延续和繁殖。父母与子女的组合形式是自然的，更是非常必要的。因此这种组合形式必然要求父母和子女之间形成持久的相互眷恋，这样就可以令他们能熟悉彼此的姿态、手势和声音。总之，这是表达所有感情和需要的方式，而且已经被事实所证明，因为与大部分人一样，哪怕是最孤单的野人也要使用简单的符号和话语进行交流。

事实上，那些生活在荒漠中的野人，也是有类似家庭的组织形式的，父母和孩子之间互相熟识，使用相同的语言交流。在法国香槟省丛林中发现的女熊孩，以及在德国汉诺威森林中找到的男熊孩的情况，都可以对这一点进行证实。这两个孩子都来自人类社会，但年幼时，也就是他们刚能独立获取食物时，被遗弃在与世隔绝的环境中。当时，他们的大脑还没有发育成熟，不会有任何社会的概念，更不会使用手势和语言。但是，如果这两个孩子能够相遇，自然的天性同样能令他们结合在一起，他们会相互依恋，和平共处，因为他们不但会说表达爱慕的词语，还能学会与自己的孩子进行交流的语言。

让我们来观察一下在纯自然状态下组成家庭的野人。如果这个家庭比较兴旺，那么这个家庭里的男性就会是拥有众多人口的群体首领。在这个群体中，所有成员过着相同的生活，他们遵循相同的习俗，使用同一种语言。当这个家庭繁衍到第三代或第四代时，就会分裂出小家庭，但无论如何分裂，他们始终会被共同的语言和习俗约束在一起，逐渐发展成一个小部落。随着时间的推移和历史的发展与变化，一些小部落很可能会发展成为一个民族。这主要取决于野蛮人与开化民族之间的距离，如果他们生活的地方气候温和，土地丰饶，他们就可以将之变成大块的田园，并随意占据。在这里，他们只会遇到孤单的人，或者和他们相似的野蛮人，他们仍会继续野蛮地生存下去，但那些后面加入的人会因为各种不同的情况，成为他们敌人或朋友。可是，如果在气候恶劣、土地贫瘠的地方，因为人口过多造成空间的拥挤，产生相互压榨，需要向四周扩张土地，建立殖民地。于是，他们就会与其他民族发生冲突，甚至引发战争，战争中的失败者就会成为获胜者的奴隶。因此，人类在不同的状态下，都有形成社会的趋势，受到气候条件的影响并不大。这是一个必然出现的不变结果，因为繁衍原本就是人类的天性。

这就是社会！是以大自然为基础建立起来的社会。接下来，我们再来研究一下野人的饮食习惯。我们发现，仅仅靠水果、青草等食物，野人是无法维持生命的，相比这些食物，鱼肉似乎更受到他们的欢迎。同样，野人也不喜欢喝纯水，他们通过制造或是想其他办法获得一些更有滋味的水。法国南部的原始人饮用棕榈树中的水，北部的原始人喝的则是鲸油，还有一些原始人掌握了发酵技术并由此得到口感更好的饮料。在自然食欲的驱使下，他们制造出打猎和捕鱼的工具，如弓箭、渔网、渔船等，这些工具是他们为了满足口腹之欲制造出来的东西，也是出自他们卓越的思考。适合他们口味的也就表示能够满足他们的天性，因为人不能只靠吃草而生存，如果不食用富含营养的食物，肌体就会营养不良。由于人类只有一个胃和一段不长的肠子，因此不能跟那些拥有四个胃和超长肠子的动物一样，可以一次食用很多的素食，例如牛，它们是以食用食物的数量弥补质量不足。同时，对于人类而言，只有同样的水果和种子也是远远不够的，还需要大量的富含营养的有机物。就是到了现在，尽管面包是用小麦中最纯的部分制成，而且小麦与其他种子、水果都经过了改良，营养价值要高出那些野生果实，但如果仅仅以面包和水果为食，人的身体还是会变得非常虚弱。

我们可以去看看那些出于神圣目的而过着素食生活的苦行僧，他们拒绝造物主的恩赐，放弃交流的机会，远离社会和人群，自我封闭在与大自然隔绝的殿堂中，禁锢在如同活死人墓般的避难所里，只有呼吸还能证明他们依然活着，在饱受折磨的脸上那双灰暗的眼睛，投向四周的只是无精打采的目光。他们看上去命若悬丝，他们吃东西的唯一目的是满足身体的需要。因此，尽管有虔诚的信仰作支撑，他们的生命也总是很短暂，只是，于他们而言，死亡并不意味着生命的终结，而仅仅是完成了生命的一个过程而已。

第七章　人的优越性

　　布封把人类的出现看作是生产斗争的结果。他认为，相比其他动物，人更具优越性和高级的原因在于，人类具有智慧和力量，这是其他动物不可能具备的。布封的文章中虽然偶尔也会出现"造物主"一词，但他仍然强调，上帝早已在人类发展史中失去了至高无上的地位，人的力量才是最伟大的。布封曾经因为对人类的维护而触犯神学的利益，差点遭受宗教的审判。这充分说明，布封的理念和观点打破了他所处时代的限制，这也正是他的先进之处。

第一节　人类与动物的比较

　　人类通过思维信号来传递内心的所有活动，而思维信号就是语言，因此也可以认为，人类是以语言来表达自己的思想的。任何人种都拥有思维信号，即使是生活在蛮荒地带的野人也有自己的语言，他们之间同样以语言进行交流，通过对话让对方明白自己的意图。不过，其他任何的动物却不具备这种思维信号，哪怕是与人类非常相似的猴子也没有这种功能。这并不是因为猴子的器官缺少这样的功能，在对猴子进行解剖之后发现，它的器官跟人的器官一样完善，因此，猴子不能产生语言的关键还是在于它没有思维。假如能赋予猴子思维的能力，它就能够开口说话，或者是当它们的思维与人类的思维能相通时，两者之间就可以进行交流。现在，我们假设猴子是有自己的思维的，那么猴子之间可以用它们的语言进行交流，但我们从未发现它们会相互交谈或者讨论。这是因为它们缺乏一种连贯的、秩序性的思维能力，它们没有灵魂这种东西，所以就不能通过语言来表达思维，甚至连最低层次的思维方式也不具备。

动物不能说话的原因确实不是器官的不完善，自然界中有许多动物，只要我们愿意花费时间和精力教它们，它们就可以开口说话。如果我们还能为此下大力气，经过较长时间的训练，它们甚至可以说一些长句子，但无论我们付出多少努力，也不能让它们理解这些字音代表的意思。它们只会不断地重复这些简单的语句，就如一种回声一样。我们由此推断，动物缺乏的不是产生语言的器官，而是思想。因此，笔者认为，语言的形成是建立在连贯的思想之上，而动物不具备这种思想的连贯性，也就无法形成任何语言。思想的连贯性是构成思维的本质，动物尽管不具备这种能力，但我们却必须承认，它们与人类最初的状态和最机械的感觉非常相似。由于动物无法思考，不能说话，因此难以将它们的思想连贯起来，正因为如此，它们也不可能发明什么东西。如果动物能拥有最基本的思维能力，它们就能掌握更多的技巧，获取更多的成果。比如，如果河狸具备思维能力，那么，它就会以更高超的技巧去建造出一个比以前的巢穴更加完美的巢穴；如果蜜蜂具备思维能力，那么，它就可以完善自己的蜂房。这些例子都对笔者的观点提供了有力的支持。

可能会有人提出问题：既然动物们的作品都表现出统一的形式，那么这种形式的蓝本源自哪里呢？是否有另外一些更具说服力的证据说明它们的活动只不过是机械的、纯粹的、实际的结果呢？关于这些问题，笔者的答案很简单：某种动物的单一个体的做法或许会有些不同，但这并不代表所有的动物都是按统一模式进行工作。之所以这样说，是因为动物行为的顺序是整个属类所共有的，并不只属于单一个体。而且，我们如果想要赋予动物思维能力，那么就必须在每个种类的动物身上付出相同的努力，让所有的个体都同样参与，因此这个思维与我们的思维必然有着巨大的区别。

上述内容又引发了几个问题：我们的作品和成果为什么与他人的存在着差别？对于我们而言，为什么创新比一种新的模仿更有价值？这是由于我们的思维是属于自己的，而且独一无二，与另外一个人完全不同，因此我们才与他人没有任何共同之处。事实上，当我们只余最落后的能力时，我们才会与动物相似。

自然界中就算是那些最完美的动物，其能力与我们也有着一段非常遥远的距离，因为人类拥有不同的天性和思维，这就是人类与其他动物的本质区别，人类只有经过一片无边的空间才可能进入动物的范围。因为，如果人类属于动物目，那么在自然界中，将会存在着某种可能不如人类那样完善，但要比其他动物更完善一些的生物，我们借助这种生物从猿逐渐过渡到了人。但是，这并不表示我们是突然从想象的生灵过渡到实际的生灵，从精神力量过渡到机械力量，从有目的、有秩序的活动过渡到盲目无措地活动，从沉思过渡到生存需要。

我们正是通过这些特征体现了人类卓越的能力，展示了大自然在人类与其他动物之间设置的区大差别。人是一种有理性的生灵，而其他动物则是没有理性的生灵。在有理性生物和无理性生物之间不存在中间过渡生物；在肯定和否定之间也没有第三种选择。很明显，在天性方面，人和动物是截然不同的，两者之间只是具有相似的外部，如果根据这种表面的特征对人和动物的差别进行判断，那就是任由自己被表面现象欺骗而得出错误结论。

第二节　人力改造自然

地球上的所有生灵都是幸运的。首先，大自然不仅以其雄伟胸怀为生灵提供了生活的场所，还为生灵们提供了发明创造的原料。一道从东方一直延续到西方的纯净光芒，为这个美丽的星球接连不断地镀上一层金色，这束清盈、透明的光线滋润了万物，释放出来的柔和的光和热使万物生机勃勃，令各种生命得以绽放；其次，大自然为生灵的生长提供了大量纯净而鲜活的水；再次，大自然塑造出来的陆地，其上突起的丘陵挡住天空中的雾霭，让地面的空气保持清新，凹陷的洼地是天然泉涌的聚集地；最后，大自然还会为生灵在地球上划分出海洋，这些海洋与陆地一样，幅员辽阔。但是巨大的海洋自身并不活跃，大自然划定了它们的边界，它们只是随着天体的运行而做有规律的涨落，与月亮同升降，并在太阳和月亮一起升落时涨落的幅度很大。

大自然为生灵们建造了以上神奇雄伟的外部宝塔，同时也在宝塔内部创造出更为奇妙的东西，所以大自然的伟大注定被我们崇拜。在它的指挥下，万物丛生；它在生物之间设立了有序的隶属与和谐的关系；它指挥人类美化大自然，耕种土地，修剪荆棘，大量种植葡萄和玫瑰，让生灵们能够更好地生存。

　　然而，生灵们不应该盲目地崇拜大自然，尤其是人类，因为人类的力量会对大自然产生影响。让我们来看一看那些没有经过改造的大自然：这是一片荒凉之地，以前从来无人居住，有的只是遮天蔽日的繁茂大树，其中一些树没有树皮或者树冠，它们或弯曲或倾斜，仿佛要倒下来一样，另有一些树已经腐烂，这种腐烂的树木掩盖住了刚刚长出来的树芽。大自然在其他地方闪烁着自己的青春活力，但在这里显露的却是老朽的状态。大地承受着残存废料的侵扰，随处可见布满了寄生植物的老树枝；所有的低洼地区都是一潭死水，由于缺乏疏导而变得浑浊，而且散发出恶臭，同时，还有很多淤泥地带，无论陆地生物还是水上动物都不敢接近；那些生长在这里的恶臭植物，滋养着许多害虫，根本就是肮脏生物的乐园。腐臭的沼泽地和衰朽的树木之间是一片延伸的荒野，但它与大草原完全不同，在这里生长的草都是有害的，它们不是柔软的细草，而是带刺的、坚硬的草，它们相互缠绕在一起，厚度达好几尺，一茬接一茬地野蛮生长，将良草压窒而亡。在这片蛮荒的地方，既没有道路，更没有智慧的痕迹，如果人们想要穿越这片地区，就只能沿着野兽出没的小路前进，并时刻保持高度警惕，提防这些凶残的野兽，以免成为它们的猎物。

　　人们害怕这些野兽的嚎叫，也惧怕凄凉的静谧，于是掉头返回，并在心里鼓励自己："荒凉的大自然是如此死寂，为了让它富有生机，一定要想办法疏通这些沼泽，让它们形成小溪和沟渠。不过，我们只能依靠烧荒或是利用铁器等简单的工具来改造这片荒地。也许不用太久，我们就可以让这里的灯芯草或者形成蟾蜍毒液的荷叶消失，取而代之的是三叶草等甘美多汁、有益于健康的牧草，成群的牲畜在这片草地上生活。这里有充足的水源，茂郁葱茏的草地，牲畜群会越来越多。让我们利用这些助手开始工作吧，让牛套上轭下田耕地，让土地因耕种而变得肥沃，我相信，充满活力的新的大自然会在短期内出现。"

　　通过人力改造大自然是一项伟大而有重要意义的工程，由于人的劳作，它开始变得绚烂多彩，它是人类高超工艺的体现，人类以自己的能力和技巧使大自然重现美丽姿态。大自然中隐藏的那些不为人知的大量宝藏和财富，逐渐被挖掘出来。在人们的努力下，花卉、果实、种子的种类也日益增多；那些对人类有益的动物被不断推广，数目越来越多；而对人类有害的物种正在被慢慢抑制或者消灭；金矿和铁矿不断被人们从大地腹中挖掘出来；激流被控制，江河经过疏导，奔腾在整个地球上；阻断两个半球的海洋也被征服；土地被耕种之后变得肥沃而丰饶；在山谷、平原、草场和田地中，到处生长着各种果树；曾经光秃的山地已被有益的树木覆盖；荒凉的沙漠变成适合人居住的城市，人们之间的往来变得更为频繁和便利；无数的道路被开辟，人来人往，无比热闹。这些都是人类社会力量与团结的象征，还有另外一些体现人类威力和荣誉的成绩，都共同证明了主宰大地的人类，能够赋予大自然更新的面貌。但是，这些东西也能从反面证明，人类在对大自然改造的同时，几乎一直在与造物主进行抗争。

　　但人类之所以能够主宰大地，只是因为他的征服。他享受着因改造而带来的成果，不过却不能一直无所顾忌地占有，只有不懈地努力才能保存这些成果。一旦停止努力，一切就都会重新萎靡，一切都会变质，甚至一切都会快速重回造物主手中；如果停止努力，造物主就会发挥威力，收回属于自己的权力，将人类做出的成绩一扫而空，让人类建造的最辉煌的建筑上布满尘埃，再慢慢将之摧毁，只留给人们一个惨痛的回忆，这时的人们唯一能做的就只有悔恨——悔恨因为自己的过失而葬送了祖先创造出来的辉煌成果。这种人类失去主宰权的时代就是摧毁人类生活的蛮荒时代，最直接的表现就是饥荒和死亡。

人类只有团结起来才会产生巨大的力量，只有在和平时代才能拥有真正的幸福。然而人类往往具有一种疯狂的无理性，总是喜欢将自己武装起来造成自己的不幸，总是利用自己制造的战争使自己快速衰落。他们被贪婪激发，被野心蒙蔽，从而主动放弃理智，通过各种力量自己对付自己，想尽一切办法进行相互摧毁，其结果就是把自己推向灭亡的道路。只有等到血腥的战争结束，等到所谓的"荣光"消弭于无形，他们才怅然发现，大地在他们的折腾之下已经破败不堪；文明已经尽丧；人们精疲力竭，流离失所；人类自身的幸福已无从谈及，不复存在；人类的力量再次消失。

Natural Generation

自然的世代

在人们的通常认知中，大自然永远保持着原来的状态，既不变质也不变形。事实上，大自然的发展进程并非绝对固定。布封在对地球的发展历史进行论述时，把地球的历史划分成七个时期，他认为，地球在第三个时期已经冷却到足以形成最初的生命，但是相比我们今天看到的生命形态，此时形成的生命形态有着很大的不同，它们是能够适应更高温度的物种，是地球不断降低的温度导致了它们逐渐灭绝。由此也说明，今天的大自然与大自然的原始形态是大不相同的，它与后来在时间的嬗变中表现出来的差异也是极大的。这种大自然在不同时期的变迁，我们称之为"自然的世代"，本篇内容节选自布封《自然的世代》一书。

第一章　地球及其组成

　　布封在解释地球的形成时，坚持的是唯物主义的观点。他指出，地球和太阳之间有着许多的相似之处。例如，他认为地球是冷却之后的小太阳；认为大海和沙漠是由地球上最初产生的物质演化而成，然后才出现了植物和动物，最后人类得以孕育。在布封的论述中，地球的进化并不是如同《圣经·创世记》中所言，是按上帝的意愿创造出的，而是在漫长的岁月中逐渐演变而成。为此，布封认真研究了大地、山脉、河流、海洋等，努力寻找大自然变迁留下的证据，为现代地质学的发展奠定了基础。

第一节　自然的分类

如果把一个失去所有记忆或是对周遭事物还残存一点意识的人放到自然中，那么自然界的所有对他来说无疑都是新奇的。一开始，他对一切事物都没有分辨力，但如果我们反复让他观察同一个事物，加深感受，很快他就会对生命的物质产生相对总体的概念，也能分辨出自己与其他生命物质的区别，并可以区分有生命物质和其他无生命物质的不同。进而，他的脑海中会对不同物质逐渐形成三个大的分类：动物、植物和矿物。同时，他也会对土地、空气、水三种截然不同的事物，产生一种清晰的概念。在他的脑海中，会产生对生活在陆地、海洋和空中的生物比较特殊的概念。这些概念促使他做出第二次分类：四足兽、鸟类、鱼类。对于植物界，他同样可以发现树木与其他植物的不同，并逐渐形成清晰的划分概念，按三种方式对植物进行分类：一是植物的高度；二是植物的材料；三是植物的外形。这种划分方式是建立在他对植物简单观察的基础上，而这也是我们在对自然界中的事物进行划分时需要遵循的原则。

我们想象一下，如果他能获得更多的知识，一定会以与之前不一样的角度去观察整个自然界。比如，在对自然界中的兽类进行研究时，他首先会将自己认为最重要或者最感兴趣的物种排在前面，如果他对兽类中的牛、马、狗偏爱，就会把注意力都放在观察这些动物上；而对于那些他不喜欢或者不熟悉的物种，则不加理会，毫不关心；对于那些生活在特殊气候条件下的兽类，如大象、羊驼等，只有在他取得了相关知识之后，在好奇心的驱使下才会进一步做研究。同样的道理，对于自然界中的其他物种，如鱼类、鸟类、虫类、贝壳类、植物、矿物等，他也会选择自己熟悉而且感兴趣和必要的事物进行研究，并在脑海中用自己拥有的知识对它们进行类型的划分。

以上所讲的这些分类方法是所有分类中最基础和规范的，也是我们确信需要遵循的划分原则。我们一开始对事物的分类方法与上面所举的例子相同，我们会根据这些事物和我们之间的关系以及我们对它们的熟悉程度，一步步地选择不同的研究对象。其实，这是最简单的观察事物的方法，比其他复杂、精细的方法更有效。因为在所有的方法中，唯有这个方法能让我们随心所欲。总之，这个方法更适合研究与我们相关的事物。

第二节 地球

在广袤的地球表面，我们可以看见高山、幽谷、平原、海洋、沼泽、江河、洞穴、火山等看起来似乎没有任何规律和秩序的事物。而在地球内部，好像也存在着偶然的、不规则的物质，如金属、矿物、砂石、沥青、泥土和水等。

但当我们对喷发之后的火山仔细观察后，就会发现一些隐藏着的、我们从来没有见过的景象：布满裂痕的岩石、新出现的岛屿、被火山灰掩盖的平地、塞满了火山灰的岩洞等，从这些景象中，我们意识到地球上产生的所有景象之间都存在关联性。地球初期，比重较大的物质会压在比重较轻的物质上面，坚硬的物质会被柔软的物质包围，干的、湿的、冷的、热的、易碎的物质全都混合在一起，处于一种混乱的状态中。

这些景象好似无数垃圾堆积起来形成的废墟世界，但我们仍然安全地生活在这片废墟之上，人类、兽类、植物一代又一代地生活在这里，生生不息。地球上的一切物种也在以一定的次序不断循环，大地为人类提供着固定而丰富的生活资料；海洋有其固定的范围和运动规律；大气正常流动；季节按其固定的规律交替……安静和谐是这里的主要特征，到处都充满了生机，这些景象让我们震撼，不得不为造物主的智慧和力量叹服。

第三节 海洋与沙漠

海洋

如果我们站在高处向地球眺望，会发现，首先呈现在我们眼前的，是覆盖着地球大部分面积的水。这些水总在地球的低洼处，保持水平，似乎永远处于平衡和静止的状态。可是现在，我们却发现它们正在以一股强大的力量波动着，这股力量的存在打破了原有的平衡，迫使海洋进行周期性的均衡运动，即海面的交替涨落，巨大的浪涛翻腾。

接下来，我们将注意力转向海底，与地表的高低不平一样，海底也不是平坦的，不仅存在着山峰和低谷，还有深谷、沟壑和各种岩石。如果我们认为海面突起的岛屿是大海的"山峰"，那么这座山峰的脚下全部是水，不过，也有一些山峰的高度与海平面几乎持平。我们还发现，海洋中似乎存在着一种与普通运动不同的激流，这些激流时而向着相同的方向运动，时而向着不同的方向运动，但仿佛有一种力量始终约束着它们，使它们无法超过某个界限，这种约束力量如同限制地表的江河的力量一样，是永恒不变的。出现激流的地方通常是风暴地带，狂风加速了暴风雨的侵袭，海洋和天空都变得浑浊起来；风暴引发了海底内部的运动，导致火山不再沉睡，开始从海底迸发出火热的气浪，这股气浪与水、硫黄、沥青混合在一起冲向天空。

离开"大山"我们再来看看表面始终平静但其实处处都充满了危险的海底世界。在这里，风暴依然发挥着它的威力，我们即便是拥有出色的驾驶技术，在这个时候也变得毫无作用，我们的船要么赶紧停下来，要么沉没海底。

最后，我们再对地球的极地进行一番观察，我们会看见巨大的冰块脱离冰山，如同漂浮在海洋上的山峰一样，在移动过程中慢慢消融，一直漂浮到气候温和的地方才彻底融化成水。

以上就是庞大的海洋帝国呈现给我们的景象，这里生活着成千上万不同种族的居民，有的裹着贝壳，轻盈地穿梭于水中；有的背着厚厚的甲壳，缓慢地爬行在沙土里；有的则依靠大自然赋予它们的翅形的鳍来行走；还有一些只是在海底游来游去，没有任何的活动方式，依附在各种岩石上生活，这些在大自然生存的各种生物在这片水域中都能够找到自己喜欢的食物。海边，生长着各种茂盛的植物或苔藓，还有一些奇特的草木；海底，是由泥土、沙子、砾石构成，但最多的还是泥土，有一些海底也由硬土、贝壳或岩石等组成，这一切都与我们生活的陆地很相似。

沙漠

现在，我们来讲述一个没有繁茂树木和充足水源的地方。在这里，头顶上是灼热的太阳和永远干燥的天空，脚下则是满布沙砾的荒原和光秃秃的山脉；在这里，放眼望去，出现在我们视野里的都是迷离的黄沙，难以见到鲜活的生灵；在这片死气沉沉的土地上，能够看到的只有骨骼、石头以及或矗立或歪斜的岩石；在这个一望无垠的沙漠中，穿越此处的旅行者呼吸不到阴凉的空气，也没有什么可以为伴，更没有什么东西能够使他联想到活跃的大自然，这里只有无边无际的孤寂。

这种孤寂远比森林的沉寂更加可怕，因为对于一个形单影只的人而言，森林中还有树木这样的生灵，而这里却是实实在在的空空如也，处在这样的环境，人只会觉得更疲乏、更迷茫、更无助，这里的任何地方都有可能成为他的坟墓。

在这里，与黑夜的寂静相比，白昼的光线更加凄凉，这些光线似乎只是为了让旅行者看清沙漠的光秃和贫瘠；只是为了将荒漠之地的空旷显示得更加清晰；只是为了让旅行者对自己的恐怖处境更加清楚，让他了解身处之地与居住地之间的阻隔是如此之大。任何一个经过这个地方的旅行者想来都不愿意待在这里，因为饥饿、干渴、酷热充斥的这个地方随时都会让人的生命陷入绝境。

第二章　自然的各个世代

地球的演化走过了一段非常漫长的历程，在对自然史进行研究时，我们需要挖掘地球的发展历史，既要通过寻找地下古老的遗迹，收集断断续续的片段，也需要把象征着文明变迁的资料以及能够帮助我们追溯大自然各个世纪的文物集中在一起，构成一系列的证据，这样我们才能清楚大自然的历史，才能在广袤的空间中找到确定的点，然后在漫长的时间旅程上建立里程碑。这是研究自然史的唯一方法。

第一节　宇宙的发展

我们在对过去的历史进行追溯时，最大的阻碍是时间的流逝和空间的距离，如果没有编年史纪事在过去黑暗的时间里点燃的火炬，那么，我们将如同身处无边无际的荒野之中，看不见终点。这些编年史尽管为我们指引了前进的方向，但当我们去追溯几世纪以前的历史，仍然会遇到许多的问题，在对失误的原因进行判断时犯下许多的错误。如果我们继续追溯的历史更加久远，那么其内容只会更加黑暗。

而且，在人类有记载的历史中，也只是包含了少数几个民族的活动状况，更准确地说，只是整个人类社会的一小部分行为而已；对于那些没有被记录的人们，我们的了解几乎为零。对于我们而言，他们就像空中楼阁一样突然出现，又如同幻影般毫无预警地消失，不留痕迹。但愿那些只是依靠罪恶或者以血腥的光荣而被人们称颂为"英雄"的人物，也能像那些默默无闻一去无踪的人们一样，被永远淹没在历史的洪流中。

上述情况之所以出现，是因为我们对人文史的界定有着双重限制：第一，体现在时间上，因为距离我们生存的时代的不远之处就是一片虚幻；第二，体现在空间上，因为它只能扩散至非常小的区域。但是，在对自然史的界定上却与此不同，尽管它也包括了一切的时间和空间，但除了受到宇宙的限制外，并不会受到其他的任何限制。

既然大自然是与物质、时间和空间相伴的，那么关于大自然的历史也就是关乎一切存在、时期和地点的历史。蓦然看去，我们会感觉大自然是如此伟大，它不仅不会变质，更不会变形，哪怕是在大自然生成的那些最脆弱、最容易消逝的物种中，我们似乎依然能够看到它们一如既往地保持着原有的状态，因为它每时每刻都是最初的样子，在我们面前反复再现。然而，只要我们仔细辨别，就会发现，大自然的进程并非固定不变，它已经呈现出显著的变形，也会接受一些总是处于变化的物质，它甚至还会以一种新的化合物或某些实体的变更为模型发生变化。总之，从整体上来讲，大自然的表面是固定的；但从组成部分来讲，大自然确定不断在发生变化。因此我们有理由相信，今天的大自然与大自然的原始形态是大不相同的，它与后来在时间的嬗变中表现出来的差异也是极大的。

　　这种大自然在不同时期的变迁，我们称之为"自然的世代"。大自然经历过各种不同的类型，大地的表面曾表现出各种不同的形态，甚至是天空也曾发生过变动。宇宙中的所有物体，包括精神界的一切事物都处于持续变化、绵延不绝的运动之中。大自然之所以是现在这种状态，有两方面的原因，其一，是大自然自己的功劳，其二，是人类的贡献。因为我们已经学会如何驾驭它、节制它和改变它，从而使它可以符合我们的要求，满足我们的欲望。我们曾经对大地进行探索、耕耘和扩展，因此今天大地的面目与它在各种技艺发明前的面目，肯定有着巨大的区别。存在于寓言中的黄金时代恰当地说，只是科学和真理的黑暗时代。生活在那个时代的人们还处于半野蛮状态，他们为数不多，分散生活，还没有将自己的潜力完全挖掘出来，也尚未意识到自己的真正能力，他们的智慧还没有得到全面的开化，不清楚团结的力量有多大，更不会想到利用群体力量进行协同劳动，让宇宙间的万物为自己所用，发挥它们应有的作用。

　　因此，我们必须去那些刚刚被发现的地区，去那些从来没有人居住过的地带，寻找和研究自然，这样才能获得关于大自然本来面目的一些概念。但是，如果我们把这种"往昔"与五大洲还被水覆盖的时代进行比较，与鱼类还生活在平原上的时代进行比较，与高山还只是大海中一块礁石的时代进行比较，它充其量只能算是很近代的事情。从没有文字记载的远古时代开始，直到有文字记载的现代，这个时期内曾经出现过多少变迁，又有过多少种不同的情况啊！我们不知道这段时期有多少事情被掩埋，也不知道有多少变迁还没被发现或是被我们完全遗忘，更不知道在人类出现并拥有记忆之前发生了多少激变。人类在经过了长时间的持续观察，经过将近三十个世纪的培养，也只是慢慢认识大自然的现状，至于整个地球的面目，我们依然没有完全认识。连地形的确定也是发生在不久之前，而对地球内部的了解依然停留在理论的层面。我们现在的目标是分清地球构成元素的次序和分布，也是在当代，人们才开始将如今的大自然与原始的大自然进行对比，才依照它已知的现实状况去追溯它过去几个世纪的状况。

然而，由于我们要穿越时间的黑洞；要利用对当前事物的了解，去推测过去事物的存在状态；要仅仅凭借现存事实的力量，去推测被淹没的事实真理，因此，我们需要集中所有的力量，借助于三个依据——能使我们了解大自然起源的一切知识，在大自然原始时期就存在的一切运动，以及与大自然的后续各期概念相关的一切传统，然后我们再努力利用类推法将它们连在一起，形成一个系统。如此，我们对自然才能有一个全面清晰的认识。

第二节 洪荒时代

为了让我们对洪荒时代的陈述不迷失方向且更加清晰明确，我们必须从比较早的世纪说起。在那个世纪，水一开始是被高温蒸发成水蒸气在空中漂浮，再慢慢凝聚起来，之后落到炽热、萎缩、干燥、龟裂的大地。当大地开始凝固时，也就是在它初步冷却的过程中，那些具有挥发性的物质都被分解、化合、升华，甚至迅速地陨落。我们可以想象一下，那种陨落的景象是多么奇特，多么骇人！空气的元素和水的元素逐渐分离，风暴和浪涛激荡在一起，并以漩涡的形态倾泻到还冒着缕缕青烟的地面；空气中的最初起着阻挡光线作用的大气层，后来被慢慢净化；但这些被净化的大气层，现在重新被浓烟般的云雾遮盖而变得黯淡起来；洪水落下又涨起，持续沸腾，反复地被蒸馏；空气中那些已被升华的、具有挥发性的物质，现在也都从空气中分离出来，或急速或缓慢地陨落，一阵冷一阵热地对周围的空气造成侵袭。

我们可以想象到，那时的洪水几乎覆盖了整个地面，它们因为自身不停地涨落而发生搅动，由于受到月球对空气中气层和地上洪流的吸力而翻动，在狂风侵扰等强烈外力的影响下纷纷流窜，并在流窜的过程中冲击地面上的沟谷，使其变得更深；还会冲塌那些不够坚实的高地、不够坚固的山峰，摧毁绵延山脉最脆弱的部分。在洪水慢慢稳定后，沉积到地下，然后在地底冲出伏流的道路。它不断地侵蚀着地下洞穴，使之崩塌；它不停涌入新形成的深渊，使大地表面的洪水水位逐渐降低。这些地下洞穴原本是地火燃烧留下的杰作，现在却被洪水冲击，直至冲垮、摧毁。因此，通过这个结果，我们相信地下洞穴的坍塌就是洪水降落的直接原因，而事实证明，这也是洪水降落的唯一原因。

第三节　最古老的物种

我们能够确定，现在我们在海拔很高的地方发现的贝壳或者其他海产品，都属于大自然中最古老的物种。将这种出现在较高地区的海产品和那些出现在较低地区的海产品进行对比，对于考察自然史有着非常重要的作用。我们相信，在构成丘陵的贝壳中，有一部分属于未知种类，也就是说，在任何人能够到达的海洋中都不存在类似的活贝壳。如果有一天，我们能够把海拔最高处的贝壳收集起来，整理成一个种类系列，或许可以判断出哪些贝壳是古老类型，哪些贝壳是现代类型。已经发现的无数活化石证明，某些陆地生物、海洋生物在遥远的古代确实曾经存在过，但现在我们没有在地球上发现相似的物种。同时，这些化石还证明，这些古老物种比现存的、同属的任何一种都大得多：那些尖锐粗犷的大臼牙化石，每个的重量都有五六千克；拥有这种巨大牙齿的生物，以及在岩石中留下印记的鹦鹉螺，它们的身躯长达二三米，高约 0.3 米。这些物种肯定是兽类或贝壳类中的庞然大物，它们生活的时代，大自然正值壮年，能以充沛的精力在高温中制造有机物质。这些有机物质比较分散，难以与其他物质相融合，但它们能够自行聚集，自由组合，从而构成庞大的体积，形成巨大的躯体。这也是为什么宇宙初期，地球上存在这么多庞大物种的原因。

大自然一方面形成海洋，另一方面又在那些海水不曾侵蚀或是海水已经退去的陆地上散播生命。这些陆地与海洋有着相似的特征，只能够培育出可以酷热的生物，因为那个时候的地表温度要比现在适宜生物生存的温度高。我们现在发现的一些古生物遗迹，都来自于地下，尤其是从煤矿或者青石矿的矿坑中发掘出来，这些遗迹向我们表明，古代的某些鱼类和植物并非现存物种，基本已经灭绝。因此，我们相信海洋中有动物存在的时间不会早于陆地植物存在的时间。尽管在海洋生物方面有更多有着非常显著特征的遗迹和佐证存在，但是陆地方面的佐证也同样可靠，它们似乎都在向我们彰显海洋生物和陆地植物中的古老物种都已灭绝，因为海洋和陆地上的环境一旦不再具有适应它们生存和繁衍必需的温度时，它们便会死亡。

第四节　洋流和火山对地形的影响

笔者曾经论述过，地球在长达 3.5 万年的时期都处于一团热气和火焰炽热的状态中，这个时期，任何有感觉的物种都无法在地表生存。之后，在 1.5 万年到 2 万年的时间中，地球只是一片汪洋。地球的演化总是需要一段漫长的时间，因为只有这样，地球才能慢慢冷却，洪水才能渐渐退去，地球各个大陆的表面才能逐渐形成。

但是，在海洋对地球产生作用之前，还有其他几个更普遍的作用，对整个地球表面的若干区域产生了影响。笔者曾经提出，大部分的洪水来自南极，把各大洲的南端冲尖；但是当洪水完全覆盖地表之后，当覆盖在地球表面的海洋保持平衡状态时，海洋自南向北的运动就停止了。此后，海洋只会在月球永恒不变的引力下才会运动，这种引力与太阳的引力结合在一起，就产生了潮汐以及经常自东向西的海流运动。

在洪水泛滥之初，先是从两极向赤道流去，由于两极地区的温度要低于其他地区，所以洪水就先在两极降落，再逐步向赤道地区扩展并将之淹没。当赤道地区和其他地区都被洪水淹没，洪水自东向西的运动也就建立了，且恒久不变。这种自东向西的运动不仅在洪水没有退去的那段时间内发生，就是现在也依然存在着。海流这种自东向西的运动普遍存在，其产生的结果也是普遍存在的——将各个大洲的西

328

海岸都堆积得高耸起来，在东海岸则形成平坦的斜坡。

当海水渐渐下降，各大洲的最高点开始显露出来之后，这些最高点仿佛许多被去掉塞子的风眼一般，开始向外冒出许多新的火焰，这些火焰是某些元素在地心沸腾形成的，它们还是火山喷发时的燃料。这种嬗变出现在第二阶段的末期，就是延亘2万年的地表汪洋期，这时的地球表面被水和火占据，它们一起吞噬、摇撼着大地，导致地球上没有一处安宁之地。幸好这一时期没有旁观者目睹这种恐怖情形，因为陆地生物是在这一阶段结束后才形成的。洪水这时已经退去（那时候欧洲和美洲两个大陆的北端还是连成一片的，这一点可以作为洪水减退的证明）。这个时候，火山的数量大大减少，因为它只有在水火交融时才会爆发，当洪水减退，与火山有一定的距离时，火山自然会停止爆发。我们可以再想象一下，地球在第二阶段刚刚结束时，也就是地球形成4.5万年至6万年以后，它会呈现一种什么样的景象呢？海拔比较低的地方全是深水滩、急流和漩涡；地下洞穴的坍塌伴随着海底或者地表的火山的频繁爆发，还有持续不断的地震；泛滥的洪水、溃决的江河以及在震荡影响下产生的洪流，再加上熔化的玻璃质、沥青和硫黄混合在一起的激流，共同摧毁着高山，然后流到平原，污染了平原上的水，天空中的太阳也被水气聚集成的云块和火山爆发带来的灰尘、碎石所形成的浓雾遮挡。对于造物主没有让我们目睹这种狂烈恐怖的景象，我们应该表示感谢，因为这些景象是发生在敏感而聪明的动物诞生之前。但从另一个角度来说，这些景象也预示着动物的诞生。

第五节 初民生活

最初的人类常常面临地球表面如同痉挛一样的频繁抖动，为了躲避洪水的侵袭，此时的他们只能栖身在高山上，可是，火山的频繁爆发又会迫使他们离开高山，他们只能无助地站在大地上，但脚下的土地一直在战栗着。

他们一无所有，甚至连最基本的智慧都没有生成，他们只能任凭大自然风吹雨打的灾害摧残，并承受猛兽疯狂的攻击，很多人因此丧生。在这样恶劣的生存环境和条件下，初民充满了恐惧和悲哀，他们逐渐意识到团结的力量，开始学着依靠聚集在一起的力量共同抵御大自然的侵害和猛兽的攻击，一起建造住宅、制造武器。此时的"武器"指的是将硬石块、玉石以及"雷石"（古代的人们认为雷石是由雷火构成，从云端掉下来的物质，实际上它不过是自然状态下人类艺术的最初成果）打磨成斧形。接下来，初民学会了利用火山的烈焰或者炙热的熔岩，并发现用石块相互敲击可以产生火花，于是将火苗到处传播，在森林或是荒野中创造出适宜自己生存的环境。他们用自己制造的工具把即将居住的地方清扫干净；用石斧削下树枝和树干，再截为木块，制造其他必需的工具或武器。初民既然能制造出大锤以及其他具备防御性的笨重工具，那么他们自然也能制造出更为轻便的武器，便于从远处击中目标。他们利用被击杀后的兽类身上的筋为绳，然后把一根富有弹性的树枝用这根筋绳连接起来，制成弓；再将一些小木块削尖，制成箭；不久之后，他们又制造出了渔网、木筏、小舟等东西。

如果初民的社会始终由几个家庭组成，或者是由一个家庭里发展出来的亲属组成，那么他们的社会无疑会停滞而无法走出原始阶段。因为直至现在，我们发现有许多野蛮人还在以这种方式生活着，只要他们愿意，就可以继续保持这样的生活状态，因为他们生活的地方有着足够的空间和充足的猎物、鱼类和果实，足以维持他们的生存。不过，那些生活在被洪水或者高山隔绝的地方的人们，如果人口过多，就只能去瓜分土地。所以，从这时起，土地成了私有财产。人们通过自己的劳动占有属于自己的产业，而这种占有活动也引发了对群体的依恋之情。个人利益逐渐成为民族利益的组成部分，秩序、规则、法律随之产生，社会也变得渐渐稳定，各种社会力量也就开始发挥作用。

然而，最初生活环境的恶劣以及各种灾害在初民的脑海中刻下了很深的印记，他们因此对这些苦难经历留存下持久甚至永恒的记忆，他们认为，人类难逃遍布全球的洪水和大火，要么被淹死，要么被烧死。他们曾经为了避难而逃到某座山上，并对这座山产生了感恩之情；但当他们看见这座山上喷出熊熊火焰时，又会对这座山产生恐惧之感；当他们看见大地用水和火与上天做抗争时，便想象出许多神话；他们相信一定存在凶恶的神祇，这是形成迷信和畏惧的根源。初民的所有这些情感，都是建立在恐惧的基础上，因此它们牢牢地盘踞在人们的心灵和记忆中，哪怕经过了漫长的时间和经验的积累，经过了暴风雨之后的宁静，哪怕是了解清楚了大自然的活动和所能造成的结果，人们的心依然无法完全安静下来。

第六节 科学与和平

从人类把自己的力量与大自然的力量结合在一起，并把这种结合的大部分扩展到地球上时，到现在不过是三千年左右的时间。在此之前，地球的许多宝藏都被深深隐藏着，直到人们在与自然的共处中慢慢发现并将之挖掘出来。尽管还有许多埋藏在更深处的宝藏没有被发现，它们到最后应该也无法逃脱人们的搜寻，而成为人们劳动的成果。因此，不管是什么时候，在什么地方，只要人们安守本分，大自然给予的恩赐就不会少一分，就能在大自然提供的宝藏中选择对自己有用的或是能够满足自己需要的一切物品。

人类凭借自己的智慧驯养、驾驭、征服了许多其他动物；人类依靠自己的劳动对沼泽进行治理、对河道进行疏通，消除了险滩、激流，开垦荒地、开发森林；人类通过自己的思考，计算时间、测量空间，对天体运行的情况做描绘，将天地与地球进行比较，扩展对宇宙的认识；人类依靠在科学基础上建立的技术，横渡海洋、跨越高山，缩短了世界各地人们间的距离，新的大陆和岛屿被不断地发现，一步步扩大人们的居住范围。总之，今天的大自然样貌，处处都留存有人力的痕迹。

人力尽管是自然力衍生出来的，但其表现出的力量往往比自然力更加伟大，或者说，它通过奇妙的方式对大自然进行了改造。大自然能够得到全面的发展，能够进展得如此完善和辉煌，可以说都是人类力量的作用。

所以，如同我们将原始状态下的大自然，与人类改造之后的大自然进行比较；或用少数野蛮种族，与多数文明民族进行比较，通过研究他们生活所在的土地状况，便会发现他们之间存在的差别，少数野蛮种族对遗留在土地上的认知痕迹很少，这是由于他们的愚昧或懒惰造成的。这些半野生状态的种族无法为改造大自然出力，某种程度上是大自然的负担。他们只会破坏，而不会建设；只会消耗，而不会创造。有许多的乐土遭到他们的蹂躏，乐土上刚刚萌芽的幸福被他们摧毁，科学的成果也被破坏。我们通过翻阅各国的历史，可以看到里面有大量的篇幅记载的是两千多年来的战祸，而对和平生活的记载只有少量的篇幅和短短几年的历史。

大自然为了使地球表面成形并达到稳定状态，为了使地表温度由炽热降低到适合生物生存，已经耗费了长达六万年的时间。但是，人类要达到安定状态，不再相互残杀、相互敌视，需要耗费多长时间呢？要到什么时候，人们才能领悟到和平安静的生活才是真正的幸福呢？什么时候他们才能够控制自己的欲望，放弃痴心妄想，变得足够安分，同时放弃弊大于利的远方殖民地呢？西班牙帝国拥有的国土面积与法国相差无几，但他们在美洲的殖民地面积却是法国的10倍，这能够表示西班牙的国力是法国的10倍吗？我们甚至还可以深入思考一下，西班牙倾力于远征开发海外殖民地的结果就一定比尽量开发本国资源更能让自己变得富强吗？英国原本是一个具有绅士风度而深谋远虑的国家，但他们也在海外大肆开辟殖民地，这不是在犯严重的错误吗？相比现代人对殖民活动的观点，古人的看法更为准确和科学。古人的殖民活动，只会在他们的人口数量超过土地的负担时，在土地和商业供不应求时才发生。现在，但凡说到蛮族南侵，人们就会觉得非常后怕，而事实上，当时蛮族的活动范围仅仅是一些气候寒冷、土地贫瘠的地区，而靠近他们生活区域的都是肥沃的土地，那里可以为他们提供更好生活所需的一些资源，因此他们才会多次南侵。虽然有这样掺杂了生存需要的理由，但他们的南侵也确实造成了血腥的杀戮。

这些与死亡相伴的血腥事件往往都是出自愚昧，我们没有必要再对这些悲惨历史进行讨论，我们希望每一个文明民族之间的力量可以相互制衡，尽管这并非完美状态，但却可以维持我们想要的安定状态。当人们对自己的真正利益有了更正确的认知，并因此变得稳定时，我们希望，人们能够明白和平与安宁所具备的真实意义，把它们作为目标，并为实现这个目标努力奋斗。因此，笔者也希望君主们能够放弃成为征服者的欲望和虚荣，不受谋士们名利思想的蛊惑，因为他们只不过是通过怂恿君主去外侵内敛以求自己从中牟取利益。

我们假设世界处于和平的状态，然后认真研究一下人力对自然究竟会产生什么样的影响。我们已经讲述过，地球的温度是在慢慢下降的，如果想对这种趋势加以改变，让地球的温度逐渐回升变暖，只有人类的力量才可以做到，并且已经做到了。巴黎和魁北克所处的纬度几乎相同，如果法国也像加拿大一样人烟稀少、遍布森林，那么巴黎会如同魁北克一样寒冷。对生态环境进行改善，开辟草地、迁徙人口就可以令一个地方的温度在数千年内保持恒定状态，这一点可能是人们对于笔者提出的"地球冷却说"（准确地说，是地球逐渐冷却的事实）表示疑问的唯一合理解释。

一定会有人在这时候提出疑问的，比如他们会问："根据你的这种说法，现在整个地球的温度应该比两千年前低，但一些传统事例被发现为我们提供了相反的证据。在古代，高卢（法国古时的称谓）和日耳曼（德国古时的称谓）都有麋、大山猫、熊等动物的活动踪迹，但后来这些动物都迁徙到北方去了，这种向北移动的趋势，与你原来设想的由北到南的进程完全不同。而且，以前塞纳河每到冬季都会有一段时间结冰，但现在却不会了。这些事实不都在说明'地球冷却说'并不正确吗？"笔者不否认这些事实的确存在，也与"地球冷却说"相悖，但如果现在的法国和德国还如同古代高卢与古代日耳曼一样；如果人们没有开垦荒地、疏通江河，没有以人力对大自然进行改造，这些情况就不会出现。人们难道不应该思考一下，地心热的减退，是缓慢到无法体会的程度吗？不应该认真想想，地球表面的温度下降到现在的温度，已经耗费了七万六千年之久吗？不应该仔细思忖，哪怕再经历七万六千年，地球也不会冷却到令生物无法生存的地步吗？除此之外，我们难道不需要把这种缓慢的冷却，与空气中出现的极速的寒冷气流进行比较吗？我们应该记住，夏天的最高温与冬天的最低温相差不过三十三分之一。这样，我们就能明白，外在的各种因素对温度的影响要远远高于内在的因素，高空寒气被潮湿吸引而下或被风压到地面等特别的原因，对气温下降的影响远比让地球冷却的因素大得多。

由于生物的一切运动或动作都会产生热量，加之只要是具有新陈代谢的生物本身都可以是一个小型放热器，因此，当其他一切条件都相同时，某一个地方温度的高低会由人与动物的数量和植物的数量之间的比例所决定，因为人和动物向外散发热量，而植物却是释放冷气。此外，人们对火的利用习惯也令人口密度高的地方的温度大幅上升。在巴黎的寒冷季节中，圣豪诺勒郊区的温度要低于圣马索郊区，大约相差两三度，这是因为圣马索郊区的人口比较稠密，烟囱中散发的热量被经过这个地区的北风吸收掉，因此这个地区的温度比较高。在相同的地区，存在的森林的数量也会使温度发生变化，因为只要是活着的树木就会吸收太阳的热力，然后释放湿气，湿气再形成云朵，最后以雨的形式落到地面，云层越高雨就越冷。如果这些树木都是以自然状态生长，那么当它们老死后，会在地上慢慢腐朽；如果这些树木被人类拿到手中，将会成为取暖的材料而被烧掉，从而使这一地区的温度上升。

温度的不同决定了大自然的能量大小，一切有机体的生长和发育，甚至整个生命都是总因的特殊效果。因此，人类控制总因，改变温度，既能消除对自己不利的东西，还可以培育对自己有利的东西。有些地域构成温度的多种因素能够保持在一个平衡点，并且可以完美结合在一起，发挥出很好的效果，这是多么奇妙！不过，没有任何一个地方是一开始就具备这种条件的，更不存在一个不用发挥人力作用就能疏导水流、除掉害草、驯养动物并繁殖有用动物的地方。人们从生活在地球上的 300 种兽类和 1500 种禽类中，择优选出了 20 种禽兽进行驯养，它们是象、骆驼、马、驴、黄牛、绵羊、山羊、猪，狗、猫、骡马、南美羊、水牛，鸡、鹅、火鸡、鸭子、孔雀、雉、鸽子，这是在自然界中占比较大的 20 种动物，它们为人类带来的益处，要比其他禽兽多。它们的数量之所以庞大，是人们将其驯养并辅助它们大量繁殖。它们按照人类期望的形式贡献出自己的能量，或者耕地，或者运载重物和用于贸易，或者为人类的衣食提供资源。总之，它们满足着人类的一切需要，为人们提供各种服务，甚至享乐。

在人类选出的这些禽兽中，鸡和猪的繁殖能力最强，在地球上分布的范围也最广，这仿佛可以说明，旺盛的繁殖力能够跟各种环境进行抗争，从来不会害怕困难，就算是最偏僻的地方，甚至人迹罕至的岛屿，人们依然能够发现鸡和猪的影子，看上去它们应该是随着人类的迁徙而转移的。在与世隔绝的南美洲，当其他任何一种家畜都没有被放进去时，人们就已经发现了贝卡利猪和野生鸡在这里生活的踪迹，它们在体形上尽管比欧洲的猪和鸡略小，外观上也有所不同，但它们都属于相似的种类，可以接受人类的驯养。不过，南美洲的野蛮人对于群居是没有概念的，他们也不喜欢与鸟兽为伍，更不会饲养任何禽兽，他们区分不出禽兽中的哪些是优质品种，更不知道如何让这些禽兽大量繁殖。因此，尽管他们周围就生活着繁殖力很强的动物，比如属于鹌鹑类的合科鸟这种，只需要花费稍许的精力喂养，就能够为他们提供衣食资源，这远比他们艰辛打猎容易得多。

所以，懂得怎样控制禽兽是初民的第一个特征，这是能体现人类智慧的特征，它正慢慢演化成人类统治自然界的最伟大的力量。因为，只有人类驯服了禽兽之后，才能借助于它们的力量对大自然的面貌进行改造，把荒原变成良田，将一些野生植物变成有益人类的良木。在对有用的禽兽进行培育时，也增加了人类在大地上的运动量和生命量；通过培育植物来养育动物，又通过培育的动物和植物为自己提供生命所需的能量，不仅得以生存和延续生命，还让动植物传播开来，同时进一步提高了自己的生存技巧。人类的努力改造让大自然变得富饶，同时也促进了人口的增长，比如在场地上，古时只能容纳两三百人的空间，现在已经可以让几百万人在一起共同生活；以前某些几乎不会有禽兽生活的地区，现在已经繁衍了成千上万只。

现在被我们当作粮食的谷类，并非大自然的恩赐，而是人类发挥自己的智慧得到的伟大而有益的成果。我们在大自然的任何地方都不曾找到过野麦，显然这是一种经过人类改良之后才形成的草。因此，如果想要得到它，首先需要对千万种草进行辨别，选择出这种对人类生存有重大意义的草，然后进行播种、收获，经过无数次的试验之后，掌握它们的施肥量和耕种期。小麦尽管与其他一年生植物一样，长出果实之后就会枯萎死亡，但它的幼苗具有相当强的抗严寒力，令它几乎可以在多种气候下适应成活，并且，它的果实能够储藏很长时间不会坏掉且长久保持繁殖力。这些都足以证明小麦是人类有史以来最伟大的发现，而且也证明，在发现小麦之前，人类就已经掌握了耕种技术，而且这种技术是建立在经过了长时间的试验基础之上的。

关于人类是否确实可以改变植物性能这一情况，假如有人希望笔者列举出一些近代，甚至现代的例子，其实只用将现在的蔬菜、瓜果和花卉拿出来，与150年前同品种的蔬菜、瓜果和花卉进行比较就可以了。大约在加斯东·德·奥尔良（法国国王亨利四世之子，路易十三的哥哥）时代，法国就有人开始编制一部彩色的大花谱，直到今天，这部花谱依然在皇家花园继续编制。根据它的记载，我们在进行前后对比后惊讶地发现，在加斯东·德·奥尔良时代被誉为最美丽的花卉，如丁番、马兰、熊耳等，在今天的花农、园丁和花商们的眼中变得很普通，甚至不值一提。虽然这些花卉被培植的时间很早，但它们好像还没有从自然状态中脱离出来，依然只有单重花瓣，雌蕊细长，颜色不生动，没有茸毛，也没有光泽和变化，这些都是其野生状态下的显著特征。至于蔬菜，当时仅有一种菊苣和两种莴苣，而且品质都不好；而现在，我们能够见到的菊苣和莴苣就有50多种，且都可供食用。同样的道理，那些优质的水果，出现的时期距离我们都比较近，而且与古代的水果存在很大的差异。一般来说，现代的物品与古代的物品相比，尽管它们有着相同的名字，品质却发生了很大变化。为了进一步证明这样的观点，我们可以与古希腊作家笔下的花卉和果实与现在的花卉、果实进行比较。在古希腊时期，花都是单层的，果树也只是一些品质差的野树，结出来的果实很小，且酸涩而干枯，既没有现代水果的多汁多味，更没有现代水果的美丽外观。

然而，这并不代表野树中不能培育出这些品质优良的品种。如同培育小麦一般，人们为了从野树中挑选出优良品种，曾经无数次地对大自然进行考察，将成千上万棵幼苗栽培到土地中，然后慢慢将它们培育出来。人们只有反复播种、培育幼苗，才能让它们结出果实，再通过品尝挑选出可以结出甜美果实的树。人们为这种初步探索耗费了无数精力，但如果不进行更深入的探索，那么之前的努力就会付诸流水。因为在初步探索中挑选出来的几棵树极有可能无法繁殖出像它们一样优质的小树，而且无法将优良品质遗传下去，由此说明，优良品质属于个体特征，而不是群体的普遍特征。因为那些优良的果实，它们的籽或核只能繁殖出野树，无法形成与原树不同的新品种。正如初步探索需要耐心一样，深入探索则需要天才的力量。所谓"天才的力量"就是人们掌握了接树法，将那些优质的树做嫁接。运用接树法，可以选出第二类品种，还可以将这类品种进行推广和传播。人们将品质优良的树上的苞芽或小枝剪下来，接在台木（被接的植物体）上，然后对它们做悉心的培育，让它们结出的果实与母体结出的果实相同。虽然这些树苗嫁接在并不十分优良的台木上，但却不会遗传它们的低劣品质，因为台木不是这些树苗的母体，只能称作"乳娘"，台木的作用只是为幼苗输送养料，使它们能够更好地成长。

在动物界中，许多表面看起来属于动物个体的特性，其实常常是属于种族的特性，可以通过相同的方式遗传并延续。因此，人类的能动性对动物品性的影响要比对植物品性的影响大得多。对于动物而言，物种只不过是具有一些固定的变形，而这些变形都是以生殖方式延续的；对于植物而言，则没有任何物种的变形能固定到通过生殖进行延续。我们以鸡类和鸽类为例，人们在近现代培育了大量鸡和鸽的新品种，这些新品种本身都具有繁殖后代的能力；在其他禽类中，人们也是通过杂交方法进行品种改良培育。人们还常把外地品种移植到本地品种，或者驯养野生品种。这些现代的事例都表明，人类在很久之后才意识到自己强大的力量，只是这种力量还没被完全挖掘出来。人类依靠智慧发挥自身的力量，因此，我们越是深入研究自然，就能有越多的办法利用它，发掘出它内在的更多财富。

综上所述，人类的意志如果可以一直受智慧的指引，那么就没有什么事是人类不能够做成的，无论是精神上还是肉体上，只要人类更好地对自己的自然品质进行改善，就可以将自身的能力发展到难以想象的地步和更为崇高的程度。

但是，全世界没有一个国家可以夸口说自己已经发展至完美。笔者认为，政治的终极目的是通过和平、富有、生活福利等来保障人民的生存，珍惜人民的血汗，让全体人民可以生活在虽然不是绝对平等的幸福，但也不是绝对不平等的不幸之中。现在，哪个国家实现了这一点呢？至于保证人类生存健康的医药和以维持人类基本生活为目的的科学技术，是否与以战争为目的而研制出来的技术获得了同样的进步呢？从过去到现在，人类在行善方面似乎总是考虑得太少，而在作恶方面思索得太多，这个结果的出现，最可能的原因是，在所有对群众具有感染力的情感中，恐惧起到的作用最强烈而有力。因此，丑恶艺术表现出的震撼会首先吸引人们的目光；其次，才会关注能够引发人们开怀大笑的人。只是到了后来，人们逐渐厌烦了这种长久的虚幻荣誉和无聊欢笑，领悟到科学才是真正的荣光，和平才是真正的幸福。

附：布封的进化观

研究宇宙和物种起源是布封一直致力进行的，他坚持物种具有可变性这一观点，并由此提出生物转变论，以及"生物的变异会受到环境的影响"的理论，指出物种会因为环境、气候、营养等条件的影响而出现变异。布封的理论，对后来的进化论产生了重要影响，达尔文因此将他称为"是现代以科学眼光对待这个问题的第一人"。

第一节 物种退化

人类在迁徙的过程中，从一个地方到另一个地方，其本性会出现一些变化，而且随着迁徙地与起源地的距离拉长，本性的变化也会加大。在过去的几个世纪中，人类的足迹留在了好几个大陆上，人类的后代有了巨大变化也就不足为奇。但是，假如我们的意识中没有大自然仅创造出一个人类的观念，我们就可能认为黑人、拉普兰人及白人是不同的人类，事实上，这三个人种之间，在肤色和生活习性方面尽管都有着很大的差异，但他们却能够和平共处，为促进人类大家庭的发展贡献力量。因此，他们的肤色一开始应该是相同的，出现的差异只是外在的，本性的退化仅仅是表面现象而已。不管是在赤道地区或者非洲丛林生活的黑人，还是在北极寒冷地区生活的棕褐色小矮人，他们都来自于同一个人类。

约在250年前，美洲开始出现被贩卖的黑人，但当时人们并没有意识到，与最初的状态相比，那些纯种黑人的肤色已经发生了变化。南美洲地区日照强，气候炎热，即使一直在这里生活的原有居民，他们的肤色也都变成了褐色，诚然，居住在那里的黑人的皮肤还是黑色的，但这并不令人觉得诧异。如果要对人种的肤色进行研究，可以将在塞内加尔生活的黑人带到丹麦，因为丹麦的人种普遍都是白色皮肤、蓝色眼睛及金色头发。这种情况下的血缘和肤色的差异才更加显著。如果要进一步确定恢复人的本来面目需要多少时间，我们能够采用的唯一方法，就是把黑人男性和黑人女性关在一起，确保他们不出现与其他人种混杂，进而保证他们人种的纯正。

牛是所有家畜中受食物影响最大的动物。生活在土地肥沃、草木茂盛的牧场中的牛，其体形硕大强壮。古人曾经把在埃塞俄比亚和亚洲地区生活的牛称为"牛象"，因为在那里生活的牛的身躯已经可以与大象相提并论，这是营养充足的证明。欧洲也有相同的情况，在瑞士或者萨瓦省山间牧场生活的牛群，它们的体积是生活在法国的两倍。尽管瑞士牛和法国牛一样，大部分时间都是被关在牛棚中吃草料的，但在瑞士，一旦冰雪融化，放牧人就可以把牛群赶到牧场上，而法国的某些省份则一定要等到将喂马的草料收割完之后，才准许牛群进入草场。因此，这些牛群一直得不到充足的食物。在这一点上，笔者认为我们的国家应该意识到这一点并制定相应法规，保证充分利用草场。

此外，气候也是会影响牛的外形的，在温度低的北方，御寒的本能会让牛的身上长满细长如羊毛一样柔软的毛，肩部还会有一块厚厚的皮脂。在亚洲、非洲、美洲等地的牛的身上也曾出现这种特征，只有欧洲的牛没有出现这种"驼峰"，而没有"驼峰"就是牛类的最原始种属具有的特点。原始牛类经过第一代或是第二代的杂交之后产生了拥有"驼峰"的牛，这说明它们只是原始种类的变异。除了"驼峰"，牛类在体积上的变化也存在不同，如埃塞俄比亚的"牛象"的体积是阿拉伯半岛的瘤牛的体积的十倍。

总的来说，就那些以青草或水果为生的素食动物而言，它们的本性受食物的影响非常大，而且效果也很明显；相反，食物对肉食动物的影响则较小，而受气候的影响非常大。我们以狗为例，食物对它的本性的影响很小，但气候的变化却与它的退化存在紧密联系。在热带地区生活的狗，浑身都是光秃秃的，而在寒冷地区生活的狗身上则有着厚厚的皮毛；在西班牙，狗的皮毛柔软光滑，如毛毯一般；在叙利亚，狗的皮毛像绸缎一样。导致狗发生变异的因素，除了气候因素之外，还有它们的生存环境、圈养程度，甚至与人类之间的关系等。而狗的身材，外在的尾巴、耳朵、嘴等，也往往受到人类的影响发生改变，那些被人类将耳朵、尾巴剪短之后的狗，其缺陷会遗传给它们的下一代。笔者曾见过出生时就没有尾巴的狗，一开始还以为这是狗类中的特例，后来才知道确实存在这样的物种，并且是遗传，一代一代都会这样。

是否所有的狗都以垂下耳朵来表示驯服呢？经过观察和研究，得出否定的答案，在30多个不同品种组合狗中，有两三种始终保持耳朵竖立的最原始的姿态，比如生活在北方的牧羊犬、狼狗等都具有这种特征。此外，现在的狗在声音方面的变化也很大，变得与长舌类动物一般，喜欢冲着人吠叫，将舌头的功能最大限度地发挥出来，而原始状态中的狗几乎是事实上的哑巴，只会在情况异常时吠叫。我们有理由相信，狗是在被人类圈养及与人类的交往过程中学会吠叫的。如果人们把狗放到气候奇特、只有土著人居住的地方，如拉普兰人或者黑人生活的地区，它们就会丧失吠叫的能力，逐渐恢复到原始状态，甚至有的会变得哑口无声。牧羊犬是耳朵保持竖立的狗中变化最小的，通常也是最沉默的，这是因为它们总是在原野上孤独地生活，打交道的也只有羊或是少数的牧人，而牧人常常处于严肃的安静状态，所以尽管牧羊犬有时会表现得很聪明、很活跃，但它们多数时候都像牧羊人一样安静沉默。牧羊犬是所有狗中最能体现自然特性的，受到的驯化最少，但服从性高，而且是为人们守护畜禽的好帮手。因此，我们需要对这样的品种进行数量上的扩充，而不是增加宠物狗的数量。在很多城市，宠物狗已发展得太过惊人，它们消耗的食物资源，甚至能够养活很多的贫困家庭。

　　人类对动物的人工喂养，也会让动物的颜色产生一定的变化。原始状态的动物，其颜色主要是浅黄褐色或者黑色，但现在，动物的颜色有了很大的不同，甚至有的猪都由黑色变成了白色。动物退化的终极标志就是全身纯白和没有任何斑点，这样的动物会有许多缺陷。人也是这样，比如有些肤色比正常人更白的人，如果他的头发、眉毛以及胡须天生就是白色的，常常就会伴生耳聋、红眼、弱视等缺陷；而对于黑人来说，毛发花白的黑人要比正常黑人更加虚弱和更易出现身体缺陷。

　　在对每个物种由于特殊变化产生变种进行观察和研究之后，我们应该关注物种本身的变化这一重要因素。这种变化，是出现在动物的每一科属中更为久远的蜕变。陆地动物中，只有少数几种动物既是种又是属，这个特征与人类相同，如大象、犀牛、河马、长颈鹿等动物，它们都只会直系繁殖，不会形成旁系的单独的种和属；其他动物则常会先有一个主要的共同主干的科，然后再从这些主干上衍生出许多分支，分支越多，表明物种的个体越小，繁殖能力越强。

按照这种观点，马、斑马和驴属于同一科中的三种动物。我们假设马是主干，那么斑马和驴就是分支。三者之间的相似的地方远远超过它们间的差异，所以我们可以将它们视为同一属。它们之间有着显著的共同特征：仅有的奇蹄动物，只有一个蹄，没有脚趾和趾甲。虽然它们形成的是三个不同的物种，但彼此之间的联系较为紧密，因为公驴与母马能够交配繁殖，而公马和母驴同样也能交配繁殖。如果斑马可以被我们驯服，让它变得温驯一些，它也同样可以与驴或马进行交配繁殖。

在我们的认知中，骡子始终是劣等的杂交物种，是两个物种混合形成的产物，它自身无法繁殖，所以不能成为一个系统。实际并非如此，骡子不是因为受到严重损害导致生育力丧失，它之所以不能生育仅仅是一些外在的和特别的因素所致。据我们所知，骡子多数生活在气候炎热的国家或地区，但在气候温的地区也能生养。然而，对于它们的生养繁殖是否只是公骡和母骡的简单结合，或者是公骡与母马的结合，甚至是公驴与母骡结合，我们并不清楚。公骡有两种，一种是大公骡，又叫作马骡，这是公驴与母马交配后繁殖的；另一种是小骡子，这是公马与母驴杂交的产物，为了便于区分，后者被称为驴骡。古人对这两种骡子早有认识，还用不同的称呼对它们加以区分，他们认为母骡容易受孕，却很难保住胎儿，虽然母骡生育的例子也存在过，但被人们认为是一种奇迹。那么，这到底是自然界中的奇迹，还是个例呢？在什么样的情况下，公骡才会有生殖力，母骡才能受孕生产呢？要解决这些疑问，需要我们进行相应的实验，以了解具体情况，获得新的依据，进而更好地认识通过杂交引起的退化，以及每个属的单一性和多样性。成功的实验，需要让大公骡分别与母骡、母马、母驴交配，再让驴骡也进行同样的交配，看看这些不同动物间杂交后是什么结果；同时，还要让公马和公驴再分别与母骡、母马骡和母驴骡交配。这些实验做起来都不难，但人们并没有实际尝试过。笔者大胆推测，以上的实验如果真正进行了，公马骡和母驴骡、公驴骡和母马骡的交配会失败；而公马骡和母马骡、公驴骡和母驴骡的交配可能会成功。由此，笔者也相信，公马骡和母马交配比公驴骡和母驴交配的成功可能性更高，而公马骡和母驴交配又比公马骡和母马交配的成功可能性更高。最后，公马和公驴都能与母骡交配，只是相比公马，公驴的成功性更大。这些实验需要在气候炎热的地区实施，在法国的话，最起码是在普罗旺斯东部，而且需要选择七岁的公骡，五岁的马以及四岁的公驴，这是因为三个物种的青春期存在一定的差异。

　　上述所举的这些例子，让我们明白，骡子不是丧失了生殖能力，而是只有少数骡子在生殖力方面有所欠缺。不过，公山羊和母绵羊的杂交品种却具有繁殖力；多数的杂交鸟类也能够繁殖后代。因此，马和驴属于一种特殊情况。

　　马和驴杂交产下的骡子，与其他动物一样拥有完整的生殖器官，它们什么都不缺。公骡体内蓄积的精液众多，由于人们并不经常让它们交配，所以它们往往就躺在地上，两只蹄子屈在胸前不停地摩擦，不受控制地将精液射出体外。这充分说明此类动物具备了交配的所有必要条件。无论是母骡、母驴和母马，都会让公骡产生性欲，而且总是来者不拒。所以它们的交配并不会存在什么阻碍。如果人们想要得到有繁衍能力的交配，便需要给予这些交配动物更为细心的照料。太过强烈的性欲，特别是对雌性来讲，往往会导致不孕，而母骡和母驴的性欲都过强，因此受孕的难度比较大。研究发现，母驴对公驴的精液常常抗拒，想要它顺利受孕，就必须在交配之后打它几下或朝它的屁股上泼凉水，平复其交合后发生的痉挛，因为正是这种痉挛造成了母驴对公驴精液的排斥。导致公驴和母驴的不育不孕还有其他原因，由于它们最初是在气候炎热的地区生活，当来到寒冷的地区后，生殖能力受到变化的影响就会下降，跟我们前面所讲的气候对动物的影响是同样的道理。也正是这个原因，人们总是让它们只在夏季交配，若是其他季节，特别是冬天，就算反复多次，仍然无法让母驴成功受孕。合适的时间不仅对受孕有利，在生育方面也很重要，小驴驹如果不是在炎热的天气中降生，很容易夭折或身体脆弱。母驴的孕期恰好是一年，因此它的受孕季节和生育季节是相同的，这再次说明了气候条件在动物的生殖和生存中，发挥着非常重要的作用。由于雄性极容易冲动，所以人们总是在雌性产下小驴驹后就马上让其与雄性交配，这样，母驴在生育和交配之间仅仅只有短短几天的间隔。但是，母驴会因为生育而变得非常虚弱，而且生殖器官也没有足够的恢复时间，母驴的性欲因此降低。所以，方式并不是最重要的，只有在母驴体力充沛、精力旺盛时，受孕的成功率才最高。有一些人以为，驴类似于猫，雌性的性欲要比雄性的性欲强烈，可是，雄性驴子却不是这样的情况，它可以连续几天或一天多次与雌性进行交配，它经久不衰的欲望，往往让它在交配中表现得无比急切。这就导致有些雄性驴子因为精疲力竭而难以再次兴奋；有些虽然能在半天之内反复交配，仅依靠喝水来补充体力，往往会因为消耗太大而累死。炎热的气候也会让种驴过多地消耗体力，不久就败下阵来。有人因此推测，雌性驴的寿命要比雄性驴长，而且身体更为健壮。雌性驴的寿命大约是 30 年，而且每年都能生育；但对雄性驴来说，如果不对它的交配进行人为限制，短短几年内它就会耗尽自己的精力，从此失去生殖力。

第二节　飞虫社会质疑

在比较了人的个体和动物个体之后，笔者也对社会中的人和成群的动物进行了一些比对。这些比较让我们发现了最多的、最低等的动物所具有的某些技巧以及形成这些技巧的原因。因为我们还没有涉及与一些飞虫相关的许多情况，笔者想在接下来用多一点的篇幅谈一下，为什么许多观察家会对蜜蜂的智慧和才能如此赞不绝口。

一些观察家经过细致观察，发现蜜蜂拥有一种特殊的才能，这种特殊的才能也是蜜蜂独具的艺术才能。一个蜂群好比一个王国，它们的所有劳动都以公正严谨、令人叹服的方式进行分配和安排，每个个体兢兢业业地工作且服务于一个集体。就算一些真正的人类国家在安排和分配上也可能不如蜂群这样文明和有条理。我们对这个飞虫群体观察的时间越长，这个世界呈现在我们面前的奇妙就越多。在蜂群中，其管理基础持久不变，每个个体都深深尊敬自己的岗位。更让我们叹服的是，蜂群对集体的热爱之情，对工作的无私奉献，彼此之间的亲密和谐，以及它们所掌握的用于最典雅建筑的最精确的几何学等。只需要稍稍翻阅一下对这个"共和国"编年史的记载，就会明白，赢得历史学家赞叹的、从这些昆虫身上学到的特点不可计数。

但是，我们对这些昆虫的赞美似乎夸张了一点，或者换句话说，人类对昆虫的赞美已经超过了对其他物种的赞美之和！我们对这些昆虫的精神关注，对它们在公共财产上表现出的热情以及对它们在建筑上的高超本领的认可，都显得没有什么道理！因为，蜜蜂实际上只是依靠本能在做事，以很快的速度解决了"在最小的空间中，通过最完美的布局，完成最坚固的建筑"这个问题。人们为什么会超出常理地把赞美给予这些昆虫呢？因为在博物学家看来，一只蜜蜂占据的位置，不应该比它在自然界中应占的位置大；而在另一些有理性的人看来，这个奇妙的王国除了只是一群提供给我们蜡和蜜的昆虫之外，与我们就没有其他关系了。

笔者这样讲并不是指责好奇心，而是对某些推理和无谓的赞美提出意见。笔者能够接受一位博物学家利用空闲时间对蜂群的活动进行仔细观察，或是留心它们的工作过程，并准确地描述蜂群的生育、繁殖和变化等情况；然而，笔者不能接受某些人所宣扬的关于昆虫拥有伦理学或者神学这类观念，因为这些仅仅是观察家们设想出的奇迹。况且，这些观察家自己也承认，孤单的飞虫与群居的飞虫间存在的差异是无法进行比较的，因为前者构成的小群体的数量要比大量飞虫形成的群体数量少得多。蜜蜂可能是所有飞虫中形成群体数目最多，也是最有才能的昆虫。这些事实，难道还不能说明某些人所谓的昆虫的精神和才能，只不过是机械性的结果吗？仅仅是与数量相对应的运动结合？事实上，从假设表象到假设智慧，仅仅只是一步而已，为什么人们只会赞叹而不进行更为深入的研究呢？

因此，对飞虫最好的研究，是分别观察飞虫的个体，这样就会发现，相比狗、猴子等大多数动物，飞虫的才能微乎其微。我们同时还发现，它们并非人们想象中的那般温顺、勤奋、重感情。综上所述，它们的优点远远不如人类。因此我们就可以得出结论：它们的大量聚集决定了它们的智慧，而这种聚集又不是以智慧为前提进行的。因为这种聚集不是出于精神意识，更不是意愿一致的体现。因此，这个群体只是在大自然的安排下形成的，与上述所有的认知、观点和推理无关。就好比一只母蜂在同一个地点、同一时间繁殖出一万个后代，哪怕这一万个个体是非常愚笨的，但它们只要想生存下去，就需要通过某种相互调节的方式达成共识，因为它们的力量相同且都是活动的。一开始，它们或许会相互残杀，但因为惨重的伤亡会让它们意识到这种方式是错误的，很快就会选择避免彼此间伤害的方式，转向相互帮助。于是，它们营造出了和睦相处的气氛，建立了共同的目标且为这个目标一起努力。可惜的是，观察家们却把这些飞虫本身没有的思想和观点强加到它们身上，为它们的每个活动寻找理由，让它们的每个运动都有了目的，所以就出现了关于昆虫的"奇迹"。我们前面假设的一万个个体是同时出生、生活和变化的，所以不可能做着完全不同的事情，它们自身没有感情和共同习惯，也不会相互协调或彼此照料。因此，如果观察家们将观察到的这些现象归结为"共和国"、建筑学、几何学、秩序、预见，甚至上升到对集体的热情、对公众的敬业精神这样的高度，这难道不荒谬吗？其实，这些都是从观察家们的主观赞赏引申出来的事情。

实际上，大自然本身已经足以让我们惊叹不已，再加上这些人们发挥充分想象炒作出来的各种奇迹，大自然岂不是被我们这种愚蠢的做法虚构得更加伟大吗？假如答案是肯定的，这不是对大自的褒奖，而是贬低。那么，到底是什么人从上帝那里发现了最伟大的观念？他是那个看着上帝创造了宇宙和生命、按照永恒不变的法则建立自然界的人吗？还是那个始终在寻找上帝、并认为上帝是可以对一个拥挤不堪的昆虫王国进行统领的人呢？

自然界中，也有某些动物会对集体做理智的选择，相比只是以生理需求为原则而聚集在一起的蜂，这种情况下形成的集体更具智慧及有着更远大的目标，例如大象、海狸、猴子及其他一些动物，它们之间会经历相互寻找，再聚集，然后展开具有一致性的集体活动，当遇到危险时相互提醒、救援。如果我们像观察昆虫群体一样，仔细观察这些动物，我们就会发现与蜜蜂世界相似的很多的奇迹。但从本质上讲，这也不过是动物在生活上的相互配合。假如我们按照主观意识，将许多的同种动物聚集在同样的地方，也一定会形成许多科学合理的安排秩序和共同习惯（在前面关于驴、鹿和兔子的章节中我们曾经详细解释过这种情况）。因为所有共同习惯的形成，其前提条件只是盲目模仿，而不是因为运用了智慧。

对于人类社会而言，相比生理上的默契，对精神关系的依赖要大得多。人们最先意识到的是自己的力量、弱点以及无知。当他觉得无法在独立的情况下满足自己的多种需求时，便会意识到需要放弃独立状态下不能满足的愿望，因为这样能够得到支配他人意愿的权利。他借助于造物主赐予他的智慧进行思考，分辨善恶，并牢牢地记在心中。同时，他还会发现，对于自己来说孤独是一种充满了冲突和危险的状态，而他需要的是和平和安全，需要将自己的智慧和力量与其他人的结合起来，从而使之变得更加强大。实际上，这种结合意识是人类与动物的最大区别，也是对人类的智慧和聪明最有效和理性的运用。人总是因为自己不够强大而忧心忡忡，但因为他可以对自己加以控制，克制欲望、服从法律，所以他能够统治世界。也正因为如此，他才很清楚，一个真正意义上的人就是知道与其他人团结合作的人。

毋庸置疑，所有的一切都对人类交际的社会化有助益。因为，不管一个集体多么庞大，文明程度有多高，都是由人类是否能够理智运用决定的。假如存在滥用的现象，那么就说明这个社会一定只是依赖自然的小团体发展而成。例如，一个家庭就是一个小团体，当这个团体变得越来越稳定时，相互之间的需求和依赖也会增多，这一点与动物有着很大的不同。人在刚出生时是赤裸、虚弱的，而且无法独立生存，他忍受各种痛苦，无法做出任何动作，更缺乏行动能力。他的生命能否得以延续，是由别人是否给予他照顾而决定的。经过很长时间之后，这种虚弱无力的童年时期才会结束，这也正是父母和孩子之间存在依赖关系的关键。在孩子渐渐长大的过程中，他在生理上需要获得的帮助会相应减少，甚至在完全没有帮助的情况下也能生存下去。相反，如果到了这个阶段，父母仍然继续无微不至地照顾，远远超过了孩子对他们的回馈（父母对孩子的爱总是比孩子多），这时候父母的爱就会显得盲目、过分和不理性。而从孩子的感受来看，只有在理智的发展中萌发出的感激，孩子对父母的爱才会变得强烈。

因此，在社会中，就算是一个家庭团体，也是以人类理性能力为基础建立的。不过动物社会是通过默契自由地聚集在一起的，所以它们建立的基础是以感觉经验为前提。

　　在动物的社会中，如蜂群这样毫无原因、毫无前提地聚集在一起的，不管结果如何，这种聚集显然并不是会捕杀它的人类在事前想过，或安排计划的，它们只是遵循着一种普遍存在的机械结构和造物主确定的运动法则。假如我们将由同一个力量控制的一万个自动木偶长期放在同一个地方，由于它们的外形完全一样，而且做着相同的运动，一定会形成有规律的活动并引发平等的、相似情况的关系，因为它们运动的前提条件是我们假设的相等性和一致性。当然，由于我们为此设定了有限的空间，所以并列、体积和形状的关系在这些条件下就产生了。假如我们赋予这些木偶一些最小限度的感情，仅仅让它体会到自己的存在，这样有利于它维持自身状态并趋利避害，那么这个实验呈现在我们面前的结果就是：木偶们的运动变得不仅有规律、成比例，有固定的位置，还会对称、坚固，甚至会达到高度完美。因为在它们开始运动的时候，每个木偶就已经在寻找适合自己的方式，而这种运动和定位对其他木偶产生的影响是最小的。